高等职业教育"互联网+"新形态一体化教材

电子技术与技能训练

U0331579

主　编　高　倩　龙珊珊　崔培雪

副主编　郭俊杰　马永杰　杨月彩　杨　宝

参　编　杜爱春　马保振　任有志　胡　慧

　　　　洪耀杰　程心妍　俞佳萍　王巍巍

　　　　龚承汉　肖学朋

机械工业出版社

本书根据党的二十大精神和全国教材工作会议精神编写，全面介绍了电子技术的基本知识、理论及与之相关的基础技能，以及与课程知识体系相关的国家新政策、行业新动态、专业新知识。

本书为新形态一体化教材，分为"电子基础理论篇"和"岗课赛证技能训练篇"两个教学部分。全书主要内容包括了半导体器件基础、基本放大电路分析、集成运算放大器、直流稳压电源、电子产品整机装配基础、数字电路基础、组合逻辑电路分析、时序逻辑电路分析、555电路应用分析、现代光电子与通信技术等教学内容。岗课赛证技能实训篇精选了与教材内容相关的22个实训工单。

本书可作为高等职业院校电气自动化类、机电设备类、智能制造类等专业及工科其他各专业电子技术课程的教材，也可以作为企业工作岗位培训教材。

为方便教学，本书配有与教材内容相关的电子课件PPT、习题参考答案、模拟试卷、仿真软件、微课教学视频等。

图书在版编目（CIP）数据

电子技术与技能训练/高倩，龙珊珊，崔培雪主编. —北京：机械工业出版社，2023.10

高等职业教育"互联网＋"新形态一体化教材

ISBN 978-7-111-73597-7

Ⅰ.①电…　Ⅱ.①高…②龙…③崔…　Ⅲ.①电子技术-高等职业教育-教材　Ⅳ.①TN

中国国家版本馆CIP数据核字（2023）第138503号

机械工业出版社（北京市百万庄大街22号　邮政编码100037）

策划编辑：于　宁　　　　　　责任编辑：于　宁　王　荣
责任校对：樊钟英　张　薇　　封面设计：鞠　杨
责任印制：邓　博

天津嘉恒印务有限公司印刷

2023年12月第1版第1次印刷

184mm×260mm · 17印张 · 476千字

标准书号：ISBN 978-7-111-73597-7

定价：53.00元

电话服务　　　　　　　　　　网络服务

客服电话：010-88361066　　机 工 官 网：www.cmpbook.com
　　　　　010-88379833　　机 工 官 博：weibo.com/cmp1952
　　　　　010-68326294　　金 书 网：www.golden-book.com

封底无防伪标均为盗版　　机工教育服务网：www.cmpedu.com

前　言

本书根据党的二十大精神和全国教材工作会议精神编写，为了响应党的二十大关于"深入实施科教兴国战略、人才强国战略、创新驱动发展战略"的号召，本书的编写以增强学生创造力为出发点，传播科技创新，弘扬中华科技之光，弘扬爱国主义情怀，突显现代职业教育特色。

本书全面介绍了电子技术的基本知识、理论以及与之相关的基础技能，突出对知识与技能的掌握，内容丰富，视野开阔，体现了现代高等职业技术教育的特点。本书以"情境教学"的模式来组织教学内容和结构，全面对接职业技能等级"1 + X"证书考试。本书可作为高等职业院校电气自动化类、机电设备类、智能制造类等专业及工科其他各专业电子技术课程的教材，也可以作为企业工作岗位培训教材。

本书的编写特色如下：

1. 本书为新形态一体化教材，分为"电子基础理论篇"和"岗课赛证技能实训篇"两个教学部分。本书在保持传统教材优秀风格的基础上，以更为开阔的视野，引入了许多新颖的、前沿的、实用的知识点。

2. 本书为"岗课赛证"融通教材，精选了与岗位技能大赛、电子技术职业技能等级考试等对应的知识点和综合实训项目。

3. 本书在"情境教学"中的适当位置插入『情境链接』和『知识拓展』版块，增加了素质教育元素，介绍了与课程知识体系相关的国家新政策、行业新动态、专业新知识。

4. 本书以电子技术实用知识和技能为核心，进一步简化了烦琐的理论计算、特性分析和公式推导。

5. 本书为校企合作开发教材，突出教、学、做一体化，体现工学结合。

6. 本书置入了微课视频，教材可读性强，图文并茂，版面生动美观。

本书由高倩、龙珊珊、崔培雪任主编，郭俊杰、马永杰、杨月彩、杨宝任副主编，杜爱春、马保振、任有志、胡慧、洪耀杰、程心妍、俞佳萍、王巍巍、龚承汉、肖学朋参与了编写工作。

本书实训部分仿真电路取自仿真软件，电路中的图形符号大多使用国际标准与国家标准有一定出入，提醒读者学习时注意。

本书在编写过程中得到了行业一线专家和高校教师的关心和帮助，他们提出了许多宝贵的意见，编者在此表示衷心的感谢。由于编者水平所限，书中难免会出现疏漏和不妥之处，欢迎广大读者提出宝贵意见。

编　者

目 录

前言

第 1 篇　电子基础理论篇

学习情境 1　半导体器件基础 ·············· 2

　情境链接　中国半导体产业基地——
　　　　　　"东方芯港" ·············· 2
　1.1　半导体的基础知识 ·············· 3
　　1.1.1　本征半导体 ·············· 3
　　1.1.2　N 型和 P 型半导体 ·············· 4
　　1.1.3　PN 结的形成及特性 ·············· 5
　1.2　半导体二极管 ·············· 6
　　1.2.1　二极管的结构 ·············· 6
　　1.2.2　二极管的伏安特性 ·············· 7
　　1.2.3　二极管的主要参数 ·············· 7
　　1.2.4　半导体二极管型号命名法 ·············· 8
　　1.2.5　二极管的应用电路 ·············· 8
　　1.2.6　特殊二极管 ·············· 9
　1.3　晶体管 ·············· 11
　　1.3.1　晶体管的结构和类型 ·············· 11
　　1.3.2　晶体管的三种连接方式 ·············· 11
　　1.3.3　晶体管的电流分配关系及放大
　　　　　　能力 ·············· 12
　　1.3.4　晶体管的特性曲线 ·············· 13
　　1.3.5　晶体管的主要参数 ·············· 14
　　1.3.6　晶体管型号命名法 ·············· 15
　情境链接　从真空管、晶体管到芯片 ·············· 16
　1.4　晶闸管 ·············· 16
　　1.4.1　晶闸管的结构 ·············· 16
　　1.4.2　晶闸管的导电实验与工作原理 ·············· 16
　情境总结 ·············· 18
　习题与思考题 ·············· 18

学习情境 2　基本放大电路分析 ·············· 20

　情境链接　三个电路小实验带你走进
　　　　　　神奇的电子世界 ·············· 20
　2.1　晶体管单管放大电路 ·············· 22
　　2.1.1　共发射极基本放大电路的组成 ·············· 22
　　2.1.2　共发射极基本放大电路的
　　　　　　工作原理 ·············· 22
　　2.1.3　静态工作点的选择与波形失真 ·············· 26
　　2.1.4　工作点稳定的放大电路 ·············· 28
　　2.1.5　射极输出器 ·············· 28

　2.2　多级放大电路 ·············· 29
　　2.2.1　多级放大电路的组成 ·············· 29
　　2.2.2　级间耦合方式 ·············· 29
　　2.2.3　多级放大电路的性能指标 ·············· 30
　2.3　差分放大器 ·············· 31
　　2.3.1　基本差分放大器 ·············· 31
　　2.3.2　差分放大器的几种接法 ·············· 33
　2.4　功率放大器 ·············· 35
　　2.4.1　功率放大器的要求 ·············· 35
　　2.4.2　功率放大器的分类 ·············· 36
　　2.4.3　互补对称功率放大器 ·············· 36
　　2.4.4　集成功率放大器 ·············· 39
　情境总结 ·············· 40
　习题与思考题 ·············· 41

学习情境 3　集成运算放大器 ·············· 43

　情境链接　《中国制造 2025》集成电路及
　　　　　　专用设备领域技术创新
　　　　　　目标 ·············· 43
　3.1　集成运算放大器简介 ·············· 44
　　3.1.1　集成运算放大器的基本知识 ·············· 44
　　3.1.2　集成运算放大器的主要参数 ·············· 46
　　3.1.3　集成运算放大器的分析方法 ·············· 46
　3.2　放大电路中的负反馈 ·············· 48
　　3.2.1　反馈的基本概念 ·············· 48
　　3.2.2　反馈的类型及其判别方法 ·············· 49
　　3.2.3　负反馈对放大电路性能的影响 ·············· 53
　3.3　集成运算放大器的应用 ·············· 54
　　3.3.1　比例运算电路 ·············· 54
　　3.3.2　加法运算电路 ·············· 56
　　3.3.3　减法运算电路 ·············· 57
　　3.3.4　积分运算电路 ·············· 57
　　3.3.5　微分运算电路 ·············· 58
　　3.3.6　电压比较器 ·············· 59
　　3.3.7　集成运算放大器的使用常识 ·············· 60
　3.4　正弦波振荡器 ·············· 62
　　3.4.1　正弦波振荡器的基本知识 ·············· 62
　　3.4.2　LC 正弦波振荡器 ·············· 63
　　3.4.3　RC 正弦波振荡器 ·············· 64
　　3.4.4　石英晶体振荡器 ·············· 65

情境链接　石英电子钟表中的石英晶体
　　　　　　振荡器 …………………………… 67
情境总结 ……………………………………… 68
习题与思考题 ………………………………… 68

学习情境4　直流稳压电源 ……………… 71
情境链接　直流稳压电源结构及波形
　　　　　　变换 ……………………………… 71
4.1　整流电路 ………………………………… 72
　4.1.1　单相半波整流电路 ………………… 72
　4.1.2　单相桥式整流电路 ………………… 73
4.2　滤波电路 ………………………………… 74
　4.2.1　电容滤波电路 ……………………… 74
　4.2.2　电感滤波电路 ……………………… 75
　4.2.3　复式滤波电路 ……………………… 76
4.3　稳压电路 ………………………………… 76
　4.3.1　并联型稳压电路 …………………… 76
　4.3.2　串联型稳压电路 …………………… 77
　4.3.3　集成稳压器 ………………………… 78
情境链接　三端固定式集成稳压器与
　　　　　　可调式集成稳压器 ……………… 80
情境总结 ……………………………………… 81
习题与思考题 ………………………………… 82

学习情境5　电子产品整机装配基础 …… 83
情境链接　模拟电子技术与大学生电子
　　　　　　设计竞赛 ………………………… 83
5.1　电子线路图读图基本知识 ……………… 84
　5.1.1　电子线路图的分类 ………………… 84
　5.1.2　读图的一般方法 …………………… 85
5.2　电子元器件在电路板上的安装 ………… 85
　5.2.1　元器件的安装方式 ………………… 85
　5.2.2　元器件的引线成形 ………………… 86
　5.2.3　元器件的插装 ……………………… 87
5.3　焊接工艺 ………………………………… 88
　5.3.1　焊接及其特点 ……………………… 88
　5.3.2　钎料、焊剂、焊锡膏及阻焊剂 …… 88
　5.3.3　焊接工具 …………………………… 89
　5.3.4　焊接技术 …………………………… 90
5.4　电子产品的调试与故障排除 …………… 98
　5.4.1　电子产品的调试 …………………… 98
　5.4.2　电子产品的故障排除 ……………… 99
情境总结 …………………………………… 100
习题与思考题 ……………………………… 101

学习情境6　数字电路基础 …………… 102
6.1　数字信号与数字电路 ………………… 102
　6.1.1　数字信号 ………………………… 102
　6.1.2　数字电路应用实例 ……………… 103
　6.1.3　数字电路的特点 ………………… 104
情境链接　比特与字节 …………………… 104
情境链接　数字构成了计算机中的
　　　　　　图像与色彩 …………………… 105

6.2　数制与码制 …………………………… 105
　6.2.1　数制 ……………………………… 105
　6.2.2　数制之间的转换 ………………… 106
情境链接　20世纪最重要、最著名的
　　　　　　一篇硕士论文 ………………… 107
　6.2.3　码制 ……………………………… 108
6.3　逻辑代数 ……………………………… 108
情境链接　逻辑推理：橙子＋榨汁机＝
　　　　　　橙汁 …………………………… 108
　6.3.1　基本逻辑与常用复合逻辑 ……… 109
　6.3.2　逻辑函数的表示方法 …………… 113
　6.3.3　逻辑代数的基本公式与定律 …… 113
　6.3.4　逻辑函数的公式法化简 ………… 114
6.4　集成逻辑门电路 ……………………… 115
情境总结 …………………………………… 117
习题与思考题 ……………………………… 117

学习情境7　组合逻辑电路分析 ……… 119
7.1　组合逻辑电路的分析与设计 ………… 119
　7.1.1　组合逻辑电路的分析 …………… 119
　7.1.2　组合逻辑电路的设计 …………… 120
7.2　常用组合逻辑器件 …………………… 121
　7.2.1　编码器 …………………………… 121
　7.2.2　译码器 …………………………… 124
情境链接　编码器与译码器的应用
　　　　　　实例 …………………………… 128
　7.2.3　数据选择器 ……………………… 128
情境总结 …………………………………… 130
习题与思考题 ……………………………… 130

学习情境8　时序逻辑电路分析 ……… 132
情境链接　组合逻辑电路与时序逻辑
　　　　　　电路的功能特点 ……………… 132
8.1　触发器 ………………………………… 132
　8.1.1　RS触发器 ………………………… 133
　8.1.2　JK触发器 ………………………… 135
　8.1.3　D触发器 ………………………… 137
　8.1.4　T和T′触发器 …………………… 139
8.2　集成寄存器 …………………………… 139
　8.2.1　数码寄存器 ……………………… 139
　8.2.2　移位寄存器 ……………………… 140
8.3　计数器 ………………………………… 143
　8.3.1　同步计数器 ……………………… 143
　8.3.2　异步计数器 ……………………… 144
　8.3.3　集成计数器 ……………………… 144
情境链接　柔性电子技术与智能运动
　　　　　　装备 …………………………… 148
情境总结 …………………………………… 149
习题与思考题 ……………………………… 149

学习情境9　555电路应用分析 ……… 152
9.1　555定时器的电路结构及其功能 …… 152

9.1.1 555 定时器的电路结构 ………… 152
9.1.2 555 定时器的功能分析 ………… 153
9.2 555 定时器的典型应用 ………… 153
9.2.1 用555 定时器构成单稳态
触发器 ………………………… 153
9.2.2 用555 定时器构成多
谐振荡器 ……………………… 154
9.2.3 用555 定时器构成施密特
触发器 ………………………… 155
9.3 555 定时器的综合应用实例 …… 156
9.3.1 定时应用 …………………… 156
9.3.2 延时应用 …………………… 156
9.3.3 光控开关电路 ……………… 156
情境链接 555 "叮咚" 双音门铃 …… 157
情境总结 ………………………… 158
习题与思考题 …………………… 158

学习情境 10 现代光电子与通信
技术 ………… 159
10.1 光电器件基础 ………………… 159
情境链接 爱因斯坦与光电效应 …… 160
10.1.1 发光器件 …………………… 160
10.1.2 光敏器件 …………………… 161
情境链接 太阳能电池 …………… 163
10.1.3 光电显示器件 ……………… 165

10.1.4 激光头与光盘 ……………… 166
10.2 光电检测及控制技术 ………… 167
10.2.1 光电检测装置 ……………… 167
10.2.2 光电控制技术及应用 ……… 169
10.3 光机电一体化技术 …………… 169
10.3.1 光机电一体化技术的特征 … 169
10.3.2 光机电一体化技术的发展 … 170
10.3.3 高端装备制造 ……………… 170
情境链接 国家战略性新兴产业——
高端装备制造业 ………… 170
10.3.4 机器视觉技术 ……………… 171
10.4 现代通信技术 ………………… 172
10.4.1 现代通信技术概述 ………… 172
情境链接 无线信号的传输与处理 … 173
10.4.2 数字光纤通信系统的基本
组成 …………………………… 174
10.4.3 光纤的结构与光的传输原理 … 174
情境链接 光纤通信与激光技术 …… 176
10.4.4 光纤通信技术的特点与应用 … 176
情境链接 全球移动通信技术主导者
——中国 "5G" ………… 177
情境链接 信息时代 万物互联
—— "HarmonyOS" ……… 178
情境总结 ………………………… 178
习题与思考题 …………………… 179

第2篇 岗课赛证技能训练篇

项目1 半导体器件基础 …………… 181
实训工单1 二极管的识别与检测…… 181
实训工单2 晶体管的识别与检测…… 184
项目2 基本放大电路分析 ………… 188
实训工单1 单管共发射极放大电路
仿真实验 …………………… 188
实训工单2 单管共发射极放大电路
的测量 ……………………… 191
实训工单3 恒流源差分放大电路
仿真实验 …………………… 194
项目3 集成运算放大器 …………… 199
实训工单1 比例运算放大电路的
制作与测试 ………………… 199
实训工单2 加、减法运算放大电路的
制作与测试 ………………… 202
实训工单3 文氏电桥振荡器
仿真实验 …………………… 205
项目4 直流稳压电源 ……………… 208
实训工单1 整流滤波仿真实验 …… 208
实训工单2 集成直流稳压电源的
组装与测试 ………………… 212
项目5 电子产品整机装配基础 …… 215
实训工单1 无线传声器的分析
与制作 ……………………… 215

实训工单2 红外线报警器的分析
与制作 ……………………… 220
项目6 数字电路基础 ……………… 224
实训工单1 测试逻辑门电路功能…… 224
实训工单2 用与非门组成异或门…… 228
实训工单3 仿真测试基本门电路…… 230
项目7 组合逻辑电路分析 ………… 234
实训工单1 用译码器实现全加器
电路 ………………………… 234
实训工单2 用数据选择器实现全
加器电路 …………………… 237
实训工单3 设计一个三人抢答
逻辑电路 …………………… 240
项目8 时序逻辑电路分析 ………… 243
实训工单1 认识触发器 …………… 243
实训工单2 设计 N 进制计数器 …… 246
项目9 555 电路应用分析 ………… 250
实训工单1 555 定时器应用电路搭接与
功能测试 …………………… 250
实训工单2 555 定时器应用电路
仿真实验 …………………… 254
附录 ………………………………… 260
附录 A 岗位技能竞赛与 "1＋X" 证书
理论知识模拟试题 ………… 260
附录 B 常用电气图形符号 ………… 264
参考文献 …………………………… 266

第1篇

电子基础理论篇

学习情境1
半导体器件基础

知识目标

掌握：

1) PN结单向导电特性。
2) 二极管的伏安特性。
3) 晶体管的输入和输出特性。

理解：

1) 晶体管的放大原理。
2) 稳压二极管的稳压原理。

了解：

1) 半导体的概念和分类。
2) 二极管的分类和用途。

技能目标

1) 会查阅半导体器件手册。
2) 能熟练使用万用表，学会识别、检测二极管和晶体管的方法。
3) 能合理选择和正确使用半导体器件。

情境链接

▶▶▲中国半导体产业基地——"东方芯港"◀◀◀

全球半导体产业掀起了投资热潮，我国国内资本更是这波潮流中的主流。

2021年4月，上海举办了"2021上海全球投资促进大会"，引进了200多个集成电路相关的重大产业项目，投资金额更是高达4898亿元人民币。上海已经汇聚了很多顶尖的芯片公司，例如华为海思、中芯国际、上海微电子、中微半导体、寒武纪、地平线、闻泰科技等，上海目前也成了国内领先的芯片产业发展基地。2022年3月1日，我国半导体行业的重量级项目"东方芯港"举行集中签约活动，宣告正式启动（见图1-1）。

上海在芯片产业链布局上，几乎已经具备了全产业链发展优势，在芯片设计、芯片原材料、芯片制造设备、芯片制造、芯片封装等领域都具备强劲

图1-1 "东方芯港"已在上海正式启动

的实力。

"东方芯港"将围绕核心芯片、特色工艺、关键装备和基础材料等领域实现关键核心技术攻关，建设国家级集成电路综合性产业基地，上海将成为具有世界性质的"东方芯港"。

1.1　半导体的基础知识

自然界中不同的物质，由于其原子结构不同，它们的导电能力也各不相同。根据导电能力的强弱，可以把物质分成导体、半导体和绝缘体三大类。导电能力特别强的物质称为导体，例如一般的金属、碳、电解液等；导电能力特别差，几乎可以看成不导电的物质称为绝缘体，例如胶木、橡胶、陶瓷等；而导电能力介于导体与绝缘体之间的物质称为半导体。

电子电路中常用的元器件有二极管、晶体管、集成芯片等，它们都是由半导体材料制成的。半导体之所以得到广泛的应用，并不因为它的导电能力介于导体与绝缘体之间，而是由于它具有一些独特的导电性能，这些特性主要表现在其导电能力对外界的一些因素比较敏感。

1）热敏性：半导体对温度很敏感，随着温度的升高，其导电能力大大增强。利用半导体这一特性，可以制成自动控制系统中常用的热敏元件。

2）光敏性：半导体对光照也很敏感，当受光照射时，其导电能力大大增强。利用这一特性，可以制成光敏二极管和光敏电阻等。

3）掺杂性：半导体对"杂质"很敏感，掺杂以后导电能力大大增强。例如在半导体硅中掺入亿分之一的硼，电阻率就会减小为原来的几万分之一，这是半导体最显著的特性。正是因为这种特性，人们就用控制掺杂的方法制造出各种不同性能、不同用途的半导体器件。

1.1.1　本征半导体

在现代电子学中，应用最多的半导体材料是硅（Si）和锗（Ge），高纯度的硅和锗都是单晶结构，它们的原子整齐地按一定规律排列。其中非常纯净的且原子排列整齐的半导体称为本征半导体。硅和锗的原子结构如图 1-2 所示，其特点都是四价元素，即最外层轨道上的电子都是 4 个。

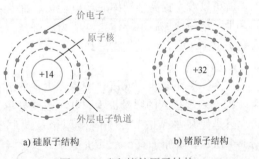

a) 硅原子结构　　　　　　b) 锗原子结构

图 1-2　硅和锗的原子结构

由原子理论可知，当原子的最外层电子数为 8 个时，其结构就成为比较稳定的状态，外层电子受到比较大的束缚力不能参与导电。但是硅、锗单晶体是靠共价键结构才保证每个原子最外层的电子数达到 8 个的，所以它的价电子所受到的束缚力并不像绝缘体那样大，在室温下由于热运动，其中少数电子可能获得较大能量，挣脱束缚而成为自由电子。价电子在受激摆脱束缚成为自由电子后，同时在原来共价键的位置上留下一个缺少负电荷的空位，这个空位称为空穴，如图 1-3 所示。显然，空穴带正电，具有空穴的硅原子成为正离子，正离子的电荷量可以看成是空穴所带的正电量。空穴是可以运动的，但它与自由电子的运动方式不同，当附近某一位置有个电子跳过来填充原来的空穴位置之后，则这一位置处就出现了一个新的空穴，相当于空穴移动到这一位置上去了，这样依次填补下去，便形成了空穴的移动。

在本征半导体中，受激产生一个自由电子，必然产生一个空穴，电子和空穴是成对产生的，这种现象称为本征激发。自由电子在运动过程中，可能会与空穴重新结合而成对消失，这种与激发相反的过程称为复合。在一定温度下，激发与复合的过程虽然在连续不断地进行，但电子-空

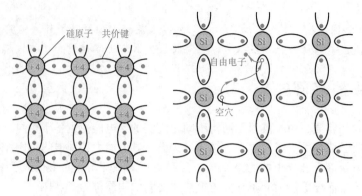

a) 共价键结构平面示意图　　　　b) 本征激发产生电子-空穴对

图1-3　硅晶体的结构与电子-空穴对的产生

穴对的数目不变，保持动态平衡。当温度升高后，这种平衡就被破坏，开始时，激发数目大于复合数目，半导体内电子-空穴对的总数增加，但复合也跟着增加，当复合数上升到与激发数相等时，新的平衡又建立起来，这时电子-空穴对的总数在一个新的水平上保持不变。显然，半导体内的电子-空穴对总数在温度高时比温度低时要大。这是半导体导电能力与温度有密切的关系的原因。

1.1.2　N型和P型半导体

本征半导体中由于载流子（自由电子和空穴）数目有限，所以导电能力不强，而且导电能力也无法控制。若在本征半导体中掺入少量的有用杂质元素，就可以大大提高半导体的导电能力，而且可以利用掺杂的多少来精确地控制半导体导电能力的强弱。掺杂半导体分为电子型（N型）和空穴型（P型）。

1. N型半导体

在本征半导体硅（或锗）中掺入少量的五价元素，例如磷（P），由于掺入的数量极少，并不改变硅单晶的共价键结构，只是使某些晶格节点上的硅原子被磷原子所取代，如图1-4所示。磷原子有5个共价电子，其中4个与周围的4个硅原子的价电子形成共价键，还剩余1个所受束缚力极小，在常温下可以认为是自由电子。这样每个杂质原子都要提供一个自由电子，自由电子的数目大大增多，导电能力大大增强。在这样的半导体中，自由电子数远超过空穴数，电子为多数载流子（简称为多子），空穴为少数载流子（简称为少子），它的导电以自由电子为主，故这种半导体称为电子型（N型）半导体。

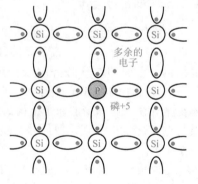

图1-4　硅中掺磷形成N型半导体

2. P型半导体

在本征半导体中掺入少量的三价硼（B）元素时，便发生另一种情况，具有3个价电子的硼原子在与周围的硅原子组成共价键时，尚有一个空穴没有填满，从而产生一个空穴，如图1-5所示。由于每一个硼原子都要提供一个空穴，使得空穴数目远大于自由电子数目，空穴为多子，自由电

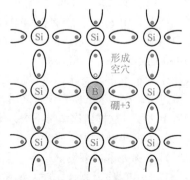

图1-5　硅中掺硼形成P型半导体

子为少子，它的导电以空穴为主，故称为空穴型（P 型）半导体。

1.1.3　PN 结的形成及特性

PN 结是构成二极管、晶体管、场效应晶体管、晶闸管和半导体集成电路等半导体器件的基础。

1. PN 结的形成

在一块本征半导体的晶片上掺入不同的杂质形成不同类型的杂质半导体，在 P 型半导体中有多数的空穴和少数的自由电子，而 N 型半导体中有多数的自由电子和少数的空穴。P 区中空穴的浓度大于 N 区，而 N 区中的自由电子浓度大于 P 区，由于自由电子和空穴浓度差的存在，在它们的交界的地方，便发生自由电子和空穴的扩散运动，如图 1-6a 所示。靠近 P 区界面的空穴向 N 区扩散，并与 N 区自由电子复合，形成一个负电荷。而在 N 区界面的自由电子向 P 区扩散，并与 P 区空穴复合，形成一个正电荷区。其结果是在 PN 结边界附近形成一个空间电荷区，在 PN 结中产生一个内电场，内电场的方向由 N 区指向 P 区，如图 1-6b 所示。内电场的存在对空穴和自由电子的扩散运动起到了阻碍作用，把载流子在内电场的作用下的运动称为漂移运动。

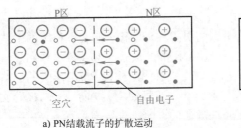

a) PN结载流子的扩散运动　　　　　　b) 平衡态下的PN结

图 1-6　PN 结的形成过程

在扩散开始时，扩散运动占优势。随着扩散的进行，PN 结的空间电荷区不断加宽，内电场增强，内电场引起的漂移运动也不断增强，当两者作用相等时，就达到了平衡。这时 PN 结中没有电流，在交界面处形成稳定的空间电荷区，空间电荷区内缺少载流子，结内电阻率很高，因此 PN 结是个高阻区。

2. PN 结的单向导电特性

当给 PN 结加上正向电压（外电源正极接 P 区、负极接 N 区），P 区电位高于 N 区电位时称为正向偏置；反之，当给 PN 结加上反向电压（外电源正极接 N 区、负极接 P 区），N 区电位高于 P 区电位时称为反向偏置。PN 结最重要的特性就是它在正反偏置时会表现出的完全不同的电流特性——单向导电特性。

给 PN 结加正向偏置电压，如图 1-7a 所示，外电场与内电场方向相反，削弱了内电场，有利于扩散运动的进行，由于扩散运动是多子的运动，形成一个较大的扩散电流，方向是由 P 指向 N，此时 PN 结电阻很小，认为 PN 结正向导通。扩散电流也称为正向电流（I_F）。

给 PN 结加反向偏置电压，如图 1-7b 所示，外电场与内电场方向相同，增强了内电场，有利于漂移运动的进行，由于漂移运动是少子的运动，形成的漂移电流很小，方向是由 N 指向 P，此时 PN 结呈现很大的结电阻，认为 PN 结反向截止。漂移电流也称为反向饱和电流（I_S）。

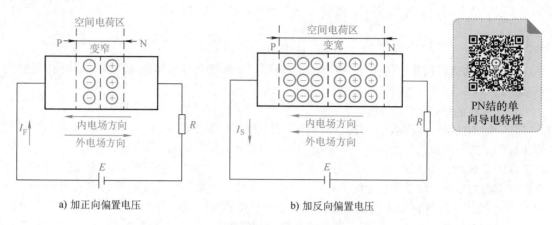

a) 加正向偏置电压   b) 加反向偏置电压

图 1-7 PN 结的单向导电特性

1.2 半导体二极管

1.2.1 二极管的结构

在 PN 结的 P 区和 N 区分别用引线引出，P 区的引线称为阳极或正极，N 区的引线称为阴极或负极，将 PN 结用外壳封装起来，便构成二极管，常用的二极管有金属、塑料和玻璃三种封装形式，其外形各异，常见的封装形式如图 1-8 所示。二极管的结构按 PN 结形成的制造工艺方式可分为点接触型、面接触型、平面型三种类型，其结构和符号如图 1-9 所示。二极管文字符号用字母 VD 表示，图形符号中箭头所指的方向是正向导通的方向。

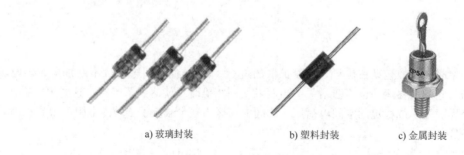

a) 玻璃封装   b) 塑料封装   c) 金属封装

图 1-8 二极管的常见封装形式

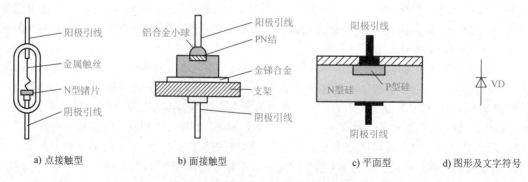

a) 点接触型   b) 面接触型   c) 平面型   d) 图形及文字符号

图 1-9 二极管的几种常见结构和符号

点接触型二极管的特点是 PN 结面积小，极间电容也小，不能承受高的反向电压和大的正向电流，适用于高频、小电流的情况下，如高频检波等场合或作为数字电路中的开关器件。面接触型二极管使用合金或扩散工艺制成 PN 结，外加引线和管壳密封而成，它的特点是 PN 结面积大，可以承受比较大的电流，但是极间电容也大，适用于低频条件下，如整流电路等。平面型二极管采用二氧化硅作为保护层，可使 PN 结不受污染，还能大大减少 PN 结两端的漏电流。平面型二极管结面积较小的用作高频管或高速开关管，结面积较大的用作大功率调整管。

1.2.2 二极管的伏安特性

单向导电性是二极管的最主要特性，二极管的伏安特性曲线就是指二极管两端的电压 U 与它流过的电流 I 的关系曲线，如图 1-10 所示（以正极到负极为参考方向）。正向伏安特性是指纵坐标右侧部分，反向伏安特性是指纵坐标左侧部分。

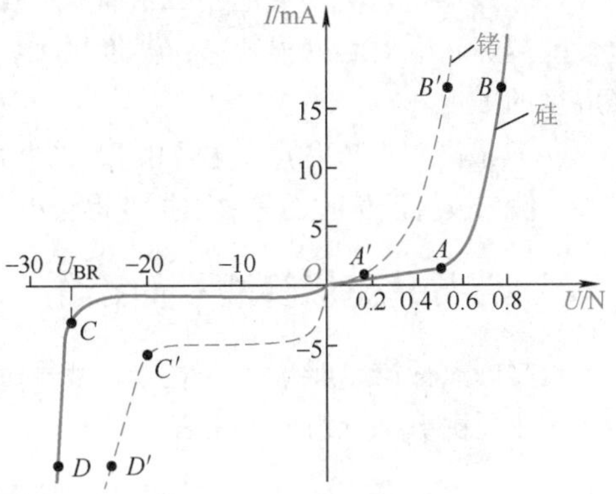

1. 正向特性

1）当二极管的外加正向电压很小时，呈现较大的电阻，几乎没有正向电流通过。曲线 OA 段（或 OA′ 段）称作死区，A 点（或 A′ 点）的电压称为死区电压，硅管的死区电压一般为 0.5V，锗管约为 0.1V。

2）当二极管的正向电压大于死区电压后，二极管呈现很小的电阻，有较大的正向电流流过，即二极管导通，如 AB 段（或 A′B′ 段）特性曲线所示，此段称为导通段。从图中可以看出：硅管电流上升曲线比锗管更陡。二极管导通后的电压降称为导通电压，硅管一般为 0.6 ~ 0.7V，锗管为 0.2 ~ 0.3V。

图 1-10 二极管的伏安特性曲线

2. 反向特性

1）当二极管承受反向电压时，其电阻很大，此时仅有非常小的反向电流（称为反向饱和电流或反向漏电流），如曲线 OC 段（或 OC′ 段）所示。实际应用中，二极管的反向饱和电流值越小越好，硅管的反向电流比锗管小得多，一般为几十微安，而锗管为几百微安。

2）反向电压增加到一定数值时（如曲线中的 C 点或 C′ 点），反向电流急剧增大，这种现象称为反向击穿，此时对应的电压称为反向击穿电压，用 U_{BR} 表示，曲线中 CD 段（或 C′D′ 段）称为反向击穿区。通常加在二极管上的反向电压不允许超过击穿电压，否则会造成二极管的损坏（稳压二极管除外）。二极管反向击穿后，只要反向电流和反向电压的乘积不超过 PN 结容许的耗散功率，二极管一般就不会损坏。若反向电压下降到击穿电压以下，其性能可恢复到原有情况，即这种击穿是可逆的，称为电击穿；若反向击穿电流过高，则会导致 PN 结结温过高而烧坏，这种击穿是不可逆的，称为热击穿。

3. 温度对二极管伏安特性的影响

温度对二极管的伏安特性有显著的影响，当环境温度升高时，二极管的正向特性曲线向左移，反向特性曲线向下移。正、反向电流都随之增大，反向击穿电压随之减小。变化规律是：在室温附近，温度每升高 1℃，正向压降减小 2 ~ 2.5mV；温度每升高 10℃，反向电流约增大 1 倍。如果温度过高，可能导致 PN 结消失。一般规定硅管所允许的最高结温是 150 ~ 200℃，锗管是 75 ~ 150℃。在同样的 PN 结的面积条件下，硅管允许通过的电流比锗管大，所以以大功率的二极管通常选用硅管。

1.2.3 二极管的主要参数

二极管的参数是反映二极管性能的质量指标，工程上必须根据二极管的参数，合理地选择和使用二极管。二极管主要有以下参数：

（1）最大正向整流电流 I_{FM}　它是指二极管长期工作时所允许通过的最大正向平均电流。实际应用时，流过二极管的平均电流不能超过这个数值，否则，将导致二极管因过热而永久损坏。电流较大的二极管必须按规定加装散热片。

（2）最高反向工作电压 U_{FM}　它是指二极管工作时所允许加的最高反向电压，超过此值，二极管就有被反向电压击穿的危险。

（3）反向电流 I_R　它是指二极管未被击穿时的反向电流值。I_R 越小，说明二极管的单向导电性能越好。I_R 对温度很敏感，温度增加，反向电流会增加很大。因此使用二极管时要注意环境温度的影响。

（4）最高工作频率 f_M　主要由 PN 结电容大小决定。信号频率超过此值时，结电容的容抗变得较小，使二极管反偏时的等效阻抗变得较小，反向电流较大。于是，二极管的单向导电性变坏。

1.2.4　半导体二极管型号命名法

根据国家标准《半导体分立器件型号命名方法》（GB/T 249—2017），我国二极管型号的命名方法主要由五部分组成，见表 1-1。

表 1-1　我国二极管型号的命名方法

第一部分		第二部分		第三部分				第四部分	第五部分
用阿拉伯数字表示器件的电极数目		用汉语拼音字母表示器件的材料和极性		用汉语拼音字母表示器件的类型				用阿拉伯数字表示登记顺序号	用汉语拼音字母表示规格号
符号	意义	符号	意义	符号	意义	符号	意义		
2	二极管	A B C D E	N 型，锗材料 P 型，锗材料 N 型，硅材料 P 型，硅材料 化合物或合金材料	P H V W C Z L S K N F T Y B J	小信号管 混频管 检波管 电压调整管和 电压基准管 变容管 整流管 整流堆 隧道管 开关管 噪声管 限幅管 闸流管 体效应管 雪崩管 阶跃恢复管	PIN ZL QL XT CF DH SY GF GD GR	PIN 二极管① 二极管阵列① 硅桥式整流器① 肖特基二极管① 触发二极管① 电流调整二极管① 瞬态抑制二极管① 发光二极管① 光电二极管① 红外线发射二极管①		

① 表示器件型号只有三、四、五部分。

示例：二极管型号为 2AP8B，其中"2"表示电极数为 2，"A"表示 N 型锗材料，"P"表示普通管，"8"表示序号，"B"表示规格号。

1.2.5　二极管的应用电路

普通二极管是电子电路中最常用的半导体器件之一，其应用非常广泛。利用二极管的正向导通、反向截止和反向击穿等特性，可用来完成整流、检波、钳位、限幅、开关及电路元器件保护等任务。下面介绍几种常见的应用电路。

1. 整流电路

所谓整流，就是将交流电变成脉动直流电。利用二极管的单向导电性可组成多种形式的整流电路，常用的二极管整流电路有单相半波整流电路和桥式整流电路等。单相半波整流电路如图 1-11 所示，T 为电源变压器，VD 为整流二极管，R 为负载电阻。整流电路的工作原理将在后文中详细介绍。

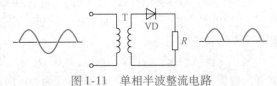

图 1-11 单相半波整流电路

2. 钳位电路

二极管的钳位作用是指利用二极管的单向导电性及导通时正向压降相对稳定且数值很小（有时可近似为零）的特点，来限制电路中某点的电位。例如图 1-12 所示电路中，二极管的钳位作用使 U_o 被限制在 0～6V 范围内。当开关 S 闭合时，二极管截止，U_o 为 0V。当开关 S 断开时，由于二极管正向偏置，若忽略其正向导通压降，U_o 被钳制在 6V。

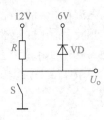

图 1-12 钳位电路

3. 限幅电路

利用二极管导通后压降很小且基本不变的特性（硅管为 0.7V，锗管为 0.3V，有时可忽略管压降），可以组成各种限幅电路，使输出电压幅度限制在某一电压值内。图 1-13a 为一双向限幅电路。设输入电压 $u_i = 12\sin\omega t \, V$，此时忽略管压降的影响，则输出电压 u_o 被限制在 -6～+6V 之间，其波形如图 1-13b 所示。

在 u_i 的正半周，当 $u_i < 6V$ 时，VD_1、VD_2 均截止，输出 $u_o = u_i$；当 $u_i > 6V$ 时，VD_1 正向导通，VD_2 反向截止，输出 $u_o = 6V$。

在 u_i 的负半周，当 $u_i > -6V$ 时，VD_1、VD_2 均截止，输出 $u_o = u_i$；当 $u_i < -6V$ 时，VD_2 正向导通，VD_1 反向截止，输出 $u_o = -6V$。

4. 元器件保护电路

在电子电路中，常利用二极管来保护其他元器件免受过高电压的损害，二极管保护电路如图 1-14 所示，L 和 R 分别是线圈的电感和电阻。在开关 S 接通时，电源 E 给线圈供电，L 中有电流通过，电感储存磁场能量。在开关 S 断开的瞬间，L 中将产生一个高于电源电压很多倍的自感电动势 e_L，电动势 e_L 和电源 E 叠加作用在开关 S 的端子上，会使端子产生火花放电，影响设备的正常工作，缩短开关 S 的使用寿命。为避免上述情况的发生，在电路中接入了二极管，e_L 通过二极管放电，使端子两端的电压不会很高，从而保护了开关 S。

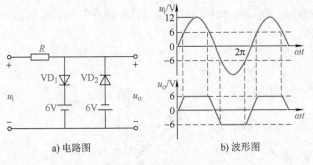

a) 电路图   b) 波形图

图 1-13 二极管双向限幅电路及波形

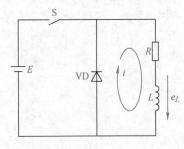

图 1-14 二极管保护电路

1.2.6 特殊二极管

前面主要介绍了普通二极管，还有一些特殊用途的二极管，如稳压二极管、发光二极管、光电二极管和变容二极管等。下面介绍稳压二极管和变容二极管。

1. 稳压二极管

稳压二极管是一种用特殊工艺制造的面接触型硅二极管，其外形及图形和文字符号如图 1-15 所示。使用时，它的阴极接外加电压的正极，阳极接外加电压负极，并且工作在反向击穿状态，利用它的反向击穿特性稳定直流电压。

稳压二极管的伏安特性曲线如图 1-16 所示，其正向特性与普通二极管相同，反向特性曲线比普通二极管更陡。稳压二极管的反向特性为当反向电压小于击穿电压 U_z（此电压又称为稳压电压）时，反向电流极小。但当反向电压增加到 U_z 后，反向电流急剧增加。如图 1-16 中 AB 段所示，反向电流有很大的变化 ΔI_z，只引起微小的电压变化 ΔU_z。利用这一特性可以实现稳压功能，而且曲线越陡，稳压性能越好。此时，稳压二极管处于反向击穿状态，称为击穿区。因为采用了不同于普通二极管的制造工艺，稳压二极管的这种击穿是可逆的，即去掉外加电压之后，击穿即可恢复。当然其条件是功率损耗不能超过允许值，否则，稳压二极管也会造成不可逆击穿而损坏。

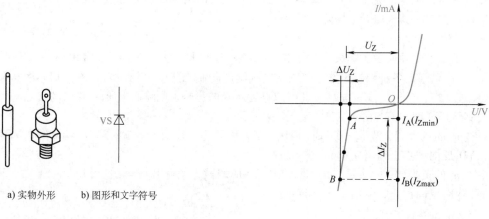

图 1-15　稳压二极管的外形及图形和文字符号

图 1-16　稳压二极管的伏安特性曲线

稳压二极管工作时，必须接入限流电阻，才能使其流过的反向电流在 $I_{Zmax} \sim I_{Zmin}$ 范围内变化。在这个范围内，稳压二极管工作安全且两端的反向电压变化很小。

2. 变容二极管

变容二极管是利用 PN 结电容可变原理制成的半导体器件，它仍工作在反向偏置状态，当外加的反偏电压变化时，其电容也随着改变。它的图形符号、压控特性曲线和实物如图 1-17 所示。

变容二极管可当作可变电容使用，主要用于高频技术中，如高频电路中的变频器、电视机中的调谐回路，都用到变容二极管。

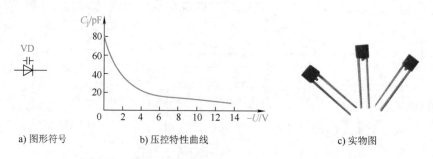

图 1-17　变容二极管图形符号、压控特性曲线和实物

1.3 晶体管

1.3.1 晶体管的结构和类型

晶体管的结构和类型

晶体管也称半导体三极管，它的种类很多，按工作频率不同可分为低频管和高频管；按功率大小可分为小功率管、中功率管和大功率管；按所用半导体材料不同可分为硅管和锗管；按结构和工艺不同可分为合金型和平面型等。常见晶体管的外形如图 1-18 所示。

图 1-18 常见晶体管的外形

晶体管的结构形式只有两种，即 NPN 型或 PNP 型，其内部结构和符号如图 1-19 所示。它们都有集电区、基区和发射区三个区；从这三个区引出的电极分别称为集电极（C）、基极（B）和发射极（E）。发射区与基区之间的 PN 结称为发射结，基区与集电区之间的 PN 结称为集电结。符号的主要区别是发射极的箭头方向不同，箭头方向表示发射结正向偏置时的电流方向。

晶体管的结构具有如下特点：

1）发射区杂质浓度远大于基区的杂质浓度。

2）基区很薄，杂质浓度很低。

3）集电结的面积比发射结的面积要大。

因此发射区和集电区不能对调，这种结构也使得晶体管具备了放大的能力。

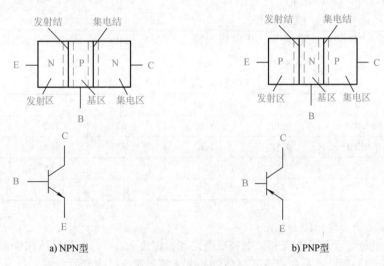

a) NPN型   b) PNP型

图 1-19 晶体管的结构和符号

1.3.2 晶体管的三种连接方式

晶体管有三个电极，由晶体管构成的放大电路中必须由两个电极接输入回路，两个电极接输出回路，这样必然有一个电极作为输入和输出回路的公共端。根据公共端的不同，可分为共发射极接法、共基极接法和共集电极接法三种基本连接方式，如图 1-20 所示。图中"⊥"表示公共端，又称接地端。

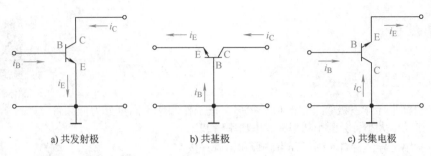

a) 共发射极   b) 共基极   c) 共集电极

图 1-20 晶体管的三种基本连接方式

1.3.3 晶体管的电流分配关系及放大能力

晶体管实现放大作用的外部条件是：发射结正向偏置，集电结反向偏置。因此为了保证其外部条件，NPN 型和 PNP 型两类晶体管工作时外加电源的极性是不同的。晶体管具有电流放大作用，下面以 NPN 型晶体管所接成的共发射极电路为例，通过实验分析它的放大原理，实验电路如图 1-21 所示。

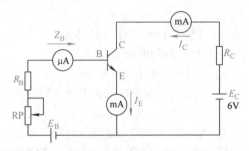

图 1-21 晶体管电流的实验电路

基极电源 E_B、基极电阻 R_B、基极 B 和发射极 E 组成输入回路。集电极电源 E_C、集电极电阻 R_C、集电极 C 和发射极 E 组成输出回路。电路中 $E_B < E_C$。电源极性如图 1-13 所示，这样就给发射结加正向电压（正向偏置），集电结加反向电压（反向偏置），从而保证了晶体管处于放大状态。

调节电位器 RP，则基极电流 I_B、集电极电流 I_C 和发射极电流 I_E 都会发生变化。测量结果见表 1-2。

表 1-2 测量结果

I_B/mA	0	0.01	0.02	0.03	0.04	0.05
I_C/mA	0.001	0.50	1.00	1.60	2.20	2.90
I_E/mA	0.001	0.51	1.02	1.63	2.24	2.95
I_C/I_B		50	50	53	55	58
$\Delta I_C/\Delta I_B$		50	60	60	70	

由实验测量结果可得出如下结论：

1）发射极电流等于基极电流和集电极电流之和，即 $I_E = I_B + I_C$。若将晶体管看成一个节点，根据基尔霍夫定律，则可表示为：流入晶体管的电流等于流出晶体管的电流。

2）集电极电流 I_C 是基极电流 I_B 的 $\overline{\beta}$ 倍，$\overline{\beta}$ 称为直流放大倍数，即

$$\frac{I_C}{I_B} = \overline{\beta}$$

3）很小的 I_B 变化可以引起很大的 I_C 变化，也就是说基极电流对集电极电流具有小量控制大量的作用，这就是晶体管的电流放大作用（实质是控制作用）。我们把 ΔI_C 与 ΔI_B 的比值称为晶体管的交流放大倍数 β，即

$$\frac{\Delta I_C}{\Delta I_B} = \beta \approx \overline{\beta}$$

1.3.4　晶体管的特性曲线

晶体管的特性曲线是用来表示该晶体管各极电压和电流之间相互关系的，它反映出晶体管的性能，也是分析放大电路的重要依据，最常用的是共发射极接法的输入特性曲线和输出特性曲线，这些曲线可用晶体管图示仪直接观测得到，也可以通过图 1-22 所示的实验电路进行测绘。

1. 输入特性曲线

输入特性曲线是指当集电极-发射极电压 U_{CE} 为常数时，基极电流 I_B 与基极-发射极电压 U_{BE} 之间的关系曲线，即 $I_B = f(U_{BE})|_{U_{CE}=常数}$，如图 1-23 所示。

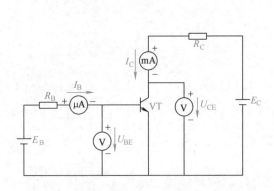

图 1-22　测量晶体管特性的实验电路

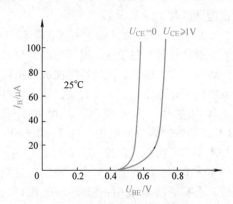

图 1-23　晶体管的输入特性曲线

对硅管而言，当 $U_{CE} \geq 1V$ 时，集电结反向偏置，只要 U_{BE} 相同，发射区扩散到基区的电子数目必然相同。而集电结的内电场足够大，可以把从发射区扩散到基区的电子中的绝大部分拉入集电区。若此时再增加 U_{CE}，只要 U_{BE} 保持不变，则从发射区扩散到基区的电子数就一定，I_B 电流也不再明显减小了，也就是说，$U_{CE} < 1V$ 后的输入特性曲线基本上是重合的。所以通常只画出 $U_{CE} \geq 1V$ 的一条输入特性曲线。

由图可见，晶体管的输入特性和二极管的伏安特性一样都有一定的死区电压，硅管死区电压为 0.5V，发射结导通电压为 0.7V，锗管的死区电压为 0.2V，发射结导通电压为 0.3V。

2. 输出特性曲线

输出特性曲线是指当基极电流 I_B 为常数时，晶体管的集电极电流 I_C 和集电极-发射极电压 U_{CE} 之间的关系曲线，即 $I_C = f(U_{CE})|_{I_B=常数}$。在不同的 I_B 下，可得出一族不同的曲线，如图 1-24 所示。

当 I_B 一定时，从发射区扩散到基区的电子数大致一定，在 $U_{CE} > 1V$ 后，这些电子的绝大部分被拉入集电区而形成 I_C，以致再增加 U_{CE}，I_C 也不再有明显增加，具有恒流特性。当 I_B 增加时，相应的 I_C 也增加，曲线上移，而且 I_C 比 I_B 增加的多得多，这就是晶体管的电流放大作用。

（1）放大区　输出特性曲线的近于水平部分是放大区，在放大区内 $I_C = \beta I_B$，放大区也称线性区，因为 I_C 和 I_B 呈正比关系。如前所述，晶体管工作在放大状态时，发射结处于正向偏置，集电结处于反向偏置。

（2）截止区　$I_B = 0$ 时曲线的以下区域称为截止区，$I_B = 0$，$I_C = I_{CEO}$。对 NPN 型硅管而言，$U_{BE} < 0.5V$

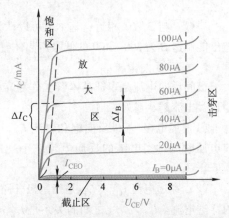

图 1-24　晶体管的输出特性曲线

时，即开始截止，但是为了可靠截止，常使 U_{BE} 小于或等于零。此时发射结、集电结都处于反向偏置，晶体管的电流很小可以不计，相当于开关断开。

（3）饱和区　当 $U_{BE} > U_{CE}$ 时，发射结、集电结都处于正向偏置，晶体管处于饱和工作状态。在饱和区 I_B 的变化对 I_C 的影响很小，两者不成正比，放大区的 β 不能用于饱和区，由于饱和时，两个 PN 结都正向偏置，阻挡层消失，电流很大，相当于开关闭合。

综上所述，晶体管工作在不同的区域时，各电极之间的电位关系不同。对于 NPN 型晶体管而言，工作在放大区时 $V_C > V_B > V_E$，工作在截止区时 $V_C > V_E > V_B$，工作在饱和区时 $V_B > V_C > V_E$。对于 PNP 型晶体管而言，工作在放大区时 $V_C < V_B < V_E$，工作在截止区时 $V_C < V_E < V_B$，工作在饱和区时 $V_B < V_C < V_E$。

3. 温度对晶体管特性曲线的影响

晶体管具有热敏性，温度对晶体管特性影响较大，输入、输出特性曲线族都随温度的变化而变化。温度升高，输入特性曲线向左移，实验表明：温度每升高 1℃，晶体管的导通电压下降 2～2.5mV，如图 1-25a 所示。温度每升高 10℃，i_{CBO} 约增大 1 倍，因此温度升高，输出特性曲线向上移。实验表明：温度每升高 1℃，$\bar{\beta}$ 增大（0.5～1）%，如图 1-25b 所示。

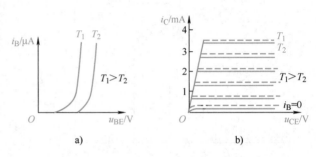

图 1-25　温度对晶体管特性曲线的影响

1.3.5　晶体管的主要参数

1. 共发射极电流放大倍数

（1）直流电流放大倍数 $\bar{\beta}$　在静态时，I_C 与 I_B 的比值称为直流电流放大倍数，也称为静态电流放大倍数，即

$$\bar{\beta} = \frac{I_C}{I_B}$$

（2）交流电流放大倍数 β　在动态时，基极电流的变化增量为 ΔI_B，它引起的集电极电流的变化增量为 ΔI_C。ΔI_C 与 ΔI_B 的比值称为交流放大倍数，即

$$\beta = \frac{\Delta I_C}{\Delta I_B}$$

一般 $\bar{\beta}$ 与 β 数值相近，基本上可以认为相等，以后只用 β 表示。一般 β 为 20～150，目前工艺已能制造 β 为 300～400 的低噪声晶体管。

2. 极间反向电流

极间反向电流是表征晶体管工作稳定性的参数。极间反向电流受温度影响很大，使用中希望这类电流越小越好。

（1）集电极-基极反向饱和电流 I_{CBO}　I_{CBO} 是指晶体管发射极开路，集电极和基极之间加反向电压时流过集电结的反向电流。小功率的硅管一般在 0.1μA 以下，锗管在几微安到几十微安。

（2）穿透电流 I_{CEO}　I_{CEO} 是指基极开路时，由集电区穿过基区流入到发射区的电流，所以称为穿透电流。I_{CBO} 与 I_{CEO} 之间的关系是 $I_{CEO} = (1 + \beta)I_{CBO}$。

它是衡量晶体管质量好坏的重要参数之一，其值越小越好。

3. 极限参数

极限参数是表征晶体管能安全工作的参数，即晶体管所允许的电流、电压和功率的极限值。

（1）集电极最大允许电流 I_{CM}　当 I_C 过大时，电流放大倍数 β 将下降，使 β 下降到正常值的 2/3 时的 I_C 值定义为集电极最大允许电流。

（2）反向击穿电压

1）发射极-基极反向击穿电压 $U_{(BR)EBO}$，是指当集电极开路时，发射极-基极间允许加的最高反向电压，一般在 5V 左右。

2）集电极-基极反向击穿电压 $U_{(BR)CBO}$，是指当发射极开路时，集电极-基极间允许加的最高反向电压，一般在几十伏以上。

3）集电极-发射极反向击穿电压 $U_{(BR)CEO}$，是指当基极开路时，集电极-发射极间允许加的最高反向电压，通常比 $U_{(BR)CBO}$ 小一些。

（3）集电极最大允许耗散功率 P_{CM}　由于集电极电流在流经集电结时将产生热量，使结温升高，从而引起晶体管参数变化。当晶体管因受热而引起的参数变化不超过允许值时，集电极所消耗的最大功率称为集电极最大允许耗散功率，用 P_{CM} 表示：

$$P_{CM} = i_C u_{CE}$$

根据此式，可在输出特性曲线上画出晶体管的最大允许功耗线，综合 I_{CM}、$U_{(BR)CEO}$ 的要求，可画出晶体管的安全工作区，如图 1-26 所示。

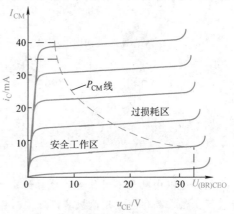

图 1-26　晶体管的安全工作区

1.3.6　晶体管型号命名法

按照国家标准《半导体分立器件型号命名方法》（GB/T 249—2017）的规定，国产晶体管的型号命名方法见表 1-3。

表 1-3　国产晶体管的型号命名方法

第一部分		第二部分		第三部分				第四部分	第五部分
用阿拉伯数字表示器件的电极数目		用汉语拼音字母表示器件的材料和极性		用汉语拼音字母表示器件的类型				用阿拉伯数字表示登记顺序号	用汉语拼音字母表示规格号
符号	意义	符号	意义	符号	意义	符号	意义		
3	三极管	A	PNP 型，锗材料	X	低频小功率晶体管（$f_a < 3\text{MHz}$，$P_c < 1\text{W}$）	CS	场效应晶体管[①]		
		B	NPN 型，锗材料			BT	特殊晶体管[①]		
		C	PNP 型，硅材料	G	高频小功率晶体管（$f_a \geqslant 3\text{MHz}$，$P_c < 1\text{W}$）	FH	复合管[①]		
		D	NPN 型，硅材料			JL	晶体管阵列[①]		
		E	化合物或合金材料	D	低频大功率晶体管（$f_a < 3\text{MHz}$，$P_c \geqslant 1\text{W}$）	SX	双向三极管[①]		
						GT	光电晶体管[①]		
				A	高频大功率晶体管（$f_a \geqslant 3\text{MHz}$，$P_e \geqslant 1\text{W}$）	GH	光电耦合器[①]		
						GK	光电开关管[①]		

① 表示器件型号只有三、四、五部分。

示例：晶体管型号为 3AG11C，其中"3"表示三极管；"A"表示 PNP 型，锗材料；"G"表示高频小功率晶体管；"11"表示登记顺序号；"C"表示规格号。

情境链接

▶▲ 从真空管、晶体管到芯片 ◀

真空管就是真空电子管，有二极管、三极管等，在半导体技术发展之前，是通信行业的主力器件，1946 年的第一台计算机就是真空管和继电器制成的。

真空管体积大、易碎、能耗高。早期的电视机使用真空管，开机需要等待几分钟，"暖机"后才能出现画面。随着科学技术的进步，真空管被晶体管取代，晶体管是一种半导体器件，晶体管结构小巧、坚硬、能耗低、性能更为优越。20 世纪五六十年代，电话系统、收音机等都使用了晶体管。不久科学家发现，不需要单独生产每一个晶体管，晶体管可以与电阻、电容等元器件焊接在一起，并用细小的电线连接，这就成了今天许多设备正在使用的芯片，如图 1-27 所示。

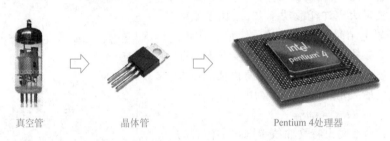

真空管　　　　　　晶体管　　　　　　　Pentium 4处理器

图 1-27　从真空管、晶体管到芯片

芯片可以由数层不同种类的硅片组成，体积变得极其微小，一个微处理器上可以装有数千万甚至上亿个晶体管，用途极其广泛，而且造价很低。

例如，采用 0.18μm 工艺的处理器 Pentium 4 处理器，集成了四千多万个晶体管，主频为 1.3 ～ 2GHz，采用 0.18μm 铝布线工艺，二级缓存为 256KB，外频为 100MHz，FSB（前端总线）为 400MHz，核心电压为 1.75V。

1.4　晶闸管

晶闸管是一种大功率可控整流器件，利用晶闸管，只要用很小的功率就可以对大功率（电流为几百安，电压为数百伏）的电源进行控制和变换。由于晶闸管具有体积小、重量轻、效率高、控制灵敏、容量大等优点，已广泛应用在整流、逆变、直流开关、交流开关等方面。

1.4.1　晶闸管的结构

晶闸管是由三个 PN 结组成的半导体器件，其外形、结构和图形符号如图 1-28 所示。它有三个电极：由外层 P 区引出的电极为阳极 A、外层 N 区引出的电极为阴极 K、中间 P 区引出的电极为控制极 G（又称触发极或门极）。

1.4.2　晶闸管的导电实验与工作原理

1. 晶闸管的导电实验

1）如图 1-29a 所示，晶闸管阳极接直流电源的正端，阴极经灯接电源的负端，此时晶闸管承受正向电压。控制极电路中开关 S 断开（不加电压），这时灯不亮，说明晶闸管不导通。

2）如图 1-29b 所示，晶闸管的阳极和阴极之间加正向电压，控制极相对于阴极也加正向电压，这时灯亮，说明晶闸管导通。

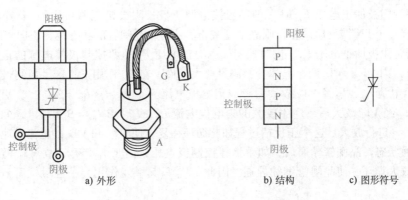

a) 外形　　　　　　　　b) 结构　　　c) 图形符号

图 1-28　晶闸管的外形、结构和图形符号

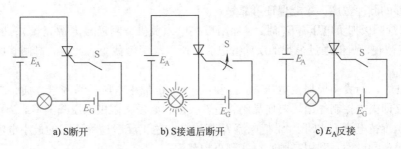

a) S断开　　　　　b) S接通后断开　　　　　c) E_A反接

图 1-29　晶闸管的导电实验

3）晶闸管导通后，如果去掉控制极上的电压（将图 1-29b 中的开关 S 断开），灯仍然亮，这表明晶闸管继续导通，即晶闸管一旦导通后，控制极就失去了控制作用。

4）如图 1-29c 所示，晶闸管的阳极和阴极间加反向电压，无论控制极加不加电压，灯都不亮，晶闸管截止。

5）如果控制极加反向电压，晶闸管阳极回路无论加正向电压还是反向电压，晶闸管都不导通。

从上述实验可以看出，晶闸管导通必须同时具备两个条件：

1）晶闸管阳极和阴极间加正向电压。

2）控制极电路加适当的正向电压（实际工作中加正触发脉冲信号）。

2. 晶闸管的工作原理

晶闸管可以看作 1 个 PNP 型晶体管（VT_1）和 1 个 NPN 型晶体管（VT_2）组合而成，电路模型如图 1-30 所示。

设在阳极和阴极之间接上电源 E_A，在控制极和阴极之间接入电源 E_G，如图 1-31 所示。

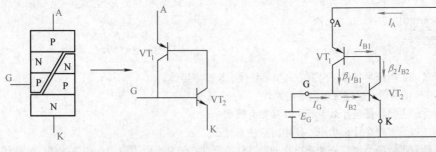

图 1-30　晶闸管电路模型　　　　　　　图 1-31　晶闸管工作原理

1）晶闸管阳极加正电压 E_A 时（即阳极接电源正极，阴极接电源负极），若控制极不加电压，且其中有一个 PN 结反偏截止，则晶闸管截止。此时，晶闸管的状态称为正向阻断状态。

2）晶闸管阳极加正电压 E_A，同时控制极也加正电压 E_G（即控制极接电源的正极，阴极接电源的负极），则 VT_1、VT_2 两个晶体管都满足放大条件。在 E_G 作用下，产生控制极电流 I_G，为 VT_2 提供基极电流 I_{B2}，I_{B2} 经 VT_2 放大后形成集电极电流 I_{C2}，$I_{C2} = \beta_2 I_{B2} = \beta_2 I_G$；$I_{C2}$ 就是 VT_1 的基极电流 I_{B1}，I_{B1} 经 VT_1 放大后，产生较大的集电极电流 I_{C1}，$I_{C1} = \beta_1 I_{B1} = \beta_1 \beta_2 I_G$，这个电流又流回 VT_2 的基极，再进行放大。这个正反馈过程如此循环往复，使 VT_1 和 VT_2 的电流迅速增大，从而进入饱和导通状态。晶闸管导通后，如果撤掉控制极电压，由于 $I_{C1} \gg I_G$，故 VT_2 仍有较大的基极电流进入放大循环，使晶闸管继续导通。因此，E_G 只起触发作用，一经触发后，晶闸管就不受 E_G 控制。

控制极电压 E_G 称为触发电压。一般选用正脉冲电压作为触发电压，它必须有足够的电压、电流值和足够的脉冲宽度，才能保证可靠触发。

3）晶闸管阳极加负电压 $-E_A$ 时，（即阳极接电源负极，阴极接电源正极），因为至少有一个 PN 结反偏截止，只能通过很小的反向漏电流，所以晶闸管截止。此时，晶闸管的状态称为反向阻断状态。

综上所述，晶闸管阳极加正电压 E_A，同时控制极也加正电压，晶闸管导通，晶闸管一旦导通，控制极立即失去控制作用。要使晶闸管重新关断，必须将阳极电压降至零或为负，使晶闸管阳极电流降至维持电流 I_H 以下。维持电流 I_H 指维持上述正反馈过程所需的最小电流。普通型晶闸管也具有单向导电性，利用晶闸管可实现可控整流。

情 境 总 结

1）半导体二极管的核心是一个 PN 结，其主要特性是单向导电性，它的伏安特性体现了这种单向导电性。二极管正偏时，PN 结导通，表现出很小的正向电阻；二极管反偏时，PN 结截止，反向电流极小，表现出很大的反向电阻。稳压二极管是利用它在反向击穿状态下的恒压特性来工作的。

2）晶体管有 NPN 型和 PNP 型两大类。晶体管是由两个 PN 结构成的一种半导体器件，属于电流控制型器件，它是通过较小的基极电流去控制较大的集电极电流，即 $I_C = \beta I_B$，三个电极的电流关系为 $I_E = I_C + I_B$。

3）晶体管输入输出特性曲线反映晶体管的性能。发射结正偏、集电结反偏，晶体管工作在放大区；发射结与集电结均正偏，晶体管工作在饱和区；发射结与集电结均反偏，晶体管工作在截止区。

4）晶闸管是一种大功率可控整流器件，晶闸管阳极加正电压，同时控制极也加正电压晶闸管导通，晶闸管一旦导通，控制极即失去控制作用。晶闸管也具有单向导电性。

习题与思考题

1-1 解释名词：本征半导体、空穴、P 型半导体、N 型半导体。

1-2 简述 PN 结的形成过程及单向导电原理。

1-3 二极管的主要特征是什么？其主要参数有哪些？

1-4 稳压二极管工作在什么状态？使用时应注意什么？

1-5 晶体管有哪两种类型？分别画出它们的器件符号。它们具有电流放大作用的外部条件是什么？

1-6 晶体管是由两个 PN 结组成的，是否可以用两个二极管相连接组成一个晶体管？为什么？

1-7　晶体管的发射极和集电极是否可以调换使用？为什么？

1-8　图 1-32 所示是两个晶体管的输出特性曲线，试判断哪个管子的放大能力强，并说明理由。

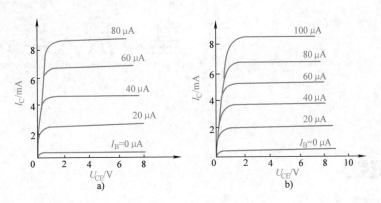

图 1-32　题 1-8 图

1-9　硅晶体管各极对地的电压如图 1-33 所示，试判断各晶体管分别处于何种工作状态（饱和、放大、截止或已损坏）。

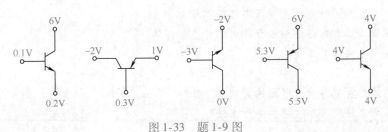

图 1-33　题 1-9 图

1-10　一只晶体管 $I_B = 20\mu A$ 时，$I_C = 2mA$，求 β 值。

1-11　图 1-34 是某个晶体管的输出特性曲线，求 $I_B = 60\mu A$、$U_{CE} = 10V$ 时的 I_C 和 $\bar{\beta}$。

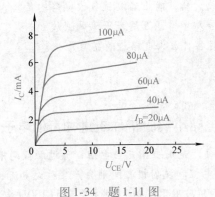

图 1-34　题 1-11 图

1-12　晶闸管的导通条件是什么？关断条件是什么？晶闸管导通后，如果断开控制极的触发信号，结果会怎样？

学习情境2
基本放大电路分析

掌握：

1）基本放大电路的组成及各元器件的作用。

2）放大电路的分析方法，能计算放大电路的静态工作点和主要动态性能指标。

理解：

1）放大电路静态工作点和主要动态性能指标的意义。

2）分压偏置式放大电路的组成及稳定工作点的原理。

3）功率放大电路的基本要求及分类。

了解：

1）零漂的概念及其对放大电路的影响。

2）差动放大电路的工作原理和分析方法。

3）了解功率放大器的概念和用途。

技能目标

1）能根据要求正确选用放大器；能正确测试放大电路的参数。

2）能用示波器、函数信号发生器、万用表正确调试放大电路。

3）能使用 Multisim 软件对各种放大电路进行仿真测试。

情境链接

▶▲三个电路小实验带你走进神奇的电子世界◀◀

触控电路小实验（见图 2-1）是用手指充当电阻，通过触摸两根相互靠近的裸导线，获得从基极流向发射极的小电流，集电极和发射极之间则会产生放大电流，从而点亮 LED。

实验里包含了晶体管 2N3904、用于限制 LED 上电流的 100Ω 电阻、标准 LED、9V 电池，以及 3cm 长的两根裸导线。

手指通常阻值为几兆欧，干燥或潮湿时阻值不同，这使得 LED 的亮度也会发生变化。

NPN 型晶体管变为导通状态需要的电压大约为 0.7V，用手指同时触摸两根裸导线，此时 LED 应当开始发光。如果亮度不明显，试着关掉房间里的灯或者拉上窗帘。或试着润湿手指再次触摸两根裸导线进行尝试，因为这样能够降低手指的电阻。注意只能用手指去同时触摸两根裸导线。两根裸导线不能触碰，否则短路可能会损坏晶体管。

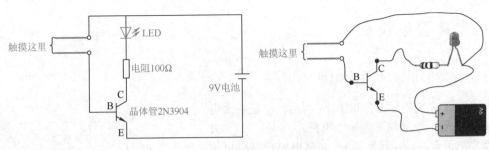

图 2-1　触控电流放大电路

同样的道理，你可以设计一个温控风扇开启电路和光控闹铃电路。

温控风扇电路（见图 2-2）是利用温控开关的输出端连接到晶体管的控制部分，即基极和发射极上。在这样的温度感应电路里，可以设定当环境温度超过 26℃ 时，风扇起动，而当环境温度低于 26℃ 时，风扇则会保持关闭状态。

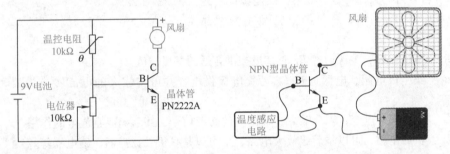

图 2-2　温控风扇电路

光控闹铃电路（见图 2-3）能够在检测到阳光的条件下发出闹铃声。在电路焊接完成后，可以在睡前把它放在窗户边（例如窗帘和玻璃中间）。这样当太阳升起的时候，电路检测到光照就会发出铃声。

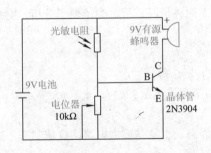

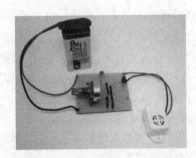

图 2-3　光控闹铃电路

随着课程的深入，你还会学到逻辑电路，可以将逻辑门（与门、或门、非门等）的输出端与晶体管的基极相连，从而控制电路负载（LED、蜂鸣器、电动机或风扇等）的导通状态，体会神奇的电子世界。

共发射极基本
放大电路的组成

2.1 晶体管单管放大电路

2.1.1 共发射极基本放大电路的组成

共发射极基本放大电路如图 2-4 所示，u_i 是放大电路的输入电压，u_o 是输出电压。电路中符号"⊥"表示参考零电位点（也叫接地端），它是电路中各点电位的公共端点。在测量时得到的各点电位，就是各点对零电位点的电压。

共发射极基本放大电路中各元器件的作用如下：

1）VT：晶体管，具有电流放大作用，是放大电路的核心器件。

2）U_{CC}：直流电源，一是为电路提供能源，二是为电路提供电压，使发射结正偏、集电结反偏，满足晶体管放大的外部条件。

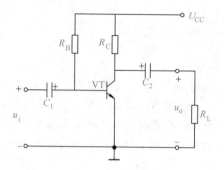

图 2-4　共发射极基本放大电路

3）R_B：基极电阻，电源通过 R_B 向基极提供合适的基极电流。

4）R_C：集电极电阻，电源通过 R_C 为集电极供电，并可将放大的电流转换为放大的电压输出。

5）C_1、C_2：耦合电容，耦合输入、输出端的交流信号，并起隔离直流电的作用。

6）R_L：负载电阻，可以是后级放大电路，也可以是耳机、扬声器、继电器等。

晶体管有三个电极，由它构成的放大电路形成两个回路，输入端的信号源、基极和发射极形成输入回路；负载、集电极和发射极形成输出回路。可见，发射极是输入、输出回路的公共端，因此，该电路称为共发射极放大电路。

2.1.2 共发射极基本放大电路的工作原理

共发射极基本放大电路的分析，可分为静态和动态两种情况进行。为了便于分析，对放大电路工作过程中各电量的符号做如下规定：

1）直流量用大写字母、大写下角标表示，如 I_B、I_C、U_{CE} 等。

2）交流量用小写字母、小写下角标表示，如 i_b、i_c、u_{ce} 等。

3）总变化量是交直流的叠加，用小写字母、大写下角标表示，如 i_B、i_C、u_{CE} 等。

1. 静态工作情况

放大电路没加输入信号电压时的工作状态，称为静态。也就是放大电路的直流状态，这时电路中仅有直流电源 U_{CC} 起作用。

静态时 U_{BE} 基本是恒定的，电路中 I_B、I_C、U_{CE} 的数值称为放大电路的静态工作点，简称 Q 点。要分析一个给定电路的静态工作点，可利用其直流通路，用解析的方法估算，也可利用晶体管的特性曲线，用图解分析的方法求得。下面仅介绍估算法。

图 2-4 所示放大电路中，由于耦合电容 C_1、C_2 对直流阻抗很大，因此在直流电源作用的情况下相当于开路，此时放大电路的等效电路就称为直流通路，如图 2-5 所示。

直流通路的画法遵循以下规则：

1）电容开路，电感短路。

2）信号源短路。

由图2-5，根据基尔霍夫电压定律可得静态时的基极电流，即

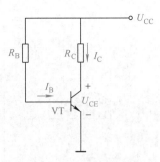

图 2-5　放大电路的直流通路

$$I_\text{B} = \frac{U_\text{CC} - U_\text{BE}}{R_\text{B}} \approx \frac{U_\text{CC}}{R_\text{B}} \qquad (2\text{-}1)$$

由于 U_BE 比 U_CC 小得多，故可忽略不计。由 I_B 可得静态时的集电极电流为

$$I_\text{C} = \beta I_\text{B} \qquad (2\text{-}2)$$

静态时的集电极和发射极之间的电压为

$$U_\text{CE} = U_\text{CC} - I_\text{C} R_\text{C} \qquad (2\text{-}3)$$

例2-1　在图 2-4 中，已知 $U_\text{CC} = 10\text{V}$，$R_\text{B} = 250\text{k}\Omega$，$R_\text{C} = 3\text{k}\Omega$，$\beta = 50$，试求放大电路的静态工作点。

解： 根据式(2-1)～式(2-3) 可得

$$I_\text{B} \approx \frac{U_\text{CC}}{R_\text{B}} = \frac{10\text{V}}{250\text{k}\Omega} = 0.04\text{mA}$$

$$I_\text{C} = \beta I_\text{B} = 50 \times 0.04\text{mA} = 2\text{mA}$$

$$U_\text{CE} = U_\text{CC} - I_\text{C} R_\text{C} = 10\text{V} - 2 \times 3\text{V} = 4\text{V}$$

2. 动态工作情况

放大电路通入输入信号电压时的工作状态，称为动态。这时电路中各电量将在静态直流分量的基础上叠加一个交流分量。图解法和微变等效电路法是动态分析的两种基本方法。

（1）放大电路各极电压、电流图解分析　输入信号电压 u_i 通过电容 C_1 送到晶体管的基极和发射极之间，与直流电压 U_BE 叠加，此时基极总电压为

$$u_\text{BE} = U_\text{BE} + u_\text{i}$$

这里所加的 u_i 为低频小信号，工作点在输入特性曲线线性范围移动，电压和电流近似呈线性关系。在 u_i 的作用下产生基极电流 i_b，此时基极总电流为

$$i_\text{B} = I_\text{B} + i_\text{b}$$

i_B 经晶体管的电流放大，此时集电极总电流为

$$i_\text{C} = I_\text{C} + i_\text{c}$$

i_C 在集电极电阻 R_C 上产生电压降 $i_\text{C} R_\text{C}$（假设未接负载 R_L），使集电极电压为

$$u_\text{CE} = U_\text{CC} - i_\text{C} R_\text{C}$$

经变换得　　　$u_\text{CE} = U_\text{CC} - (I_\text{C} + i_\text{c})R_\text{C} = U_\text{CC} - R_\text{C}I_\text{C} - R_\text{C}i_\text{c} = U_\text{CE} - i_\text{c}R_\text{C} = U_\text{CE} + (-i_\text{c}R_\text{C})$

即　　　　　　$$u_\text{CE} = U_\text{CE} + u_\text{ce}$$

由于电容 C_2 的隔直作用，在放大电路的输出端只有交流分量 u_ce 输出，输出的交流电压为

$$u_\text{o} = u_\text{ce} = -i_\text{c}R_\text{C}$$

式中，负号表示输出的交流电压 u_o 与 i_c 相位相反。

只要电路参数能使晶体管工作在放大区，且 R_C 足够大，就可使 u_o 的幅值大于 u_i 的幅值，从而实现电压放大。电路中各电流、电压的工作波形如图2-6所示。

从工作波形可以看出：

1）输出电压 u_o 的幅值大于输入电压 u_i 的幅值，说明放大电路有放大作用。

2）u_i、i_b、i_c 三者频率相同、相位相同，而 u_o 与 u_i 相位相反，这就是共发射极放大电路的"反相"作用。

综上所述，直流量所确定的静态工作点，是放大电路的基础；交流量是由输入信号产生的，是放大电路工作的目的。交流量是驮载在直流量上进行放大的。因此静态工作点设置是否合理，将直接影响到放大电路能否正常工作。

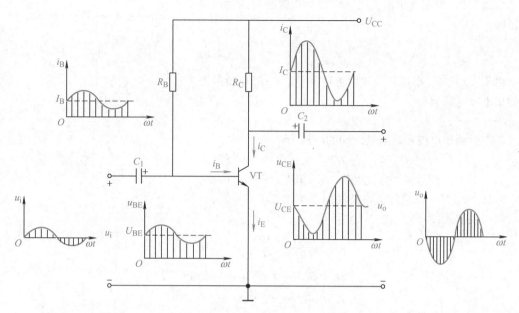

图2-6 共发射极基本放大电路各极电压和电流的工作波形

（2）放大电路的微变等效电路分析法 微变等效电路法是把非线性器件晶体管所构成的放大电路等效成一个线性电路，即把晶体管的输入、输出特性线性化。当放大电路中的输入信号变化范围很小时，可近似地认为晶体管电压、电流变化量之间的关系是线性的。因此可以用一个等效的线性化电路模型来代替晶体管。这样就可以用线性电路的分析方法求解出放大电路的动态性能指标：电压放大倍数 A_u、输入电阻 R_i 和输出电阻 R_o。

1）晶体管的微变等效电路。下面从共发射极接法晶体管的输入特性和输出特性曲线入手，引出晶体管的微变等效电路。

图2-7a 是晶体管的输入特性曲线，是非线性的。当输入信号变化很小时，在静态工作点 Q 附近的曲线可近似认为是直线。Δi_B 将随 Δu_{BE} 呈线性变化。用 r_{be} 表示两者的比值，它就是晶体管的输入电阻，即

$$r_{be} = \frac{\Delta u_{BE}}{\Delta i_B} \tag{2-4}$$

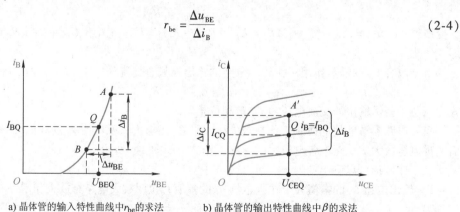

a) 晶体管的输入特性曲线中 r_{be} 的求法　　b) 晶体管的输出特性曲线中 β 的求法

图2-7 晶体管的特性曲线中求 r_{be}、β

晶体管的输入电路可以用 r_{be} 等效代替，r_{be} 由半导体的体电阻及 PN 结的结电阻所形成。对于

低频小功率管的输入电阻，可估算为

$$r_{be} = 300\Omega + (1+\beta)\frac{26mV}{I_{EQ}} \qquad (2-5)$$

式中，I_{EQ} 为晶体管静态工作点的发射极电流，单位为 mA；β 为晶体管的交流电流放大系数；r_{be} 通常为几百欧到几千欧。

图 2-7b 是晶体管的输出特性曲线族。若晶体管工作在放大区，即 Q 点附近，可认为特性曲线是一组近似等距的水平直线，它反映了集电极电流 i_C 只受基极电流 i_B 控制，而与晶体管两端电压 u_{CE} 无关，因而晶体管的输出电路可等效为一个受控的恒流源，即 $\Delta i_C = \beta i_B$，用微变交流量表示为

$$i_c = \beta i_b \qquad (2-6)$$

综上所述，晶体管的微变等效电路如图 2-8 所示。

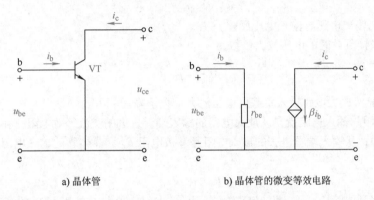

a) 晶体管   b) 晶体管的微变等效电路

图 2-8 晶体管及其微变等效电路

2）用微变等效电路进行放大电路动态分析。微变等效电路是对交流信号而言的，只考虑交流信号作用的放大电路称为交流通路。

微变等效电路求解动态参数的步骤：

① 画出放大电路的交流通路。放大电路中的耦合电容、旁路电容由于容抗小都可看作交流短路；直流电源由于内阻小，对交流信号也视为短路。图 2-4 所示共射极基本放大电路的交流通路如图 2-9 所示。

② 画出放大电路的微变等效电路。用晶体管的微变等效电路代替图 2-9 交流通路中的晶体管，如图 2-10 所示。

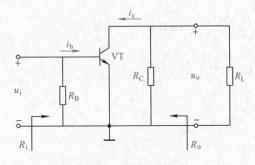

图 2-9 共射极基本放大电路的交流通路

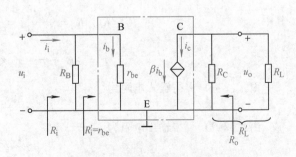

图 2-10 共发射极放大电路的微变等效电路

③ 根据微变等效电路列方程，求解放大电路的主要动态参数：电压放大倍数 A_u、输入电阻

R_i 和输出电阻 R_o。

a）电压放大倍数。电压放大倍数是指放大电路的输出电压与输入电压之比，用 A_u 表示为

$$A_u = \frac{u_o}{u_i}$$

在图 2-10 所示输出回路中，有

$$u_o = -i_c R'_L = -\beta i_b R'_L$$

式中，R'_L 为放大电路的交流负载，$R'_L = R_C /\!/ R_L$。

在图 2-10 所示输入回路中，有

$$u_i = i_b r_{be}$$

式中，r_{be} 为晶体管基极和发射极间的动态电阻，也称为晶体管的输入电阻。

所以有

$$A_u = \frac{u_o}{u_i} = \frac{-\beta i_b R'_L}{i_b r_{be}} = -\beta \frac{R'_L}{r_{be}} \tag{2-7}$$

A_u 为负值，表明输出电压与输入电压反相。

放大电路未接负载时的电压放大倍数为

$$A_u = -\beta \frac{R_C}{r_{be}}$$

由于 $R'_L < R_C$，显然放大电路接入负载后电压放大倍数下降。

b）输入电阻。输入电阻就是从放大电路的输入端看进去的交流等效电阻。在图 2-10 所示的微变等效电路中，从输入端看进去的输入电阻是基极电阻 R_B 和晶体管的输入电阻 r_{be} 并联后的等效电阻，即

$$R_i = R_B /\!/ r_{be}$$

对于小功率晶体管，r_{be} 通常为 1kΩ 左右，而 R_B 电阻值很大，在 $R_B \gg r_{be}$ 的情况下，则有

$$R_i \approx r_{be} \tag{2-8}$$

c）输出电阻。输出电阻就是从放大电路的输出端（不包括外接负载电阻 R_L）看进去的交流等效电阻。在图 2-10 所示的微变等效电路中，因集电极与发射极间的电阻很大，则输出电阻近似等于集电极电阻，即

$$R_o \approx R_C \tag{2-9}$$

例 2-2 在图 2-4 所示电路中，已知 $U_{CC} = 10\text{V}$，$R_B = 250\text{kΩ}$，$R_C = 3\text{kΩ}$，$\beta = 50$，$r_{be} = 1\text{kΩ}$，$R_L = 3\text{kΩ}$，试求放大电路的 A_u、R_i、R_o。

解：由式（2-7）可得电压放大倍数为

$$A_u = -\beta \frac{R'_L}{r_{be}}$$

其中

$$R'_L = R_C /\!/ R_L = \frac{R_C R_L}{R_C + R_L} = \frac{3\text{kΩ} \times 3\text{kΩ}}{3\text{kΩ} + 3\text{kΩ}} = 1.5\text{kΩ}$$

$$A_u = -\beta \frac{R'_L}{r_{be}} = -50 \times \frac{1.5\text{kΩ}}{1\text{kΩ}} = -75$$

由式（2-8）可得输入电阻为

$$R_i \approx r_{be} = 1\text{kΩ}$$

由式（2-9）可得输出电阻为

$$R_o \approx R_C = 3\text{kΩ}$$

2.1.3 静态工作点的选择与波形失真

静态工作点的选择对放大电路有很大的影响，选择不当，容易引起失真。

1. 截止失真

若静态工作点设置太低，即预先给定的 I_B、I_C 太小，将使输入交流信号负半周的一部分叠加上之后仍处在发射结的死区内或仍使 PN 结处于反偏，输入发射结的电流 i_B 波形底部出现失真。放大后的电流 i_C 的波形底部也出现失真，反相后的 u_{CE} 和输出电压 u_o 波形顶部将出现失真。这种由于动态工作点进入截止区所引起的失真，称为截止失真，如图 2-11 所示。调节 R_B 使之减小，可消除截止失真。

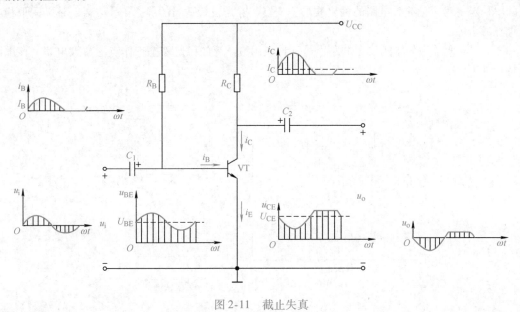

图 2-11 截止失真

2. 饱和失真

若静态工作点设置太高，即预先给定的 I_B、I_C 太大，可能使放大后的电流 i_C 未变化到顶部即达到饱和，所以电流 i_C 的波形顶部将出现失真，反相后的 u_{CE} 和输出电压 u_o 的波形底部将出现失真。这种由于动态工作点进入饱和区所引起的失真，称为饱和失真，如图 2-12 所示。调节 R_B 使之增大，可消除饱和失真。

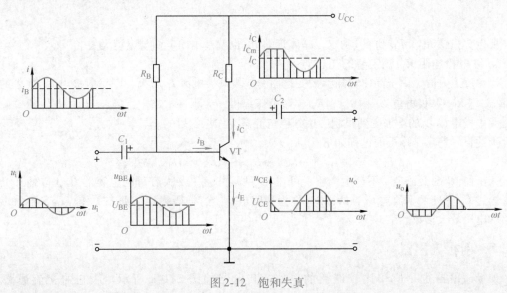

图 2-12 饱和失真

还需指出，在保证输出信号不失真的前提下，降低电路的静态工作点，有利于减少放大电路的损耗。

2.1.4　工作点稳定的放大电路

由于晶体管的参数受温度的影响很大，如温度升高时，晶体管的 β 和 I_{CEO} 都会增大，晶体管的集电极电流 I_C 就要随之增大。这样，在环境温度变化或更换晶体管等情况下，就会造成工作点的不稳定。为了使放大电路的输出波形不失真，除需设置适当的静态工作点外，还需采取稳定工作点的措施。

图 2-13a 所示为分压式放大电路，是一种应用最广泛的稳定静态工作点的放大电路。该电路的特点如下：

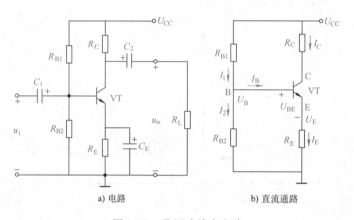

a) 电路　　　　　b) 直流通路

图 2-13　分压式放大电路

1. R_{B1} 和 R_{B2} 组成分压电路，稳定基极电位

由图 2-13b 所示的直流通路可知

$$I_1 = I_2 + I_B$$

当 $I_1 \geqslant (5 \sim 10)I_B$ 时，可认为 $I_1 \gg I_B$，此时 $I_1 \approx I_2$，R_{B1} 和 R_{B2} 上可看作流过同一电流。这样基极对地电压 U_B（即 R_{B2} 两端的电压）由 R_{B1} 和 R_{B2} 的分压比决定，即

$$U_B = U_{R_{B2}} = \frac{R_{B2}}{R_{B1} + R_{B2}}U_{CC}$$

所以，只要 R_{B1}、R_{B2} 和 U_{CC} 确定，晶体管的 U_B 也就基本固定而与温度无关。

2. 发射极电阻 R_E 稳定静态工作点

当温度上升时，由于晶体管的参数变化而引起集电极电流 I_C 增大，则发射极电阻 R_E 上的电压降 U_E 增大。基极电位 U_B 由 R_{B1}、R_{B2} 串联分压提供，大小基本稳定，因此 $U_{BE} = U_B - U_E$ 减小，于是集电极电流 I_C 的增加受到限制，达到稳定静态工作点的目的。

上述自动稳定工作点的过程如下：

$$T(℃) \uparrow \rightarrow I_C \uparrow \rightarrow I_E \uparrow \rightarrow U_E \uparrow \rightarrow U_{BE} \downarrow \rightarrow I_B \downarrow \rightarrow I_C \downarrow$$

为了使 R_E 对交流信号不产生影响，可在 R_E 两端并接一个大容量的电容器 C_E，以便让交流信号通过 C_E 旁路而不流过 R_E，所以 C_E 称为旁路电容。这样既稳定了静态工作点，又不致影响电路的电压放大倍数。

2.1.5　射极输出器

射极输出器也是应用比较广泛的电路，其电路如图 2-14a 所示。从它的交流通路图

（见图2-14b）可知，基极和集电极是输入端，发射极和集电极是输出端，集电极是输入回路和输出回路的公共端，故又称为共集电极放大电路。

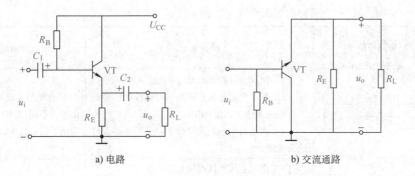

a) 电路 b) 交流通路

图 2-14 射极输出器

射极输出器的特点及主要用途如下：

1）电压放大倍数小于 1，但近似等于 1。可表示为 $u_o \approx u_i$，射极输出器具有电压跟随作用，也称为射极跟随器。射极输出器虽没有电压放大作用，但仍有电流放大作用和功率放大作用。

2）与共发射极电路相比，具有很高的输入电阻。

3）与共发射极电路相比，具有很低的输出电阻。

4）主要用于输入级（其较高的输入电阻可以使放大电路获取较高的输入电压）、输出级（其较低的输出电阻可以减小后级信号源内阻，使负载上获取较高的输出电压）和中间隔离级（其隔离了前后两级之间的相互影响，因而也称为缓冲级）。

2.2 多级放大电路

2.2.1 多级放大电路的组成

放大电路的输入信号往往都很微弱，一般为毫伏级或微伏级，单级放大电路的电压放大倍数通常只有几十倍，然而在实际应用中，常需要把一个微弱的电信号放大几千倍甚至几十万倍才能满足要求。为此，必须把若干个单级放大电路串联起来，对信号进行"接力"放大，直到满足所需要的放大倍数。

多级放大电路由输入级、中间级及输出级三部分组成，图 2-15 所示为多级放大电路的组成框图。前几级的任务是将微弱的电压信号放大到足够大，以此推动功率放大级工作，最后由输出级输出具有一定功率的信号去带动各种负载。

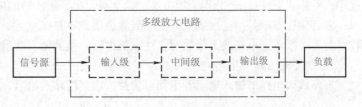

图 2-15 多级放大电路的组成框图

2.2.2 级间耦合方式

在多级放大电路中，每两个单级放大电路之间的连接方式称为级间耦合。它的主要任务是将前级放大电路的输出信号无损耗地传输到后级放大电路中，并尽可能地保证各级工作点的稳定。常用的耦合方式有：阻容耦合、直接耦合、变压器耦合和光电耦合。四种级间耦合方式的电路框图、耦合特点及适用场合见表2-1。

表2-1　四种级间耦合方式的电路框图、耦合特点及适用场合

耦合方式	电路框图	耦合特点	适用场合
阻容耦合	前级放大器 —C— 后级放大器	（1）级间通过耦合电容与下级输入电阻连接 （2）耦合电容的隔直作用，可使各级的静态工作点彼此独立，互不影响 （3）用容量足够大的耦合电容进行连接，传递交流信号	不能放大直流与缓慢变化的信号，不适于集成电路。一般应用于低频电压放大电路中
直接耦合	前级放大器 —— 后级放大器	（1）级间直接连接或用电阻连接 （2）由于没有隔直电容，前后级的静态工作点互相影响，给电路的设计和调试增加了难度 （3）直接耦合放大电路既能放大直流与缓慢变化的信号，也能放大交流信号	在集成电路中因无法制作大容量电容而必须采用直接耦合。广泛应用于集成电路中
变压器耦合	前级放大器 T 后级放大器	（1）级间通过变压器连接 （2）变压器能隔断直流、传输交流，可使各级静态工作点独立 （3）变压器耦合具有阻抗变换作用，主要应用于功率输出电路，使功率的传输效率提高	变压器一次、二次绕组均为电感线圈，频率特性差，且体积大、成本高，因而变压器耦合放大电路不适于集成电路。一般应用于高频调谐放大器或功率放大器中
光电耦合	前级放大器 光耦合器 后级放大器	（1）以光耦合器为媒介来实现电信号的耦合和传输 （2）光电耦合既可传输直流信号又可传输交流信号，且抗干扰能力强，易于集成化	广泛应用于集成电路中

2.2.3　多级放大电路的性能指标

1. 电压放大倍数

可以证明，多级放大电路的电压放大倍数等于各级电压放大倍数的乘积，即

$$A_u = A_{u1} A_{u2} \cdots A_{un} \tag{2-10}$$

式中，A_{u1}、A_{u2}、$\cdots$、A_{un} 分别为第1级、第2级、$\cdots$、第 n 级的电压放大倍数。

要特别注意的是，这里所反映的各级放大倍数不是孤立的，必须要考虑后级对前级的影响。在计算每一个单级电压放大倍数时，注意要把后一级的输入电阻作为前一级的负载电阻。

2. 输入电阻和输出电阻

多级放大电路的输入电阻等于第一级放大电路的输入电阻，即

$$R_i = R_{i1} \tag{2-11}$$

多级放大电路的输出电阻等于最后一级放大电路的输出电阻，即

$$R_o = R_{on} \tag{2-12}$$

注意计算输入电阻、输出电阻时必须考虑级间的影响。

例2-3　在图2-16所示两级阻容耦合放大电路中，按给定的参数，并设两管的 $\beta_1 = \beta_2 = 60$，$r_{be1} = 1.3\text{k}\Omega$，$r_{be2} = 1\text{k}\Omega$，试估算：（1）第1级、第2级放大器的电压放大倍数；（2）多级放大电路总的电压放大倍数；（3）多级放大电路的输入电阻和输出电阻。

解：（1）先估算有关参数，即

$$r_{i2} = R_{B12} /\!/ R_{B22} /\!/ r_{be2} \approx r_{be2} = 1\text{k}\Omega$$

$$R'_{L1} = R_{C1} /\!/ r_{i2} = \frac{10\text{k}\Omega \times 1\text{k}\Omega}{10\text{k}\Omega + 1\text{k}\Omega} = 0.91\text{k}\Omega$$

$$R'_{l2} = R_{C2} /\!/ R_L = 1.25\text{k}\Omega$$

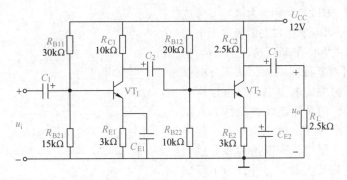

图 2-16 两级阻容耦合放大电路

估算第 1 级、第 2 级放大电路的电压放大倍数，即

$$A_{u1} = -\beta_1 \frac{R'_{L1}}{r_{be1}} = -60 \times \frac{0.91}{1.3} = -42$$

$$A_{u2} = -\beta_2 \frac{R'_{l2}}{r_{be2}} = -60 \times \frac{1.25}{1} = -75$$

（2）多级放大电路总的电压放大倍数，即

$$A_u = A_{u1} A_{u2} = (-42) \times (-75) = 3150$$

（3）多级放大电路的输入电阻和输出电阻，即

$$R_{i1} = R_{B11} /\!/ R_{B21} /\!/ r_{be1} \approx r_{be1} = 1.3\text{k}\Omega$$

$$R_o \approx R_{C2} = 2.5\text{k}\Omega$$

2.3 差分放大器

工程上常常需要放大直流信号与缓慢变化的信号。例如，温度自动控制过程中，要用传感器将温度信号转换成电信号，由于温度的变化是极为缓慢的非周期性信号，因此转换成的电信号十分微弱，必须经过多级放大，才能驱动执行机构动作。这类信号是频率趋近于零的电信号，必须采用直接耦合方式。

2.3.1 基本差分放大器

1. 零点漂移

直接耦合放大电路的优点是能够放大直流与缓慢变化的信号，但这种耦合方式也带来了问题，主要是"零点漂移"。当输入信号为零，输出信号随外界条件变化而偏离静态值的现象，称为"零点漂移"，简称零漂。

产生零点漂移的原因很多，如温度变化、电源电压波动以及电路元件参数变化等，都会引起静态工作点发生缓慢变化，又由于是直接耦合，该变化量被逐级放大，便会使放大器输出端出现不规则的输出量。由温度引起的零漂最严重，因此又称为温漂。

由于零点漂移的存在，使得输出端既有被放大的真信号，又有零点漂移产生的漂移信号，当漂移信号与输出端的有用信号数量级相同时，有用信号将被淹没。对于一个多级直接耦合放大电路，放大倍数越大，零点漂移越严重。严重时会造成后级放大电路无法正常工作，且第1级的零点漂移对多级放大电路影响最大，因此需要抑制。抑制零点漂移最有效的措施是采用差分放大器。

2. 基本差分放大器的电路组成及工作原理

（1）电路组成　图 2-17 所示为基本差分放大器，由两个特性相同的单管共发射极放大电路组成，由两个电源供电，在多数情况下，$U_{CC} = U_{EE}$。信号电压通过两基极间输入，从两集电极间输出，输出电压为两集电极电位之差。这个电路有两个输入端、两个输出端，故称为双端输入-双端输出电路。两管的发射极连在一起接 R_E，电路像拖了一个尾巴，所以这种差分放大器又称为长尾式差分放大器。另外，为了保证两边放大电路的对称性，设置了调零电位器 RP。

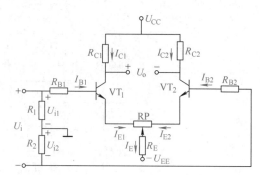

图 2-17　基本差分放大器

（2）工作原理

1）静态分析。静态时，$U_{i1} = U_{i2} = 0$，由于 VT$_1$ 和 VT$_2$ 特性相同，$R_{B1} = R_{B2}$，$R_{C1} = R_{C2}$，$-U_{EE}$ 为 VT$_1$ 和 VT$_2$ 提供偏置电流 I_{B1} 和 I_{B2}。$I_{B1} = I_{B2}$，$I_{C1} = I_{C2}$，$U_{C1} = U_{C2}$，这时，$U_o = U_{C1} - U_{C2} = 0$，静态时输出电压为零。这便实现了零输入、零输出的要求。

2）动态分析。

① 共模信号与差模信号。共模信号是指无用的干扰或噪声信号。在两输入端加入相同的输入信号，使两只晶体管产生相同的变化，通常把这种大小相等、极性相同的输入信号称为"共模信号"。

差模信号是指要放大的有用信号。在两输入端加入大小相等、极性相反的输入信号时，将使两只晶体管产生相反的变化，通常把这种大小相等、极性相反的输入信号称为"差模信号"。

② 对共模信号的抑制作用。在差分放大器中，无论是温度变化，还是电源电压波动，都会引起两晶体管集电极电流及相应集电极电压产生相同的变化，其效果相当于在两个输入端加了共模信号。

例如温度升高，两晶体管集电极产生相同的变化电流，设 $I_{C1} = I_{C2}$ 增大，它们共同流过 R_E 时，流过 R_E 的电流 $I_E = I_{E1} + I_{E2}$ 增加，这时发射极电位 U_E 必然跟着提高，使得晶体管 U_{BE1}、U_{BE2} 均下降，于是 I_{B1}、I_{B2} 将同时减小，两管集电极电流 I_{C1}、I_{C2} 也同时减小，两只晶体管集电极电压 $U_{C1} = U_{C2}$ 保持等量变化，这时 $U_o = U_{C1} - U_{C2} = 0$。也就是说，不是不产生零漂，而是不输出零漂。

差分放大器对共模信号的放大倍数，称为"共模放大倍数"，用 A_c 表示。当电路对称时，两晶体管共模输出电压相互抵消，所以共模放大倍数 $A_c = 0$。实际上，电路不可能完全对称，因此希望 A_c 尽可能小。

上述过程实质上是一种负反馈过程，电阻 R_E 取值越大，则电流负反馈越强，稳流效果越好，克服零点漂移作用也越显著。

③ 对差模信号的放大作用。图 2-17 中的输入信号 U_i 被两个分压电阻 R_1 和 R_2 分为大小相等、方向相反的差模信号 U_{i1} 和 U_{i2}，分别加到 VT$_1$ 和 VT$_2$ 基极。在差模信号作用下，两晶体管的集电极产生等值而相反的电流变化，它们共同流过 R_E 时相互抵消，因而对差模信号而言，R_E 不会产生影响，可视为短路。

差模信号的输入，在两个晶体管的集电极分别产生 $U_{o1}(-)$ 和 $U_{o2}(+)$，负载上输出的电压为

$$U_o = U_{o1} - U_{o2} = 2U_{o1} = 2U_{o2}$$

上式表明，在差模信号作用下，差分放大器可以有效地放大差模信号。

差分放大器对差模信号的放大倍数，称为"差模放大倍数"，用 A_d 表示，即

$$A_d = \frac{U_o}{U_i} = \frac{2U_{o1}}{2U_{i1}} = \frac{U_{o1}}{U_{i1}} = A_{d1} = A_{d2} \tag{2-13}$$

式中，A_{d1} 和 A_{d2} 分别为差模输入时晶体管 VT_1 和 VT_2 的单管放大倍数。可见，差动放大电路的差模放大倍数与单管共发射极放大电路相同。也就是说，差动放大电路是多用一只晶体管来换取对零点漂移的抑制的。

（3）共模抑制比　共模抑制比的定义是，差模放大倍数 A_d 与共模放大倍数 A_c 之比，用 K_{CMR} 表示，即

$$K_{CMR} = \left| \frac{A_d}{A_c} \right| \tag{2-14}$$

K_{CMR} 描述了差分电路抑制共模信号的能力。K_{CMR} 越大，差动放大电路的性能越好。理想情况下，共模抑制比 K_{CMR} 是无穷大，但实际的差分放大电路不可能做到电路完全对称，所以共模放大倍数 A_c 并不为零，K_{CMR} 达不到无穷大。

由于差分放大器能有效地抑制零漂，因而在集成电路内被较多采用。

例 2-4　在图 2-17 所示的差分放大器中，若已知两晶体管各自的单管放大器的放大倍数 $A_{d1} = A_{d2} = -50$，差分放大器的共模放大倍数 $A_c = 0.02$，试求（1）该差动放大器的差模放大倍数 A_d；（2）共模抑制比 K_{CMR}。

解：（1）
$$A_d = A_{d1} = A_{d2} = -50$$

（2）
$$K_{CMR} = \left| \frac{A_d}{A_c} \right| = \left| \frac{-50}{0.02} \right| = 2500$$

2.3.2　差分放大器的几种接法

差分放大器输入端可采用双端输入和单端输入两种方式。双端输入是将信号加在两只晶体管的基极。单端输入则是信号只加在一只晶体管的基极和公共地端，而另一只晶体管的输入端接地。差分放大器的输出端可采用双端输出和单端输出两种方式。双端输出时负载接在两只晶体管的集电极，负载不接地端。单端输出时，负载接在某只晶体管的集电极与地端，另一只晶体管无输出。因此，差分放大器有 4 种接法。

差分放大器的几种接法

1. 双端输入-双端输出接法

双端输入-双端输出差分放大器如图 2-18 所示，差模电压放大倍数同式(2-13)，即

$$A_{d(双-双)} = A_{d1} = A_{d2} \tag{2-15}$$

这种接法适用于输入信号为不接地的浮动电压，如热电偶的热电动势信号，输出端的两端都不接地。由于其利用电路两侧对称性及 R_E 的共模负反馈来抑制零漂，共模抑制比很大，所以常常用作集成运算放大器的输入级。

2. 双端输入-单端输出接法

双端输入-单端输出差分放大器如图 2-19 所示，输出信号 U_o 只从一只晶体管（VT_1）的集电极与地之间取出，U_o 只有双端输出电压的一半，因此差模电压放大倍数也只有双端输出的一半，即

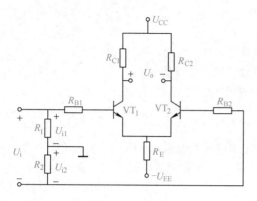

图 2-18　双端输入-双端输出差分放大器

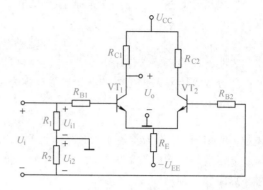

图 2-19　双端输入-单端输出差分放大器

$$A_{d(双-单)} = \frac{1}{2}A_{d(双-双)} \tag{2-16}$$

这种接法常用来把一个两端不接地的浮动电压信号放大，并变换为一个有一端接地的负载电阻 R_L 上的电压。由于单端输出仅靠 R_E 的共模负反馈作用，不能充分利用双管对称补偿原理，所以其抑制零漂的性能不如双端输出的差分电路。

3. 单端输入-双端输出接法

单端输入-双端输出差分放大器如图 2-20 所示，信号只从一只晶体管（这里是 VT$_1$）的基极与地之间输入，而另一只晶体管的基极接地。对于 VT$_1$ 和 VT$_2$ 来说，它们的发射极在 U_i 施加的输入回路中是串联在一起的。换句话说，单端输入实际上可以看作双端输入的特例，每边仍分配到差模输入信号的一半，因此差模电压放大倍数与双端输入-双端输出接法相同，即

$$A_{d(单-双)} = A_{d(双-双)} \tag{2-17}$$

这种接法可以用来把一个一端接地的输入信号，放大后转换为负载两端都不接地的浮动信号。由于是双端输出，K_{CMR} 很大，所以零点漂移很小。

4. 单端输入-单端输出接法

单端输入-单端输出差分放大器如图 2-21 所示，它既有图 2-20 单端输入的特点，又有图 2-19 单端输出的特点，因而差模电压放大倍数与双端输入-单端输出接法一样，即

$$A_{d(单-单)} = A_{d(双-单)} \tag{2-18}$$

由于是单端输出，所以存在共模信号干扰和零点漂移。这种接法适用于信号源和负载都有一端接地的场合，例如串联型直流稳压电源中的放大电路。

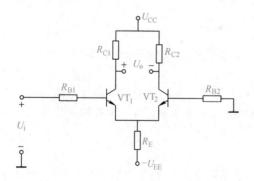

图 2-20　单端输入-双端输出差分放大器

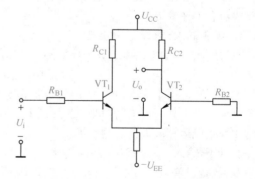

图 2-21　单端输入-单端输出差分放大器

单端输出的接法要注意相位问题，输入-输出在同一侧的为反相输出，输入-输出在不同侧的为同相输出。在图 2-21 中，由 VT_1 集电极输出时，U_o 与 U_i 反相；由 VT_2 集电极输出时，U_o 与 U_i 同相。

总体来讲，差分放大器的几种接法中，只有输出方式对差模放大倍数有影响。只要是双端输出，其差模放大倍数就等于单管放大倍数；只要是单端输出，差模放大倍数就减少一半。

2.4　功率放大器

电子设备是要驱动负载工作的，如收音机中的扬声器（俗称喇叭）要发出声音，电动机要旋转等。因此要求多级放大电路的末级不仅要向负载提供大的信号电压，而且要向负载提供大的信号电流，也就是需要能输出一定功率的功率放大器。

2.4.1　功率放大器的要求

从能量转换观点来看，功率放大器和电压放大器没有本质区别，但是它们的工作任务是不同的。电压放大器主要是要求它向负载提供不失真的电压信号，是小信号放大器，讨论的是电压放大倍数，输入、输出电阻等问题；功率放大器主要是要求它输出足够大的不失真（或失真很小）的功率信号，是大信号放大器，讨论的是输出功率、效率等问题。

一个性能良好的功率放大器应满足以下几点基本要求：

1. 有足够大的输出功率

为了获得足够大的输出功率，要求功率放大器中的晶体管（简称功放管）的电压和电流都允许有足够大的输出幅值，但又不超过晶体管的极限参数 I_{CM}、$U_{(BR)CEO}$、P_{CM}。

2. 效率要高

功率放大电路输出的功率是由直流电源转换过来的。负载获得的功率 P_o 与电源供给的功率 P_{DC} 之比，称为放大电路的效率，用 η 表示：

$$\eta = \frac{P_o}{P_{DC}} \tag{2-19}$$

3. 非线性失真要小

由于功率放大器工作在大信号状态，u_{CE} 和 i_C 的变化幅度较大，可能会超越晶体管输出特性曲线的线性范围，所以容易失真。要求功率放大器的非线性失真尽可能小，特别是高保真的音响及扩音设备对这方面的要求更严格。

4. 功放管的散热要好

因功率放大器有一部分电能是以热的形式消耗在功放管上，会使功放管温度升高，为了使功率放大器输出较大的功率，又不损坏功放管，通常功放管集电极具有金属散热外壳，如图 2-22 所示。通常需要给功放管安装散热片和采取过载保护措施。

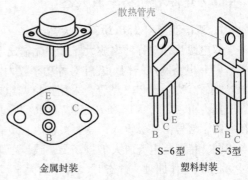

图 2-22　功放管外形图

2.4.2 功率放大器的分类

1. 按功放管静态工作点设置分类

按功放管静态工作点设置分类，可分为甲类、乙类和甲乙类三种功率放大器，三种工作状态如图2-23所示。

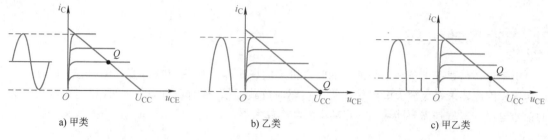

a) 甲类　　　　　　　　　b) 乙类　　　　　　　　　c) 甲乙类

图2-23　功率放大器的三种工作状态

（1）甲类功率放大器　静态工作点设在放大区的中部，功放管在整个信号周期内都有电流通过，输出波形是完整的正弦波。其特点是失真小，但效率低（理想情况下为50%）、耗电多。甲类功率放大器一般作为功率放大器的激励级或用在小功率放大器中。

（2）乙类功率放大器　静态工作点设置在横轴上，功放管仅在信号的半个周期内有电流通过，其输出波形被削掉一半。其特点是输出功率大、效率高（理想情况下可达78.5%），但失真较大。乙类功率放大器一般应用在一些功率要求高，而音质要求不高的功放电路中。

（3）甲乙类功率放大器　静态工作点设在甲类和乙类之间且靠近乙类处，功放管在半个多周期内有信号电流通过，输出波形被削掉一部分。采用两只功率管推挽工作，可以避免交越失真。甲乙类功率放大器广泛应用在音频放大器中作为功放。

2. 按功率放大器输出端特点不同分类

按功率放大器输出端特点不同分类，可分为变压器耦合功率放大器、无输出电容功率放大器（OCL，Output Capacitorless）和无输出变压器功率放大器（OTL，Output Transformerless）。

变压器耦合功率放大器可通过变压器实现阻抗变换，使负载获得最大输出功率，但变压器体积大、笨重、频率特性较差，不便于集成，目前已较少使用。OCL和OTL电路实质上是由两个射极输出器组成互补对称的电路结构，都不用输出变压器，且都有集成电路，所以应用较广。

2.4.3 互补对称功率放大器

1. 双电源互补对称功率放大器

双电源互补对称功率放大器属于无输出电容功率放大器。

（1）电路基本结构　互补对称功率放大器的原理电路及波形图如图2-24所示。图中VT$_1$是NPN型管，VT$_2$是PNP型管，采用正负两组电源供电。由$+U_{CC}$、VT$_1$和R_L组成NPN型管射极输出器，由$-U_{CC}$、VT$_2$和R_L组成PNP型管射极输出器。由图可见，两管的基极和发射极分别接在一起，信号由基极输入，发射极输出，负载接在公共射极上。要求VT$_1$和VT$_2$管的特性参数基本相同，特别是电流放大倍数β要一致，否则放大后信号正负半周的幅度不一致。

（2）工作原理　静态时，两管均无直流偏置而截止，故$I_B=0$，$I_C=0$，因此放大器工作在乙类状态。由于OCL电路结构对称，输出端A点电位为零，没有直流电流通过R_L，因此输出端不接隔直电容。

动态时，当输入信号u_i的正半周时，VT$_1$管因发射结正偏而导通，VT$_2$管因发射结反偏而截

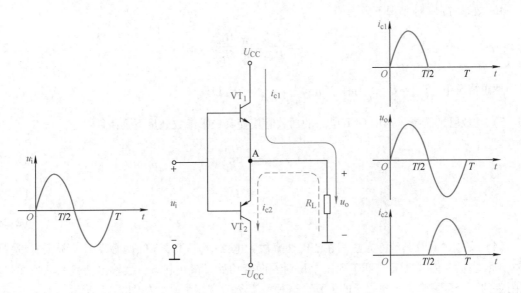

图 2-24 互补对称功率放大器的原理电路及波形图

止，产生电流 $i_{c1} \approx i_{e1}$ 流过负载 R_L 形成输出电压 u_o 的正半周。

当输入信号 u_i 的负半周时，情况正好相反，VT_2 导通，VT_1 截止，产生电流 $i_{c2} \approx i_{e2}$ 流过负载 R_L 形成输出电压 u_o 的负半周。

可见，VT_1 管和 VT_2 管交替轮流导通，分别放大信号的正、负半周，由于工作特性对称，互补了对方缺少的半个周期，使之能向负载提供完整的输出信号（见图 2-24 的波形），故这种电路又称为互补对称功率放大器。

（3）主要性能指标估算

1）输出功率 P_o。输出功率 P_o 用输出电压有效值 U_o 和输出电流有效值 I_o 的乘积来表示，即

$$P_o = U_o I_o = \frac{U_{om}}{\sqrt{2}} \frac{U_{om}}{\sqrt{2} R_L} = \frac{U_{om}^2}{2R_L} \tag{2-20}$$

当 $U_{om} = U_{CC} - U_{CES} \approx U_{CC}$ 时，可获得最大的输出功率：

$$P_{om} = \frac{U_{om}^2}{2R_L} \approx \frac{U_{CC}^2}{2R_L} \tag{2-21}$$

2）管耗 P_T。对电路中某一个晶体管而言，在一个周期内，半个周期导通，半个周期截止；导通时的管耗近似为

$$P_{T1} = \frac{1}{R_L}\left(\frac{U_{CC}U_{om}}{\pi} - \frac{U_{om}^2}{4}\right) \tag{2-22}$$

则两管的管耗为

$$P_T = P_{T1} + P_{T2} = \frac{2}{R_L}\left(\frac{U_{CC}U_{om}}{\pi} - \frac{U_{om}^2}{4}\right) \tag{2-23}$$

3）直流电源供给的功率 P_{DC}。直流电源供给的功率 P_{DC} 包括输出功率 P_o 和管耗 P_T 两部分，由式（2-20）和式（2-23）得

$$P_{DC} = P_o + P_T = \frac{2U_{CC}U_{om}}{\pi R_L} \tag{2-24}$$

4）效率 η。一般情况下效率为

$$\eta = \frac{P_o}{P_{DC}} = \frac{\pi}{4} \frac{U_{om}}{U_{CC}} \tag{2-25}$$

理想情况下，$U_{om} \approx U_{CC}$，则有 $\quad \eta = \frac{P_o}{P_{DC}} = \frac{\pi}{4} = 78.5\%$。

5）功放管的选择。选用 OCL 电路的功放管应使其极限参数满足下列条件：

$$I_{CM} \geqslant I_{C1m} = \frac{U_{CC}}{R_L} \tag{2-26}$$

$$U_{(BR)CEO} \geqslant 2U_{CC} \tag{2-27}$$

$$P_{CM} \geqslant P_{T1m} = 0.2P_{om} \tag{2-28}$$

（4）交越失真及其消除方法　在乙类功率放大电路中，VT_1、VT_2 两管发射结都没有设置偏置电压，当输入信号电压 u_i 低于死区电压时，两管均处于截止状态，故输出信号的波形在过零点附近的一个区域都将出现明显的失真，这种失真称为交越失真，如图 2-25 所示。如果音响功率放大器出现交越失真，则会使声音质量下降；如果是电视机扫描功放电路出现交越失真，则在电视屏的中间会出现一条较亮的水平线。

为了减小交越失真，改善输出波形，又要考虑到效率，通常给两个功放管的发射结加一个略大于死区电压的正向偏压，使两管在静态时处于微导通。这样输入信号一旦加入，晶体管立即进入线性放大区，从而克服了交越失真。此时晶体管工作在甲乙类状态。

图 2-26 所示为 OCL 甲乙类互补对称功率放大器，图中利用二极管 VD_1、VD_2 的直流压降作为功放管 VT_2、VT_3 的基极偏压来克服交越失真。

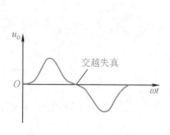

图 2-25　交越失真

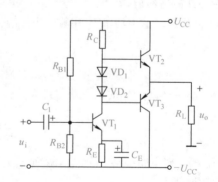

图 2-26　OCL 甲乙类互补对称功率放大器

2. 单电源互补对称功率放大器（OTL 电路）

前面介绍的 OCL 电路采用双电源供电，给使用干电池供电的便携式设备带来不便，同时对电路静态工作点的稳定度也提出较高要求。因此可在功放电路的输出端接入一个大容量的电容 C，其既是输出耦合电容，同时又利用电容的充放电来代替负电源，所以无需变压器就能与低阻负载很好地匹配，因此这种电路称为单电源互补对称功率放大器，又称 OTL 电路，如图 2-27 所示。为了使输出波形对称，必须保持电容 C 上的电压基本维持在 $U_{CC}/2$ 不变，因此 C 的容量必须足够大。

该电路的最大工作电压取电源电压的一半，所以最大输出功率为

$$P_{\text{om}} = \frac{1}{2} \frac{U_{\text{om}}^2}{R_L} = \frac{1}{2} \frac{\left(\frac{1}{2} U_{\text{CC}}\right)^2}{R_L} = \frac{U_{\text{CC}}^2}{8R_L} \qquad (2\text{-}29)$$

3. 复合管功率放大器

在互补对称功率放大器中，要使输出信号的正负半周对称，则要求 NPN 型和 PNP 型两个互补管的特性基本一致。一般小功率异型管容易配对，但要选配大功率异型管则比较困难，为此，常用复合管来取代互补管。

（1）复合管　复合管是由两个或两个以上的晶体管按照一定连接方式组成的一只等效晶体管。复合管的组成必须保证两只晶体管各极电流都能顺着各个管的正常工作方向流动，图 2-28 所示为两只晶体管组成的复合管的四种类型。复合管的类型取决于前一只管子的类型，复合管的电流放大系数 $\beta \approx \beta_1 \beta_2$。

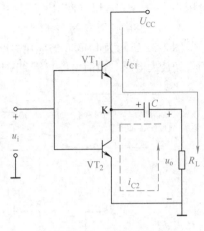

图 2-27　OTL 电路

（2）复合管功率放大器　图 2-29 为采用复合管组成的 OTL 功率放大器，它又称为准互补对称功率放大器。晶体管 VT$_5$ 组成激励放大级，VT$_1$、VT$_3$ 组成 NPN 型复合管，VT$_2$、VT$_4$ 组成 PNP 型复合管，两只复合管作为电路的输出配对管。

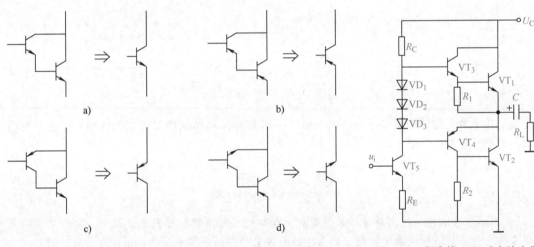

图 2-28　几种典型的复合管

图 2-29　复合管 OTL 功率放大器

2.4.4　集成功率放大器

集成功率放大器就是采用平面集成工艺把功率放大器中的晶体管和电阻等制在同一硅片上，做成单片集成功率放大电路。有时还将过电流、过电压以及过热保护等电路集成在芯片内部，使用更加安全可靠。下面简单介绍目前应用较多的 LM386 型功率音频集成功放。

1. LM386

LM386 型集成功放为 8 脚双列直插塑料封装结构，图 2-30 所示为其外形及引脚排列。LM386 是一种通用型宽带集成功率放大器，属于 OTL 功放，适用的电源

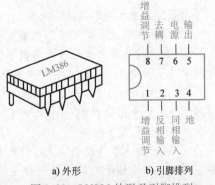

a) 外形　　　b) 引脚排列

图 2-30　LM386 外形及引脚排列

电压为 4~16V，常温（25℃）下功耗在 660mW 左右。

2. LM386 应用电路

图 2-31 所示为 LM386 的应用电路。LM386 典型应用电路常用于电话机或袖珍收音机中，作为音频放大电路，最简电路只需一只输出电容接扬声器。

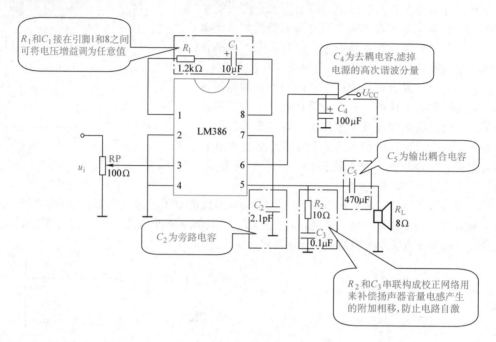

图 2-31　LM386 的应用电路

集成功率放大器种类很多，一般电子器件手册都有各种集成功率放大器的型号、主要参数及典型的电子电路的介绍，可供查阅。

情 境 总 结

1）晶体管单管放大电路对学习和掌握放大电路的工作原理和分析方法是十分重要的。对放大电路的定量分析，一是确定静态工作点，二是求出动态性能指标。静态工作点由直流通路来分析计算。动态性能指标（放大倍数、输入电阻和输出电阻）由交流通路来分析计算。

2）静态工作点应选择合适，使动态工作点不能超出晶体管的放大区，否则会产生明显的非线性失真。工作点选得过高（I_B 过大），将出现饱和失真，过低（I_B 过小）又会产生截止失真。可通过调节偏置元件解决波形失真。

3）分压式放大电路可以克服温度和其他因素对工作点的影响，提高电路的稳定性。

4）射极输出器的电压放大倍数小于1，但近似等于1，输入电阻很高，输出电阻很低，可用于放大电路的输入级、输出级和中间隔离级。

5）多级放大电路的耦合方式有阻容耦合、直接耦合、变压器耦合和光电耦合。多级放大电路的总电压放大倍数为 $A_u = A_{u1} A_{u2} \cdots A_{un}$，输入电阻为第 1 级的输入电阻 $R_i = R_{i1}$；输出电阻为最后 1 级的输出电阻 $R_o = R_{on}$。

6）差分放大器是抑制零点漂移最有效的电路形式，其特点是电路对称。差分放大器的基本性能是放大差模信号、抑制共模信号，通常用共模抑制比 K_{CMR} 来衡量差分放大器的性能优劣。差分放大器有双端输入-双端输出、双端输入-单端输出、单端输入-双端输出、单端输入-单端输出四种接法。

7）功率放大器的任务是在允许的失真范围内安全、高效率地输出尽可能大的功率。为了提高功率放大器的效率，应选用乙类互补推挽电路；为克服功率放大电路中的交越失真，应采用接近乙类的甲乙类互补对称功率放大器。

习题与思考题

2-1 在图 2-32 所示的电路中各有何错误？能否起放大作用？应如何改正？

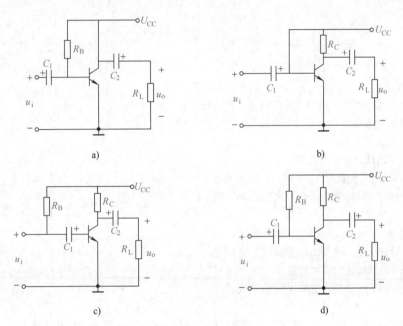

图 2-32 题 2-1 图

2-2 电路如图 2-33 所示，参数均为 $\beta = 100$，$U_{BE} = 0.7V$，$U_{CES} = 0.3V$，$U_{CC} = 12V$，判断它们工作在什么区。

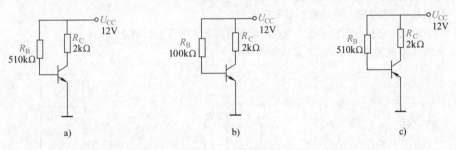

图 2-33 题 2-2 图

2-3 电路如图 2-34 所示，已知：$U_{CC} = 12V$，$R_B = 300k\Omega$，$R_C = 4k\Omega$，$\beta = 60$。试：（1）计算放大电路的静态工作点（忽略 U_{BE}）；（2）画出交流通路；（3）求晶体管的 r_{be}；（4）求放大电路的输入电阻 R_i、输出电阻 R_o、电压放大倍数 A_u；（5）若接上负载 $R_L = 4k\Omega$ 后，求电压放大倍数 A_u。

2-4 分压式放大电路如图 2-35 所示，已知 $U_{CC} = 16V$，$R_{B1} = 60k\Omega$，$R_{B2} = 20k\Omega$，$R_C = 3k\Omega$，$R_E = 2k\Omega$，晶体管的 $\beta = 60$，$U_{BE} = 0.7V$。试：（1）画出直流通路；（2）估算放大电路的静态工作点 I_B、I_C、

U_{CE}；（3）假定环境温度升高，试表述稳定静态工作点的过程。

2-5 某放大电路不带负载时，测得其输出端开路电压 $U_o' = 1.5V$，而带上负载电阻 $5.1k\Omega$ 时，测得输出电压 $U_o = 1V$，试求该放大器的输出电阻 R_o。

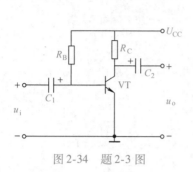

图 2-34 题 2-3 图

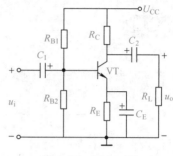

图 2-35 题 2-4 图

2-6 射极输出器有什么特点？可以应用于什么场合？

2-7 多级放大电路的耦合方式有哪几种？各有什么特点？

2-8 两级放大等效电路如图 2-36 所示，已知 $R_{i1} = 3k\Omega$，$R_{o1} = 2k\Omega$，不带负载时 $A_{u1} = 80$；$R_{i2} = 4k\Omega$，$R_{o2} = 1k\Omega$，不带负载时 $A_{u2} = 50$；两级放大电路的负载 $R_L = 1k\Omega$，试估算两级放大电路的 R_i、R_o 和 A_u。

2-9 两级放大电路如图 2-37 所示，已知 $\beta_1 = \beta_2 = 40$，$r_{be1} = 1k\Omega$，$r_{be2} = 0.6k\Omega$，求：（1）各级电压放大倍数；（2）总的电压放大倍数。

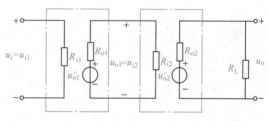

图 2-36 题 2-8 图

2-10 什么是零点漂移？它对电路会造成什么影响？

2-11 解释什么是共模信号、差模信号、共模放大倍数、差模放大倍数和共模抑制比。

2-12 在图 2-17 所示的差分放大器中，两晶体管各自的单管放大器的放大倍数均为 $A_{d1} = A_{d2} = -40$，差分放大器的共模放大倍数 $A_c = 0.01$，试求：（1）该差动放大器的差模放大倍数 A_d；（2）共模抑制比 K_{CMR}。

2-13 差分放大器有哪几种接法？比较各接法的电压放大倍数。

2-14 什么是功率放大器？它有哪些基本要求？

2-15 功率放大电路按功放管静态工作点的设置分哪几类？各有何特点？

2-16 电路如图 2-38 所示，试求其最大输出功率。

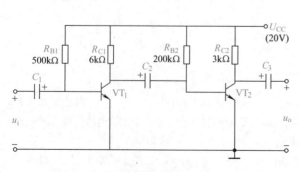

图 2-37 题 2-9 图

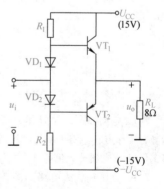

图 2-38 题 2-16 图

 **知识目标**

掌握：

1）理想运算放大器工作在线性区和非线性区的特点。

2）反馈的基本概念。

3）反馈的类型及其特点。

4）比例运算、加法及减法运算电路的结构及工作原理。

5）正弦波振荡器的组成。

6）文氏桥正弦波振荡器的工作原理。

理解：

1）负反馈对放大电路性能的影响。

2）"虚断""虚短"的概念。

了解：

1）集成运算放大器的组成及特点。

2）积分、微分电路的结构和工作原理。

技能目标

1）熟悉集成运算放大器芯片的引脚功能，具有读图、识图的能力。

2）会对运算电路进行测试。

情境链接

▶▶▲《中国制造2025》集成电路及专用设备领域技术创新目标◀▲◀

2020年，北京建设成了国内规模最大的12in（1in＝2.54cm）集成电路生产线、8in集成电路国产装备应用示范线。《北京市"十四五"时期高精尖产业发展规划》提出，到2025年集成电路产业实现营业收入3000亿元。图3-1为集成电路及自动化生产线。

中国集成电路市场在2016年占全球市场的53%，已经成为全球第一大集成电路市场。2020年上升至60%，而到2030年将占全球市场的70%。

2020年，我国集成电路产业与国际先进水平的差距逐步缩小，全行业销售收入年均增速超过20%，企业可持续发展能力大幅增强。移动智能终端、网络通信、云计算、物联网、大数据等重点领域集成电路设计技术达到国际领先水平，产业生态体系初步形成。16nm/14nm制造工

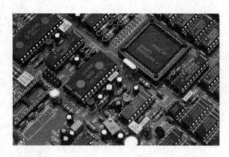

图 3-1　集成电路及自动化生产线

艺实现规模量产，封装测试技术达到国际领先水平，关键装备和材料进入国际采购体系，基本建成技术先进、安全可靠的集成电路产业体系。

集成电路产业是关系国民经济和社会发展全局的基础性、先导性和战略性产业，是信息产业的核心和基础，也是关系到国家经济社会安全、国防建设的极其重要的核心产业。集成电路产业的竞争力已成为衡量国家间经济和信息产业发展水平的重要标志，是各国抢占经济科技制高点、提升综合国力的重要领域。

到 2030 年，集成电路产业链主要环节有望达到国际先进水平，一批企业进入国际第一梯队，实现跨越发展。

放大电路在自动控制系统和测量仪器等工业技术领域中的应用非常广泛。最常用的能够有效地放大缓慢变化的直流信号的器件是集成运算放大器，集成运算放大器是把多个晶体管组成的直接耦合的具有高放大倍数的电路集成在一块微小的硅片上。

集成运算放大器最初应用于模拟电子计算机，用于实现加、减、乘、除、比例、积分等运算功能，并因此而得名。随着集成电路的发展，以差分放大电路为基础的各种集成运算放大器迅速发展起来，由于其运算精度的提高和工作可靠性的增强，很快便成为一种灵活的通用器件，在信号变换、测量技术、自动控制领域都获得了广泛的应用。

3.1　集成运算放大器简介

3.1.1　集成运算放大器的基本知识

集成运算放大器是一种高放大倍数的多级直接耦合放大器，作为一种多功能的通用放大器件，它的应用已超出早期的数学运算范畴，广泛应用于电子技术的各个领域，在许多情况下已经取代了分立元器件放大器。

集成运算放大器的基本知识

1. 组成框图

集成运算放大器的组成框图如图 3-2 所示。通常包括输入级、中间级、输出级和偏置电路四部分。

图 3-2　集成运算放大器的组成框图

1）输入级。输入级采用具有较高输入电阻和一定放大倍数的双输入端差分放大器，利用它可以使集成运算放大器获得尽可能高的共模抑制比。

2）中间级。中间级的主要作用是电压放大，使集成运算放大器具有足够的放大倍数，通常由多级共发射极放大器构成。

3）输出级。输出级的作用是使电路有较大的功率输出和较强的带负载能力，并具有一定的保护功能。输出级一般采用输出电阻很低的射极输出器或由射极输出器组成的互补对称功率放大电路。

4）偏置电路。偏置电路的作用是为各级提供所需的稳定静态工作电流。

2. 封装

集成运算放大器封装有塑料双列直插式、金属圆壳式、陶瓷扁平式等，如图3-3所示。其引脚有8、10、12、14脚四种，不同类型运算放大器的引脚排列规律是不同的。

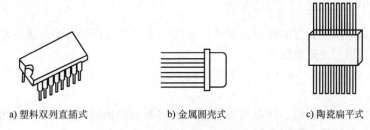

a) 塑料双列直插式　　　　b) 金属圆壳式　　　　c) 陶瓷扁平式

图 3-3　集成运算放大器的封装

图3-4所示是LM741集成运算放大器，它有8个引脚，各引脚的作用见表3-1。

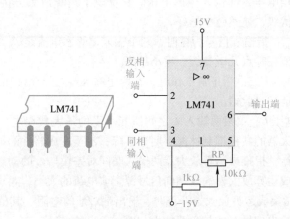

图 3-4　LM741 集成运算放大器

表 3-1　LM741 集成运算放大器各引脚的作用

序号	名称	作用
2	反相输入端	由此端接输入信号，则输出信号与输入信号是反相的
3	同相输入端	由此端接输入信号，则输出信号与输入信号是同相的
6	输出端	
4	负电源端	接 −15V 稳压电源
7	正电源端	接 +15V 稳压电源
1 和 5	外接调零电位器	调节电位器 RP，可使输入信号为零时，输出信号也为零
8	空端	没有连接到内部任何电路，只用于填充标准封装中的空隙

3. 电路符号

集成运算放大器对外是一个整体，其电路符号如图 3-5 所示。其中"▷"表示信号传输方向。

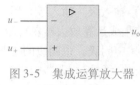

图 3-5 集成运算放大器的电路符号

分析集成运算放大器时，习惯上只画出图示中的三个端，其他接线端因对分析没有影响，故略去不画。

4. 分类

集成运算放大器按电路特性不同可分为通用型和专用型等。所谓通用型，是指这种运算放大器的性能指标基本上兼顾了各方面的使用要求，没有特别的参数要求，能满足一般应用的需要。专用型又称为高性能型，它有一项或几项特殊要求，可在特定场合或特定要求下使用。专用型运算放大器按某项特性参数进行分类，有低功耗型、高精度型、宽带型、高速型、高阻型、高压型、大功率型、低漂移型和低噪声型等。

3.1.2 集成运算放大器的主要参数

为了表征集成运算放大器的性能，生产厂家制定了很多参数。作为合理选择和正确使用集成运算放大器的依据，主要参数如下：

1）最大输出电压 U_{opp}：指在额定的电源下，集成运算放大器的最大不失真输出电压的峰峰值。

2）开环电压放大倍数 A_{ud}：指没有外加反馈电路时所测出的差模电压放大倍数。A_{ud} 越高，所构成的运算电路越稳定，精度也越高。

3）输入失调电压 U_{IO}：当理想运算放大器的输入电压为零时，为使输出电压也为零，需要在其输入端施加一个补偿电压，即输入失调电压。它反映了运算放大器内部输入级的不对称程度。其值一般在几个毫伏级，显然越小越好。

4）输入失调电流 I_{IO}：指输入信号为零时，两个输入端静态电流之差。它反映了输入级电流参数的不对称程度。其值在零点几微安级，越小越好。

5）最大差模输入电压 U_{idm}：指正常工作时，在两个输入端之间允许加载的最大差模电压值，使用时差模输入电压不能超过此值。

6）最大共模输入电压 U_{icm}：指两输入端之间所能承受的最大共模电压。如果共模输入电压超过此值，集成运算放大器的共模抑制性能将明显下降，甚至造成器件的损坏。

7）差模输入电阻 R_{id}：指集成运算放大器两输入端间对差模信号的动态电阻，其值为几十千欧到几兆欧。反映了集成运算放大器输入端向信号源索取电流的大小，要求 R_{id} 越大越好。

8）输出电阻 R_o：指集成运算放大器开环时，输出端对地的电阻，其值为几十到几百欧。反映了集成运算放大器在输出信号时的带负载能力，要求 R_o 越小越好。

9）共模抑制比 K_{CMR}：它反映了集成运算放大器对差模输入信号的放大能力和对共模输入信号的抑制能力，K_{CMR} 越大越好。

集成运算放大器的参数还有温度漂移、转换速率和静态功耗等，请查阅相关集成电路手册。

3.1.3 集成运算放大器的分析方法

1. 理想集成运算放大器的概念

在分析运算放大器时为了简化分析并突出主要性能，通常把集成运算放大器看成是理想放大器。集成运算放大器的理想化条件是：

1）开环差模电压放大倍数 $A_{ud} \rightarrow \infty$。

2）开环差模输入电阻 $R_{id} \rightarrow \infty$。

3）开环差模输出电阻 $R_{od} \to 0$。

4）共模抑制比 $K_{CMR} \to \infty$。

5）没有失调现象，即当输入信号为零时，输出信号也为零。

采用理想运算放大器分析的结果与实际情况相差很小，理想集成运算放大器的符号如图3-6所示，其中"∞"表示开环差模放大倍数为无穷大。

2. 理想集成运算放大器的电压传输特性

表示集成运算放大器输出电压与输入电压之间关系的特性曲线称为电压传输特性，如图3-7所示。电压传输特性分为线性区（虚线框内）和非线性区或称饱和区（虚线框外）两部分。

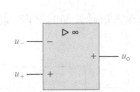

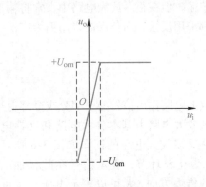

图3-6 理想集成运算放大器符号　　　　图3-7 集成运算放大器的电压传输特性

3. 理想集成运算放大器工作在线性区的特点

理想集成运算放大器工作在线性区时有两个重要特点：

（1）虚短——两输入端电位相等　集成运算放大器工作在线性区时，u_o 与（$u_+ - u_-$）存在着线性放大关系，即

$$u_o = A_{ud}(u_+ - u_-) \tag{3-1}$$

因为理想运算放大器的 $A_{ud} \to \infty$，u_o 最大值为定值，所以

$$u_+ = u_- \tag{3-2}$$

式(3-2)表示理想运算放大器的同相输入端与反相输入端的电位相等，好像两点是短路一样。因为是虚假的短路，所以称为"虚短"。

（2）虚断——理想运算放大器的输入电流等于零　由于理想运算放大器的差模输入电阻 $R_{id} \to \infty$，因此在其两个输入端均没有电流输入，即

$$i_+ = i_- = 0 \tag{3-3}$$

此时，运算放大器的同相输入端和反相输入端的电流都等于零，如同这两个输入端内部被断开一样，故称为"虚断"。

虚短和虚断是两个十分重要的结论，运用这两个结论，将大大简化运算放大器电路的分析。

4. 理想集成运算放大器工作在非线性区的特点

理想集成运算放大器工作在非线性区时，有两个重要特点：

（1）输出电压 u_o 具有两值性　其值或等于运算放大器的正向最大输出电压 $+U_{om}$，或等于运算放大器的负向最大输出电压 $-U_{om}$。

当 $u_+ > u_-$ 时：　　　　　　　　　　$u_o = +U_{om}$

当 $u_+ < u_-$ 时：　　　　　　　　　　$u_o = -U_{om}$

在非线性区内，运算放大器的差模输入电压（$u_+ - u_-$）可能很大，即 $u_+ \neq u_-$。也即"虚

"短"不再成立。

（2）理想运算放大器的输入电流等于零　在非线性区内，虽然运算放大器两个输入端的电位不等，但因为理想运算放大器的输入电阻 $R_i \to \infty$，故仍可认为理想运算放大器的输入电流等于零，即 $i_+ = i_- = 0$。也即"虚断"仍然成立。

3.2　放大电路中的负反馈

在放大电路中，信号从输入端输入，经过放大电路的放大后，从输出端送给负载，这是信号的正向传输。但在很多放大电路中，常将输出信号再反向传输到输入端，即反馈。实用的放大电路几乎都采用反馈，而负反馈应用更为广泛。

3.2.1　反馈的基本概念

1. 反馈的定义

将放大电路输出信号的一部分或全部返送回输入端并与输入信号叠加的过程，称为反馈。

反馈放大电路由基本放大电路和反馈电路两部分组成，反馈放大电路的框图如图3-8所示。图中"○"称为比较环节，表示信号在此叠加，箭头表示信号的传输方向，X 可以表示电压，也可以表示电流。输出量 X_o 经反馈电路处理获得反馈量 X_f 送回到输入端，与输入量 X_i 叠加产生净输入量 X_i' 加到放大器的输入端。引入反馈后，使信号既有正向传输又有反向传输，电路形成闭合的环路，因此，反馈放大电路通常称为闭环放大电路，而未引入反馈的放大电路则称为开环放大电路。

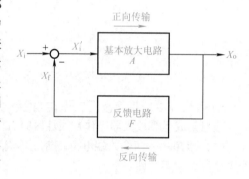

图3-8　反馈放大电路的框图

为了把放大电路的输出信号送回到输入端，通常用电阻、电容、电感等元件组成引导反馈信号的电路，该电路称为反馈电路，又称为反馈网络。构成反馈电路的元件称为反馈元件，反馈元件联系着放大电路的输出与输入，并影响放大电路的输入。

2. 反馈放大电路的一般关系式

放大电路的开环放大倍数 $\dot{A}$ 为

$$\dot{A} = \frac{\dot{X}_o}{\dot{X}_i'}$$

反馈系数 $\dot{F}$ 为

$$\dot{F} = \frac{\dot{X}_f}{\dot{X}_o}$$

放大电路的闭环放大倍数 $\dot{A}_f$ 为

$$\dot{A}_f = \frac{\dot{X}_o}{\dot{X}_i}$$

净输入信号 $\dot{X}_i'$ 为

$$\dot{X}_i' = \dot{X}_i - \dot{X}_f$$

根据上面关系式，可得

$$\dot{A}_{\text{f}} = \frac{\dot{A}}{1 + \dot{A}\dot{F}} \tag{3-4}$$

式中，$1 + \dot{A}\dot{F}$ 称为反馈深度，是衡量反馈强弱的一个重要指标。在负反馈放大电路中，反馈深度 $1 + \dot{A}\dot{F} \gg 1$ 的反馈，称为深度负反馈。一般在 $1 + \dot{A}\dot{F} \geqslant 10$ 时，就认为是深度负反馈。此时，$1 + \dot{A}\dot{F} \approx \dot{A}\dot{F}$，因此有 $\dot{A}_{\text{f}} \approx \dfrac{1}{\dot{F}}$。说明深度负反馈的闭环放大倍数 $\dot{A}_{\text{f}}$ 只与反馈系数 $\dot{F}$ 有关，而与开环放大倍数 $\dot{A}$ 几乎无关。

如果放大电路工作在中频段，而且反馈网络是纯电阻性时，$A_{\text{f}} = \dfrac{A}{1 + AF}$。

3.2.2　反馈的类型及其判别方法

1. 反馈的类型

按照不同的分类方法，反馈可分为多种类型。

（1）正反馈和负反馈

按反馈极性的不同，可分为正反馈和负反馈。若反馈信号 X_{f} 与输入信号 X_{i} 极性相同，使净输入信号 X'_{i} 增加，则称为正反馈；正反馈使放大电路的放大倍数增加，如图 3-9a 所示。若反馈信号 X_{f} 与输入信号 X_{i} 极性相反，使净输入信号 X'_{i} 减小，则称为负反馈；负反馈使放大电路的放大倍数减小，如图 3-9b 所示。由负反馈放大电路的框图可得一些基本关系式，见表 3-2。

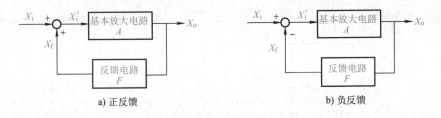

a) 正反馈　　　　　　　　　　　　　　b) 负反馈

图 3-9　正反馈和负反馈

表 3-2　负反馈的基本关系式

名称	关系式
输入端各量的关系式	$X'_{\text{i}} = X_{\text{i}} - X_{\text{f}}$
开环放大倍数	$A = \dfrac{X_{\text{o}}}{X'_{\text{i}}}$
反馈系数	$F = \dfrac{X_{\text{f}}}{X_{\text{o}}}$
闭环放大倍数	$A_{\text{f}} = \dfrac{X_{\text{o}}}{X_{\text{i}}}$　推导得 $A_{\text{f}} = \dfrac{A}{1 + AF}$
反馈深度	$1 + AF$

表 3-2 所述各量，当信号为正弦量时，$\dot{X}_{\text{i}}$、$\dot{X}_{\text{o}}$、$\dot{X}_{\text{f}}$ 和 $\dot{X}'_{\text{i}}$ 为相量，$\dot{A}$ 和 $\dot{F}$ 为复数。在中频段，为了使表达式简明，均可用实数表示。

（2）串联反馈和并联反馈

按反馈在输入端连接方式的不同分为串联反馈和并联反馈。若反馈电路与信号源相串联，则称为串联反馈。串联反馈信号在输入端以电压形式出现，如图 3-10a 所示。若反馈电路与信号源相并联，则称为并联反馈。并联反馈信号在输入端以电流形式出现，如图 3-10b 所示。

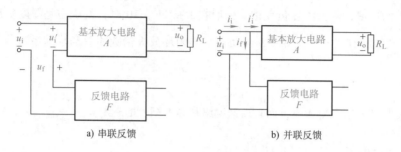

a) 串联反馈　　　　　　　　　　　b) 并联反馈

图 3-10　串联反馈和并联反馈

（3）电压反馈和电流反馈

按反馈在输出端取样对象的不同分为电压反馈和电流反馈。若反馈信号取自输出端负载两端的电压 u_o，则称为电压反馈。电压反馈的取样环节与输出端并联，如图 3-11a 所示。若反馈信号取自输出电流 i_o，则称为电流反馈。电流反馈的取样环节与输出端串联，如图 3-11b 所示。

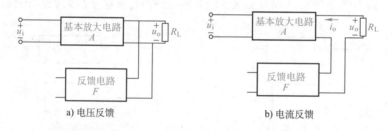

a) 电压反馈　　　　　　　　　　　b) 电流反馈

图 3-11　电压反馈和电流反馈

（4）直流、交流和交直流反馈

按反馈信号含有直流和交流成分的不同分为直流、交流和交直流反馈。若反馈信号只含有直流量，则称为直流反馈。直流反馈主要用于稳定放大器的静态工作点。若反馈信号只含有交流量，则称为交流反馈。交流反馈可以改善放大器的交流性能。若反馈信号既有直流量又有交流量，则称为交直流反馈。

（5）本极反馈和极间反馈　若反馈信号从某级放大电路的输出端取样，只引回到本级放大电路的输入回路的反馈，称为本级反馈。本级反馈只能改善一个放大电路内部的性能。若反馈信号从多级放大电路某一级的输出端取样，把输出量引回到前面另一个放大电路的输入回路中去的反馈，称为极间反馈。反馈网络跨接在级与级之间。级间反馈可以改善整个反馈环路内放大电路的性能。

综合输出端取样对象的不同和输入端的不同接法，负反馈的基本类型有四种：①电压串联负反馈，其电路图如图 3-12a 所示；②电流串联负反馈，其电路图如图 3-12b 所示；③电压并联负反馈，其电路图如图 3-12b 所示；④电流并联负反馈，其电路图如图 3-12d 所示。

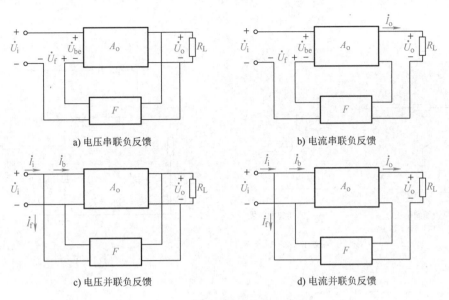

图 3-12 负反馈的四种基本类型

2. 反馈类型的判别方法

不同反馈方式对放大电路性能的影响是不同的，因此，正确判别反馈类型和极性是反馈放大电路定性分析的重点，一般按以下步骤进行判别。

（1）判别有无反馈 反馈放大电路的特征是存在反馈元件，反馈元件是联系放大电路的输出与输入的桥梁。因此找到联系放大电路输出与输入回路之间的元件是判断反馈存在与否的依据。

（2）判断本极反馈和极间反馈 若反馈元件（反馈网络）只对本级起作用，就是本级反馈。若反馈网络是跨接在整个放大电路（多级）的输出与输入之间，就是极间反馈。

（3）判别反馈极性 通常采用瞬时极性法来判别，具体方法如下：

1）先假定输入信号的瞬时极性。

2）从输入端到输出端依次标出放大电路各点的瞬时极性。

注意：在放大电路中，晶体管基极与发射极瞬时极性相同，基极与集电极瞬时极性相反。

3）根据反馈信号与输入信号的连接情况，确定反馈极性。

先假定输入信号 u_i 加至晶体管基极的瞬时极性为" + "，若反馈信号返回晶体管基极为" + "，则为正反馈；反之，则为负反馈，如图 3-13a 所示。若反馈信号返回晶体管的发射极为" + "，可见它在输入回路中与 u_i 反相，故为负反馈；反之，则为正反馈，如图 3-13b 所示。

（4）判别串联和并联反馈的方法 根据反馈电路在输入端的连接方式来判别是串联还是并联反馈。若反馈到共发射极放大电路的基极则为并联反馈，而反馈到共发射极放大电路的发射极则为串联反馈，如图 3-14 所示。

（5）判断电压和电流反馈的方法 从输出回路看，若反馈信号取自输出电压，则为电压反馈；若反馈信号取自输出电流，则为电流反馈。

图 3-15a 所示为共发射极放大电路，反馈信号取自集电极则为电压反馈；取自发射极则为电流反馈。图 3-15b 所示为共集电极放大电路，反馈信号取自发射极则为电压反馈；取自集电极则为电流反馈。

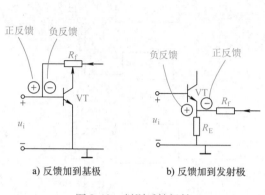

a) 反馈加到基极　　　b) 反馈加到发射极

图 3-13　判别反馈极性

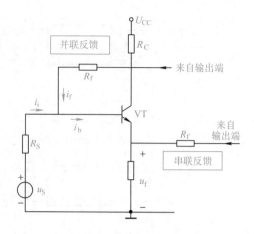

图 3-14　共发射极放大电路
串联与并联反馈的判别

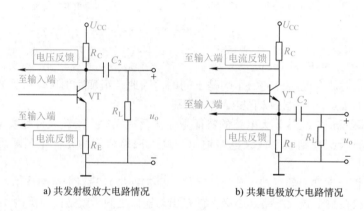

a) 共发射极放大电路情况　　　b) 共集电极放大电路情况

图 3-15　串联与并联反馈的判别

（6）判别直流和交流反馈　若反馈电路中存在电容，根据电容"隔直通交"的特性来进行判别；若反馈电路中没有电容，则构成的反馈是交、直流共存的反馈。图 3-16a 中 R_F、C_F 串联，由于 C_F 隔直通交，该串联电路只有交流信号能通过，所以引入了交流反馈；图 3-16b 中 R_E、C_E 并联，因 C_E 旁路交流，R_E 上只有直流信号能通过，所以该并联电路引入了直流反馈。

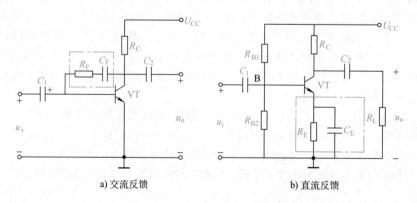

a) 交流反馈　　　b) 直流反馈

图 3-16　直流与交流反馈的判别

例 3-1 试判断图 3-17 所示两级放大电路的反馈类型。

解：（1）看联系 电路中 R_F、R_{EI} 把第 2 级和第 1 级放大电路联系起来，说明两级放大电路之间存在极间反馈。

（2）看极性 若假设第 1 级基极输入瞬时极性为"＋"，则经第 1 级放大，集电极输出信号为"－"，再经第 2 级放大，集电极输出信号为"＋"，经 R_F、R_{EI} 返送回第 1 级放大电路发射极，反馈电压 u_f 为"＋"，使净输入信号（$u_{be} = u_i - u_f$）减小，说明电路引入了负反馈。

（3）看输入 反馈电路接在输入回路的发射极，所以是串联反馈。

（4）看输出 反馈电路接在电压输出端，所以是电压反馈。

（5）看电容 在反馈环路中无电容，所以是交、直流反馈。

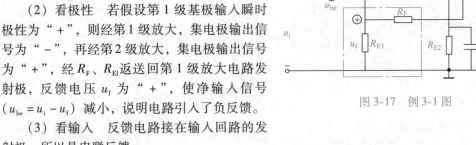

图 3-17 例 3-1 图

综上所述，放大电路通过 R_F、R_{EI} 为电路引入了串联电压交、直流的极间负反馈，简称串联电压负反馈。

3.2.3 负反馈对放大电路性能的影响

放大电路引入负反馈后，放大倍数有所下降，但却可以改善放大电路的动态性能。至于放大倍数的降低，可以通过增加放大电路的级数来解决。

1. 提高放大倍数的稳定性

当外界条件变化（如温度变化、负载变化、更换晶体管等）会引起电压放大倍数 A_u 的变化，如果引入负反馈，由于它的自动调节作用，则能减少这种变化。

如由于某种原因使放大电路的输出信号增大，电路又存在负反馈，则反馈信号也将跟着增大，经反馈网络送回到输入回路，使放大电路的净输入信号相应减小，结果输出信号也相应减小，从而使放大电路输出信号幅度稳定，达到稳定放大倍数的目的。

电压负反馈能稳定输出电压，电流负反馈能稳定输出电流。

2. 改善非线性失真

由于晶体管的非线性特性或静态工作点选得不合适等，当输入信号较大时，在其输出端就产生了正半周幅值大、负半周幅值小的非线性失真信号，如图 3-18a 所示。引入负反馈后，如图 3-18b 所示，反馈信号来自输出回路，其波形也是上大下小，将它送到输入回路，使净输入信号（$u_i' = u_i - u_f$）变成上小下大，经放大，输出波形的失真获得补偿。

从本质上说，负反馈是利用了"预失真"的波形来改善波形的失

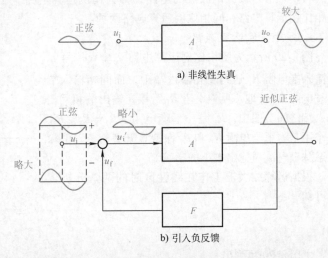

图 3-18 改善非线性失真

真，因而不能完全消除失真，并且对输入信号本身的失真不能减少。

同样道理，对于晶体管内部由于载流子的热运动而引起的干扰和噪声，负反馈也可以对其进行抑制，分析过程与改善非线性失真类似。

3. 展宽通频带

因为负反馈的作用就是对输出的任何变化都有纠正作用，所以放大电路在高频区及低频区放大倍数的下降，必然会引起反馈量的减小，从而使净输入量增加，放大倍数随频率的变化减小，幅频特性变得平坦，使上限截止频率升高，下限截止频率下降，通频带被展宽了，如图3-19所示。

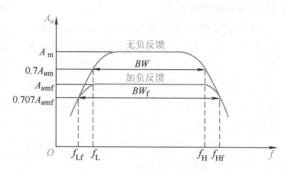

图 3-19　负反馈展宽通频带

4. 改变输入电阻和输出电阻

（1）改变输入电阻　负反馈对输入电阻的影响，只取决于反馈电路在输入端的连接方式。凡是串联负反馈，因为反馈信号与输入信号串联，故使输入电阻增大；凡是并联负反馈，因为反馈信号与输入信号并联，故使输入电阻减小。

（2）改变输出电阻　负反馈对输出电阻的影响，只取决于输出端反馈信号的取样方式。凡是电压负反馈，因具有稳定输出电压的作用，使其接近于恒压源，故使输出电阻减小；凡是电流负反馈，因具有稳定输出电流的作用，使其接近于恒流源，故使输出电阻增大。

3.3　集成运算放大器的应用

运算电路是指电路的输出信号与输入信号之间存在某种数学运算关系。运算电路是由运算放大器和外接元件组成的，工作时运算放大器工作于线性区。运算电路可以实现模拟量的运算，因此运算电路是集成运算放大器应用的重要方面。

3.3.1　比例运算电路

将输入信号按比例放大的电路，称为比例运算电路。比例运算电路分为反相比例运算电路和同相比例运算电路两种。

1. 反相比例运算电路

图3-20所示为反相比例运算电路。输入信号 u_i 经输入端电阻 R_1 送到反相输入端上，而同相输入端通过电阻 R_2 接地。反馈电阻 R_f 跨接在输出端和反相输入端之间。图中，R_2 是一平衡电阻，$R_2 = R_1 // R_f$，其作用是为了与电阻 R_1 和 R_f 保持直流平衡，以消除静态基极电流对输出电压的影响。

根据运算放大器工作在线性区时的两条分析依据可知

$$i_1 \approx i_f$$
$$u_- = u_+ = 0$$

由图3-20可列出

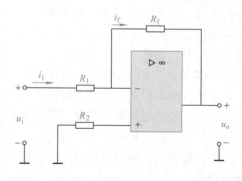

图 3-20　反相比例运算电路

$$i_1 = \frac{u_i - u_-}{R_1} = \frac{u_i}{R_1}$$

$$i_f = \frac{u_- - u_o}{R_f} = -\frac{u_o}{R_f}$$

由此得出

$$u_o = -\frac{R_f}{R_1}u_i \qquad\qquad (3\text{-}5)$$

闭环电压放大倍数为

$$A_{uf} = \frac{u_o}{u_i} = -\frac{R_f}{R_1} \qquad\qquad (3\text{-}6)$$

式(3-6)表明，输出电压与输入电压是反相比例运算关系。如果 R_1 和 R_f 阻值足够精确，而且运算放大器的开环电压放大倍数很高，就可认为 u_o 与 u_i 的关系只取决于 R_f 与 R_1 的比值，而与运算放大器本身的参数无关。这就保证了比例运算的精度和稳定性。

当 $R_f = R_1$ 时，则由式(3-5)和式(3-6)可得

$$u_o = -u_i$$

$$A_{uf} = \frac{u_o}{u_i} = -1 \qquad\qquad (3\text{-}7)$$

这时，图3-20 所示的电路称为反相器，这种运算称为变号运算。

反相比例运算电路中，因为 $i_+ = 0$，R_2 中没有电流，所以 $u_+ = 0$，又因为 $u_+ = u_-$，故说明反相输入端是一个不接地的"接地"端，称为"虚假接地"，简称"虚地"。虚地是虚短的特例，是反相输入放大器的重要特性。

2. 同相比例运算电路

图3-21 所示为同相比例运算电路，输入信号 u_i 经 R_2 加到同相输入端上，反相输入端经 R_1 接地，输出信号 u_o 经过反馈电阻 R_f 接回反相端。R_2 为平衡电阻，$R_2 = R_1 /\!/ R_f$。

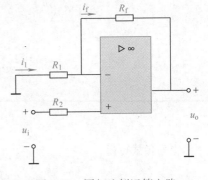

图3-21 同相比例运算电路

根据理想运算放大器在线性区时的分析，可得

$$u_- = u_+ = u_i$$

$$i_1 \approx i_f$$

由图3-21 可列出

$$i_1 = -\frac{u_-}{R_1} = -\frac{u_i}{R_1}$$

$$i_f = \frac{u_- - u_o}{R_f} = \frac{u_i - u_o}{R_f}$$

由此得出

$$u_o = \left(1 + \frac{R_f}{R_1}\right)u_i \qquad\qquad (3\text{-}8)$$

则闭环电压放大倍数为

$$A_{uf} = \frac{u_o}{u_i} = 1 + \frac{R_f}{R_1} \qquad\qquad (3\text{-}9)$$

可见，u_o 与 u_i 为同相比例运算关系，比例系数仅由 R_f 和 R_1 的比值确定，与运算放大器本身的参数无关，其精度和稳定性都很高。

当 $R_1 = \infty$（断开）或 $R_f = 0$ 时，则有

$$u_o = u_i$$

$$A_{uf} = \frac{u_o}{u_i} = 1 \qquad\qquad (3\text{-}10)$$

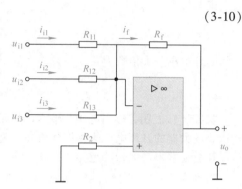

这就是电压跟随器。由于集成运算放大器的 A_o 和 R_i 很大，所以用集成运算放大器组成的电压跟随器比分立元器件组成的射极跟随器的跟随精度更高。

3.3.2 加法运算电路

加法运算电路是实现若干个输入信号求和功能的电路。如果在反相比例运算电路中增加若干个输入端，则构成反相加法运算电路，如图 3-22 所示，图中，R_2 为平衡电阻，$R_2 = R_{11} /\!/ R_{12} /\!/ R_{13} /\!/ R_f$。

图 3-22 反相加法运算电路

根据"虚短"和"虚断"的概念，由图可列出

$$i_{i1} = \frac{u_{i1}}{R_{11}}$$

$$i_{i2} = \frac{u_{i2}}{R_{12}}$$

$$i_{i3} = \frac{u_{i3}}{R_{13}}$$

$$i_f = i_1 + i_2 + i_3$$

$$i_f = -\frac{u_o}{R_f}$$

由上列各式可得

$$u_o = -\left(\frac{R_f}{R_{11}}u_{i1} + \frac{R_f}{R_{12}}u_{i2} + \frac{R_f}{R_{13}}u_{i3} \right) \qquad\qquad (3\text{-}11)$$

当 $R_{11} = R_{12} = R_{13} = R_f$ 时，则式（3-11）为

$$u_o = -\left(u_{i1} + u_{i2} + u_{i3} \right) \qquad\qquad (3\text{-}12)$$

由式（3-12）可见，加法运算电路也与运算放大器本身的参数无关，只要电阻阻值足够精确，就可以保证加法运算的精度和稳定性。

例 3-2　一个测量系统的输出电压和某些非电量（经传感器变换为电量）的关系为 $u_o = 4u_{i1} + 2u_{i2} + 0.5u_{i3}$，试用集成运算放大器构成信号处理电路，若取 $R_f = 100\text{k}\Omega$，求各电阻值。

解：分析得知输入信号为加法关系，因此第一级采用加法电路，输入信号与输出信号要求同相位，所以再加一级反相器。电路构成如图 3-23 所示。

推导第一级电路的各电阻阻值。

$$u_o = -u_{o1} = \left(\frac{R_f}{R_{11}}u_{i1} + \frac{R_f}{R_{12}}u_{i2} + \frac{R_f}{R_{13}}u_{i3} \right)$$

由 $R_f = 100\text{k}\Omega$ 可得

$$R_{11} = 25\text{k}\Omega, R_{12} = 50\text{k}\Omega, R_{13} = 200\text{k}\Omega$$

平衡电阻为

$$R_{b1} = R_f /\!/ R_{11} /\!/ R_{12} /\!/ R_{13} = 100\text{k}\Omega /\!/ 25\text{k}\Omega /\!/ 50\text{k}\Omega /\!/ 200\text{k}\Omega = 13\text{k}\Omega$$

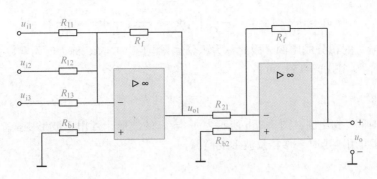

图 3-23　例 3-2 图

第二级为反相电路，则有

$$R_{21} = R_f = 100\text{k}\Omega$$

平衡电阻为

$$R_{b2} = R_f \mathbin{/\mkern-5mu/} R_{21} = 100\text{k}\Omega \mathbin{/\mkern-5mu/} 100\text{k}\Omega = 50\text{k}\Omega$$

3.3.3　减法运算电路

如果两个输入端都有信号输入，则为差动输入。差动运算在测量和控制系统中应用很多，减法运算电路就是一种差动运算，如图 3-24 所示。

运用"虚短"和"虚断"概念，由图 3-24 可知

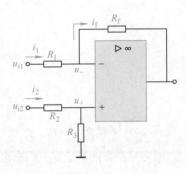

图 3-24　减法运算电路

$$u_- = u_{i1} - i_1 R_1 = u_{i1} - \frac{R_1}{R_1 + R_f}(u_{i1} - u_o)$$

$$u_+ = \frac{R_3}{R_2 + R_3} u_{i2}$$

因为 $u_- = u_+$，所以有

$$u_o = \left(1 + \frac{R_f}{R_1}\right)\frac{R_3}{R_2 + R_3} u_{i2} - \frac{R_f}{R_1} u_{i1} \tag{3-13}$$

当 $R_1 = R_2$ 和 $R_f = R_3$ 时，则式(3-13) 为

$$u_o = \frac{R_f}{R_1}(u_{i2} - u_{i1})$$

当 $R_f = R_1$ 时，则可得

$$u_o = u_{i2} - u_{i1} \tag{3-14}$$

由式(3-14) 可见，输出电压 u_o 与两个输入电压的差值成反比，可以实现减法运算。

3.3.4　积分运算电路

与反相比例运算电路比较，用电容 C 代替 R_f 作为反馈元件，就成为积分运算电路，如图 3-25a 所示。

根据"虚短"和"虚断"可得

$$u_- = u_+ = 0$$

$$i_C = i_R = \frac{u_i}{R}$$

则有

$$u_\text{o} = u_C = -\frac{1}{C}\int i_C \text{d}t = -\frac{1}{C}\int i_R \text{d}t = -\frac{1}{C}\int \frac{u_\text{i}}{R}\text{d}t = -\frac{1}{RC}\int u_\text{i}\text{d}t \qquad (3\text{-}15)$$

可见，u_o 与 u_i 的积分成比例，因此称为积分运算电路，$\tau = RC$ 称为时间常数。

若 $u_\text{i} = -U$，则由式（3-15）可得

$$u_\text{o} = \frac{U}{RC}t \qquad (3\text{-}16)$$

此时 u_o 与时间 t 成比例，图 3-25b 所示为 u_o 与 u_i 的波形，可用于波形变换。在自动控制系统中，积分运算可用于延时、移相及波形变换等。

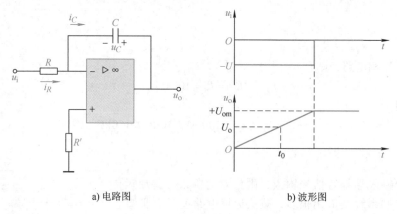

a) 电路图   b) 波形图

图 3-25　积分运算电路

3.3.5　微分运算电路

微分是积分的逆运算，输出电压与输入电压呈微分关系，其电路如图 3-26a 所示。

因为 $i_- = 0$，反相端是虚地，所以有

$$i_R = i_C = C\frac{\text{d}u_C}{\text{d}t} = C\frac{\text{d}u_\text{i}}{\text{d}t}$$

则有

$$u_\text{o} = -i_R R = -RC\frac{\text{d}u_\text{i}}{\text{d}t} \qquad (3\text{-}17)$$

可见，u_o 与 u_i 的微分成比例，因此称为微分运算电路。在图 3-26b 中，当 u_i 为矩形脉冲时，u_o 为尖脉冲。显然正的尖脉冲比 u_i 的上升沿滞后一个脉冲宽度 t_p，可见微分电路对输入信号的脉冲沿起到延时作用。在自动控制系统中，微分运算可用于延时、定时及波形变换等。

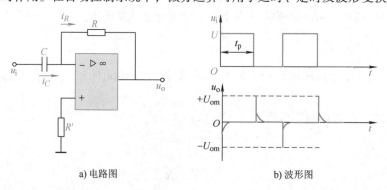

a) 电路图   b) 波形图

图 3-26　微分运算电路

3.3.6 电压比较器

电压比较器是将输入电压与一个参考电压进行大小比较，并将结果以高低电平的形式输出。电压比较器输入的是连续变化的模拟信号，而输出的是数字电压波形。电压比较器是信号发生、波形变换、模拟-数字转换等电路中常用的单元电路。

此时的运算放大器工作于开环状态，由于开环电压放大倍数很高，即使输入端有一个非常微小的差值信号，也会使输出电压达到饱和，所以运算放大器工作在非线性区。

1. 单门限电压比较器

单门限电压比较器有反相输入和同相输入两种形式，图 3-27a 所示为反相输入形式。其中 U_R 为已知的直流参考电压，加在集成运算放大器的同相输入端，输入电压 u_i 加在反相输入端。

由集成运算放大器的特点可知：

当 $u_i > U_R$ 时，$u_o = -U_{om}$；

当 $u_i < U_R$ 时，$u_o = +U_{om}$；

当 $u_i = U_R$ 时，u_o 发生跳变。

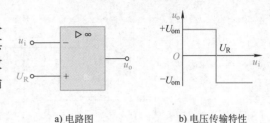

a) 电路图　　b) 电压传输特性

图 3-27　单门限电压比较器

这就是电压比较器输出电压与输入电压的关系，称为电压传输特性，如图 3-27b 所示。门限电压为 U_R。因输入电压只跟一个参考电压 U_R 进行比较，故此电路称为"单门限电压比较器"。

当参考电压为零时，输入电压和零电平进行比较，形成过零比较器，其电路及电压传输特性如图 3-28a、b 所示。在过零比较器的反相输入端输入正弦信号，可以将正弦波转换成方波，其波形变换如图 3-28c 所示。

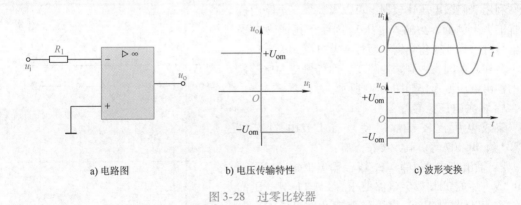

a) 电路图　　　　　　b) 电压传输特性　　　　　　c) 波形变换

图 3-28　过零比较器

2. 双门限电压比较器

单门限电压比较器的输入电压只跟一个参考电压 U_R 相比较，这种比较器虽然电路结构简单，灵敏度高，但抗干扰能力差。当输入电压 u_i 因受干扰在参考电压 U_R 附近发生微小变化时，输出电压就会频繁地跳变。解决的方案是采用双门限电压比较器。

双门限电压比较器又称为"滞回比较器"，也称"施密特触发器"。其电路如图 3-29a 所示，它是在过零比较器的基础上加上正反馈构成的。

输出电压 u_o 经 R_f 和 R_2 分压加到集成运算放大器的同相输入端，为电路引入了正反馈，所以集成运算放大器工作在非线性区，输出电压只有两种可能值。

当 $u_o = +U_{om}$ 时，门限电压用 U_{THI} 表示，即

$$U_{TH1} = + U_{om} \frac{R_2}{R_2 + R_f} \tag{3-18}$$

当输入电压上升到 $u_i = U_{TH1}$ 时，输出电压 u_o 发生跳变，由 $+ U_{om}$ 跳变为 $- U_{om}$，门限电压随之改变为 U_{TH2}，即

$$U_{TH2} = - U_{om} \frac{R_2}{R_2 + R_f} \tag{3-19}$$

当输入电压减小，直至 $u_i = U_{TH2}$ 时，输出电压再次跳变，由 $- U_{om}$ 跳变为 $+ U_{om}$。

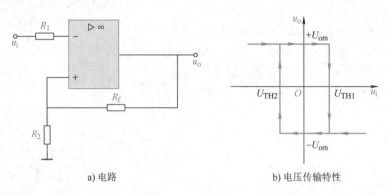

a) 电路   b) 电压传输特性

图 3-29 双门限电压比较器

这两个门限电压之差称为回差电压，用 ΔU_{TH} 表示，即

$$\Delta U_{TH} = U_{TH1} - U_{TH2} = 2U_{om} \frac{R_2}{R_2 + R_f} \tag{3-20}$$

由式（3-20）可知，回差电压与参考电压无关。

利用双门限电压比较器，可以大大提高电路的抗干扰能力。例如，当输入电压 u_i 因受干扰或含有噪声信号时，只要变化幅度不超过回差电压，输出电压就不会在此期间发生频繁地跳变，而仍保持为比较稳定的输出电压波形，如图 3-30 所示。

3. 集成电压比较器简介

集成电压比较器常用型号有 LM710、LM311（SF31）、BG307 等。其主要特点有：

1）输出高电平 $U_{OH} = 3.3V$，输出低电平 $U_{OL} = - 0.4V$，适应 TTL 数字电路要求［LM311 型电压范围较宽，以便与 CMOS（互补金属氧化物半导体）电路匹配］。

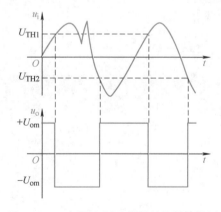

图 3-30 双门限电压比较器的抗干扰作用

2）有较大的上升速率 S_R，以适应开关电路对响应速度的要求。

3）适应非线性工作状态，所以没有相位补偿（校正）引出脚。

3.3.7 集成运算放大器的使用常识

1. 消振

由于集成运算放大器开环电压放大倍数很大，很容易产生自激振荡，破坏正常工作。为此，必须设法消振。通常的方法是外接补偿网络，如 RC 消振电路或消振电容，以破坏产生自激振荡

的条件，如图 3-31 所示。至于是否已消振，可将输入端接地，用示波器观察输出端有无自激振荡信号。消振应在调零之前进行。

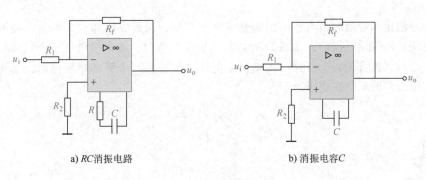

a) RC消振电路　　　　　　　　b) 消振电容C

图 3-31　消振电路

目前，由于集成工艺水平的提高，很多运算放大器内部已有消振元件，无需外部消振电路。

2. 电路的调零

由于运算放大器的内部参数不可能完全对称，以致当输入电压为零时，输出电压并不为零。为此除了要求运算放大器的外接直流通路等效电阻保持平衡，还要外接调零电路。

一般采取以下两种方法。有调零输出端的，如图 3-32 所示的 LM741 型集成运算放大器，它的调零电路由 -15V 电压、1kΩ 电阻和 10kΩ 调零电位器 RP 组成，通过调整电位器的阻值进行调零；无调零输出端的，可在输入端加入补偿电压，如图 3-33 所示，其利用正、负电源通过电位器 RP 引入一个电压到集成运算放大器的同相输入端，调节电位器 RP 可以补偿输入失调量对输出的影响。

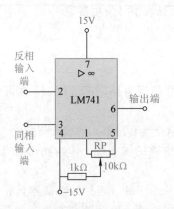

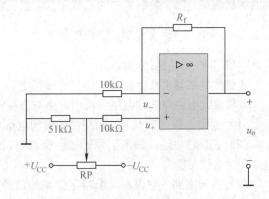

图 3-32　外接调零电位器的调零电路　　　　　图 3-33　外加补偿电压的调零电路

3. 电源极性错接保护

为了防止电源极性接反而损坏集成电路，可利用二极管的单向导电性，在电源连接线中串接二极管来实现保护，如图 3-34 所示。当电源极性接反时，两只二极管都截止，从而保护了集成电路。

4. 输入保护

输入信号过大会影响集成运算放大器的性能，甚至造成集成运算放大器的损坏。为此，可在运算放大器输入端加限幅保护，如图 3-35 所示，它是利用两只反向并联的二极管，将输入信号幅值限制在二极管的导通电压内。运算放大器正常工作时，输入端的电压（即其净输入电压）

极小，两只二极管均处于截止状态（正向偏置的二极管工作于死区），对放大器的正常工作没有影响。

5. 输出保护

为了防止输出端触及过高电压而引起过电流或击穿，在集成运算放大器输出端可接两只反向串联的稳压二极管加以保护，如图3-36所示。正常工作时，输出端电压小于双向稳压二极管的稳压值，稳压二极管相当于开路。当输出端电压大于稳压二极管的稳压值时，稳压二极管击穿，把输出电压幅值限制在稳压范围内。

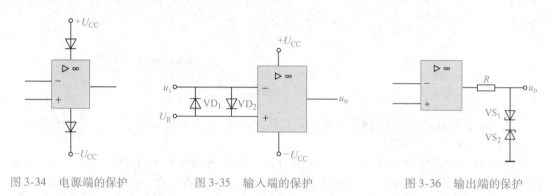

图3-34　电源端的保护　　　　　图3-35　输入端的保护　　　　　图3-36　输出端的保护

3.4　正弦波振荡器

振荡电路是一种能量转换装置，它无须外加输入信号，就能自动地将直流电源提供的能量转换成有一定频率、一定幅值的交流信号。正弦波振荡器是一种应用最广泛的振荡电路，如收音机的本机振荡电路、发射机中的载波振荡电路、各种频率的正弦波信号发生器等。

3.4.1　正弦波振荡器的基本知识

1. 正弦波振荡器的组成

正弦波振荡器主要由放大电路、正反馈电路、选频电路和稳幅电路四部分组成。实际电路中，常将放大电路与选频电路或反馈电路与选频电路合二为一。

（1）放大电路　放大电路利用晶体管的电流放大作用使电路具有足够大的放大倍数。

（2）正反馈电路　输出信号通过正反馈电路返回到放大电路的输入端，作为输入信号，使电路产生自激振荡。

（3）选频电路　它仅对某个特定频率的信号产生谐振，从而保证了正弦波振荡器具有单一的工作频率。按选频电路组成元器件不同，可分为 LC 正弦波振荡器、RC 正弦波振荡器和石英晶体正弦波振荡器等类型。

（4）稳幅电路　稳幅电路使振荡幅度自动平衡在某一水平上，以保证振荡器输出信号振幅稳定。通常利用放大电路中非线性元器件如晶体管或负反馈电路来实现。

2. 自激振荡的过程

当振荡器接通电源的瞬间，电路受到扰动，在放大电路的输入端将产生一个微弱的扰动电压 u_i，经放大电路放大、选频电路选频后，通过正反馈电路回送到输入端，形成放大→选频→正反馈→再放大的过程，使输出信号的幅度逐渐增大，振荡便由小到大地建立起来。当振荡信号幅度达到一定数值时，由于晶体管非线性区域的限制作用，使晶体管的放大作用减弱，即电路的放大倍数下降，振幅也就不再增大，最终使电路维持稳幅振荡。

3. 自激振荡的条件

由上述内容可知，产生自激振荡的条件是 $u_f = u_i$，即必须同时满足下列两个条件：

1）相位平衡条件：反馈电压 u_f 与输入电压 u_i 必须同相位，即正反馈。u_f 与 u_i 的相位差 φ 的定义式为

$$\varphi = 2n\pi \quad (n = 0, 1, 2, \cdots) \tag{3-21}$$

2）幅值平衡条件：反馈电压 u_f 与输入电压 u_i 的幅值必须相等。由反馈的基本关系式可知，$u_o = Au_i' = Au_i$，$u_f = Fu_o = FAu_i$，代入关系式 $u_f = u_i$，可得

$$AF = 1 \tag{3-22}$$

式中，A 为放大电路开环放大倍数；F 为反馈电路的反馈系数。

在自激振荡的两个条件中，关键是相位平衡条件。至于幅值条件，可在满足相位条件后，通过调节电路参数来达到。

3.4.2 *LC* 正弦波振荡器

LC 正弦波振荡器的频率很高，一般都在 1MHz 以上。常用的 *LC* 正弦波振荡电路有变压器反馈式、电感三点式和电容三点式三种。它们共同的特点是用 *LC* 并联谐振电路作为选频电路。

1. 变压器反馈式正弦波振荡器

（1）电路分析　图 3-37 所示为变压器反馈式正弦波振荡器。晶体管等元器件组成分压式放大电路；L 和 C 并联谐振回路组成选频电路；L_1 与负载并联为振荡信号的输出端；根据瞬时极性法可判断由于变压器一次绕组 L 和二次绕组 L_2 之间的互感耦合，使二次绕组 L_2 引入了正反馈；依靠晶体管的非线性来稳幅。C_1 与 C_E 的作用是让正反馈信号直接加在晶体管 B、E 极之间，而且不影响原来的直流偏置。

（2）振荡频率　由 *LC* 并联电路的知识可知，电路的振荡频率为

$$f_0 = \frac{1}{2\pi \sqrt{LC}} \tag{3-23}$$

（3）电路特点　便于实现阻抗匹配，使振荡器的效率高、起振容易；调频方便，改变 C 的大小就可以实现频率调节。

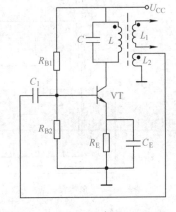

图 3-37　变压器反馈式正弦波振荡器

2. 电感三点式正弦波振荡器

（1）电路分析　图 3-38a 所示为电感三点式正弦波振荡器。交流通路如图 3-38b 所示，*LC* 谐振回路中电感的三个端点分别与晶体管的三个极相连，故称为电感三点式。晶体管等元器件组成分压式放大电路；等效电感 L（L_1 和 L_2 串联）与 C 并联组成选频电路，正反馈信号从 L_2 两端取出；依靠晶体管的非线性来稳幅。

（2）振荡频率　电路的振荡频率为

$$f_0 = \frac{1}{2\pi \sqrt{LC}} \tag{3-24}$$

式中，$L = L_1 + L_2 + 2M$，M 为互感系数。

（3）电路特点　此电路的优点是容易起振（L_1、L_2 耦合紧密）、调频方便且调节范围较宽；缺点是振荡波形较差，一般选取 L_2 为总匝数的 $1/8 \sim 1/4$，可改善输出波形。这种振荡器常用于对输出信号波形要求不高的场合。

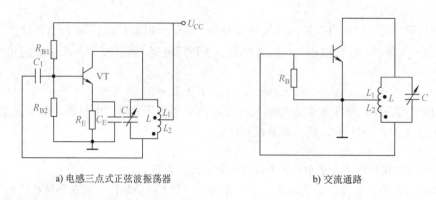

a) 电感三点式正弦波振荡器　　　　　　　b) 交流通路

图 3-38　电感三点式正弦波振荡器

3. 电容三点式正弦波振荡器

（1）电路分析　图 3-39a 所示为电容三点式正弦波振荡器。从电路结构上看，它把图 3-38a 所示的电感三点式振荡器中的电感 L_1、L_2 改接为电容 C_1、C_2，电容 C 改接为电感 L，正反馈信号 u_f 从 C_2 两端取出。集电极电阻 R_C 的作用是防止集电极输出的交流信号对地短路。

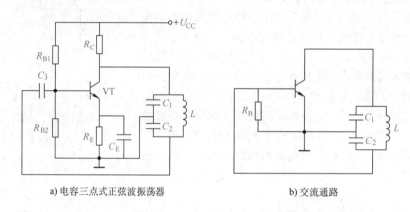

a) 电容三点式正弦波振荡器　　　　　　　b) 交流通路

图 3-39　电容三点式正弦波振荡器

（2）振荡频率　电路的振荡频率为

$$f_0 = \frac{1}{2\pi \sqrt{LC}} \qquad (3-25)$$

式中，$C = \dfrac{C_1 C_2}{C_1 + C_2}$，$C$ 为 C_1 和 C_2 的串联值。

（3）电路特点　此电路的优点是振荡频率高（可达 100MHz）、振荡波形好；缺点是调频较困难。这种振荡器常用于对波形要求高、振荡频率固定的场合。

3.4.3　RC 正弦波振荡器

RC 正弦波振荡器适用于低频振荡，一般用于产生 1Hz ~ 1MHz 的低频信号。

（1）电路分析　图 3-40 所示是 RC 桥式振荡器。点画线框内是两级共发射极放大电路，点画线框左边的 RC 串并联网络作为选频电路，同时还作为正反馈电路，R_f 引入的负反馈电路作为稳幅电路，并能减小失真。电路中，RC 串联电路、RC 并联电路、R_f 和 R_{E1} 接成电桥电路，因而称为 RC 桥式振荡器或文氏桥式振荡器。

如图 3-40 所示，把输出电压 u_o 加到 RC 串并联网络，并从中取出 u_i 加到放大电路的输入端。其中只有 $f = f_0$ 的信号通过 RC 串并联网络时没有产生相移，并且幅度最大（可以证明：当 RC 串并联网络中的 $R = X_C$ 时，相移 $\varphi = 0°$，$U_i = U_o/3$，即正反馈系数 $F = 1/3$）；而其他频率的信号都将产生相移、幅度变小。因而可以设想：在放大电路输入端的 u_i（$f = f_0$ 的信号）经两级共发射极放大电路放大后，得到的 u_o，再经过 RC 串并联网络回到输入

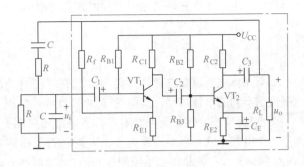

图 3-40　RC 桥式振荡器

端，其相位和 u_i 相同，加强了 u_i，因而形成正反馈。稳幅时，电路的正负反馈平衡。

（2）振荡频率　由 $R = X_C$ 可以证明，振荡的频率为

$$f_0 = \frac{1}{2\pi RC} \tag{3-26}$$

（3）电路特点　R 和 C 换成可变电阻和可变电容，输出信号频率就可以在一个相当宽的范围内进行调节。实验室用的低频信号发生器多采用 RC 桥式振荡器。

3.4.4　石英晶体振荡器

石英晶体振荡器广泛应用于石英钟、彩色电视机、计算机等电子设备中。

1. 石英晶体谐振器

天然石英属二氧化硅（SiO_2）晶体，将它按一定方位角切成薄片，称为石英晶片。在石英晶片的两个相对表面喷涂金属层作为极板，焊上引线作为电极，再用金属壳或胶壳封装就制成了石英晶体谐振器，简称石英晶体（又称晶振），结构和外形如图 3-41 所示。

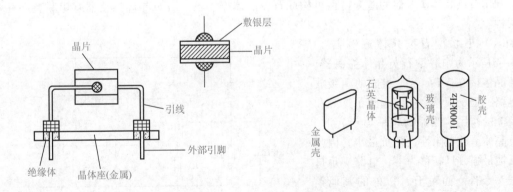

图 3-41　石英晶体的结构和外形

图 3-42a 所示为石英晶体的符号。图 3-42b 所示为石英晶体的等效电路，其中 C_0 为极板间的静态电容，$L\text{-}C\text{-}R$ 支路是石英晶体谐振器的等效电路。由石英晶体的等效电路可以看出，它具有两个谐振频率：一个是串联谐振频率 f_s，另一个是并联谐振频率 f_p。

当 $L\text{-}C\text{-}R$ 支路产生串联谐振时，等效电路的阻抗最小（等于 R），串联谐振频率为

$$f_s = \frac{1}{2\pi\sqrt{LC}}$$

当整个电路产生并联谐振时，并联谐振频率为

$$f_p = \cfrac{1}{2\pi \sqrt{L\cfrac{CC_0}{C+C_0}}}$$

石英晶体之所以有选频特性是因其具有"压电谐振"现象，即外加信号频率不同时，它可以呈现出不同的电抗特性，其电抗-频率特性曲线如图 3-42c 所示。

由电抗-频率特性曲线可以看出，当谐振频率在 f_s、f_p 之间时，石英晶体谐振器呈感性，相当于一个电感元件；当谐振频率等于 f_s 时，石英晶体呈纯电阻性，相当于一个阻值很小的电阻（在 f_p 频率上，石英晶体也呈电阻性）；在其他频率下，石英晶体呈容性，相当于一个电容元件。由于 f_s 和 f_p 非常接近，石英晶体谐振器呈感性的频率区间非常狭窄。因此，石英晶体谐振器的频率稳定性非常好。

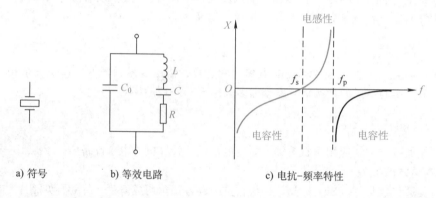

a) 符号　　　b) 等效电路　　　c) 电抗-频率特性

图 3-42　石英晶体的符号、等效电路及电抗-频率特性

2. 石英晶体振荡器的分类

利用石英晶体谐振器的谐振特性可构成石英晶体振荡器。石英晶体振荡器有串联型和并联型两种。

（1）串联型石英晶体振荡器
图 3-43 所示为串联型石英晶体振荡器。石英晶体接在 VT_1、VT_2 组成的两级放大电路的正反馈网络中，起到了选频和正反馈的作用。当振荡频率等于 f_s 时，石英晶体呈纯电阻性，阻抗最小，因此正反馈最强，且相移为零，电路满足自激振荡条件。而对于 f_s 以外的其他频率，石英晶体呈现的阻抗增大，不为纯电阻性，且相移也不为零，不满足振荡条件，不能产生振荡。因此，该电路只

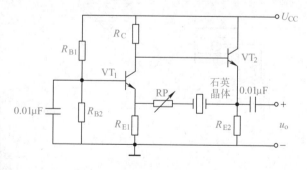

图 3-43　串联型石英晶体振荡器

在频率 f_s 上产生振荡。调节电阻 RP 可获得良好的正弦波输出。

（2）并联型石英晶体振荡器　图 3-44a 所示为并联型石英晶体振荡器，图 3-44b 所示为交流等效电路。选频电路由 C_1、C_2 和石英晶体构成。电路的振荡频率在 f_s 与 f_p 之间，石英晶体起电感作用，显然这相当于一个电容三点式 LC 正弦波振荡器。谐振电压经 C_1、C_2 分压后，C_2 上的电压正反馈回到晶体管的基极，只要反馈强度足够，电路就能起振并达到平衡。振荡频率基本上

由石英晶体的固有频率决定，受 C_1、C_2 及晶体管极间电容影响很小，振荡频率近似为 f_s，因此振荡频率稳定度很高。

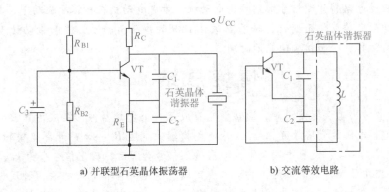

a) 并联型石英晶体振荡器　　　b) 交流等效电路

图 3-44　并联型石英晶体振荡器

石英晶体的最大优点是频率稳定度极高，适用于制作标准频率信号源（如石英钟、脉冲计数器等）；缺点是结构脆弱、怕振动、负载能力差等。因此多用在对频率稳定性要求高的场合。

情境链接

◢◣▲石英电子钟表中的石英晶体振荡器▲◢◣

石英电子钟表中，是以石英振荡器为时间基准，以集成电路为核心，通过指针（或数字）来显示时间的。石英电子钟表机芯由机械传动和电子电路两大部分构成，如图 3-45 所示。

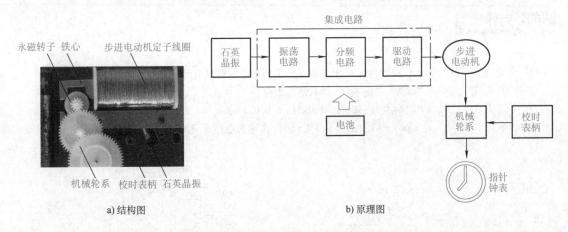

a) 结构图　　　　　　　　　　　　　b) 原理图

图 3-45　石英电子钟表结构及原理图

1）石英晶振：其功能是使电路产生稳定频率的振荡信号，是保证走时精度的关键元器件。一般来说，晶振的频率越高，经分频后的秒脉冲精度越高，走时也就越准。

2）集成电路：与外围元器件共同产生准确的基准频率，输出稳定的驱动信号和闹时信号。集成电路一般为 CMOS 器件，其内部含振荡电路、分频电路、窄脉冲形成电路、驱动电路等。

3）微调电容：石英钟走时偏快时，可增大微调电容容量；相反，则减小微调电容容量。

4）步进电动机：其功能是将电能转换为机械能，电动机定子线圈的铁心均为高磁导率的坡莫合金材料。

工作原理：接通电源后，集成电路与其外围的石英晶振、调整电容等产生标准的4194304Hz或32768Hz振荡信号，经集成电路内部的分频电路、窄脉冲形成电路处理成1Hz的精准秒脉冲信号后，再通过驱动电路将脉冲信号加到步进电动机，步进电动机在秒脉冲驱动下，其定子线圈产生的磁场随脉冲的交替变化而变化，转子以每秒180°的步距角转动，进而带动传动齿轮使整个机械轮系及指针运作，从而精确地显示时间。

情 境 总 结

1）集成运算放大器实际使用时，通常把它看成是一个理想器件，集成运算放大器的理想化条件是：开环差模电压放大倍数 $A_{ud} \to \infty$；开环差模输入电阻 $R_{id} \to \infty$；开环差模输出电阻 $R_{od} \to 0$；共模抑制比 $K_{CMR} \to \infty$；没有失调现象，即当输入信号为零时，输出信号也为零。

2）放大电路中的负反馈有电压串联、电流串联、电压并联和电流并联四种反馈类型。直流负反馈能稳定静态工作点；交流负反馈能提高放大倍数的稳定性，改善非线性失真，展宽通频带，改变放大电路的输入电阻和输出电阻。

3）集成运算放大器有线性和非线性应用两大类。集成运算放大器在线性应用时可利用"虚短"和"虚断"进行分析。集成运算放大器主要线性应用是在信号运算方面的应用，即比例运算、加减法运算和微积分运算。集成运算放大器在非线性应用时，"虚短"不再成立，而"虚断"的概念仍然可以利用，输出电压只有两种状态，U_{om} 和 $-U_{om}$。集成运算放大器主要的非线性应用有单门限电压比较器、双门限电压比较器等。

4）使用集成运算放大器应考虑散热、消振、电路的调零及设置电源极性错接保护、输入保护、输出保护电路等问题。

5）正弦波振荡器由放大电路、正反馈电路、选频电路和稳幅电路四部分组成。按照选频电路的不同，正弦波振荡器可分为 RC 振荡器、LC 振荡器和石英晶体振荡器。

习题与思考题

3-1　集成运算放大器工作在线性区有什么特点？工作在非线性区有什么特点？

3-2　什么叫"虚短""虚地""虚断"？什么情况下存在"虚地"？

3-3　在图3-46所示的电路中，已知 $R_2 = 100k\Omega$，$u_i = 0.1V$，$u_o = 2.1V$，试求 R_1 的阻值。

3-4　在图3-47中，已知 $u_{i1} = 4V$，$u_{i2} = -3V$，试计算输出电压 u_o 和平衡电阻 R_4。

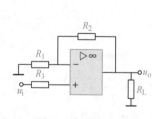

图3-46　题3-3图

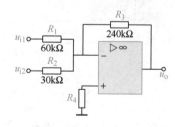

图3-47　题3-4图

3-5　电路如图3-48所示。（1）已知 $R_f = 200k\Omega$，$R_1 = 50k\Omega$，$R_2 = 40k\Omega$，$u_i = 2V$，试求输出电压 u_o；（2）若 $R_f = 4R_1$，$u_i = -2V$，求输出电压 u_o。

3-6　电路如图3-49所示，试求输出电压 u_o 的表达式。

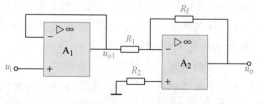

图3-48　题3-5图

3-7　按下列关系式画出运算电路，并计算各电阻的阻值（括号中已经给出反馈电阻 R_f 的值）。

（1）$u_o = -u_i$（$R_f = 50\text{k}\Omega$）。

（2）$u_o = u_i$（$R_f = 50\text{k}\Omega$）。

（3）$u_o = 30u_i$（$R_f = 20\text{k}\Omega$）。

（4）$u_o = -20(u_{i1} + u_{i2} + u_{i3})$（$R_f = 100\text{k}\Omega$）。

3-8　积分电路如图 3-50 所示，已知 $R_1 = 20\text{k}\Omega$，$C = 5\mu\text{F}$，$u_i = 1\text{V}$，试求 u_o 从 0V 变化到 -10V 时所需要的时间。

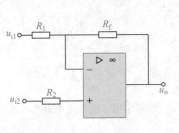

图 3-49　题 3-6 图

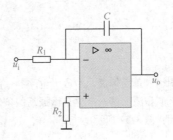

图 3-50　题 3-8 图

3-9　试画出图 3-51 所示电路的输出波形，已知 $R = 10\text{k}\Omega$，$C = 30\mu\text{F}$。

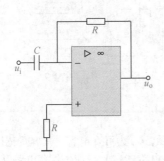

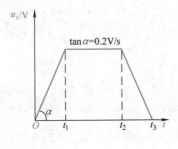

图 3-51　题 3-9 图

3-10　图 3-52 所示为单门限电压比较器及其输入电压波形，试画出对应于输入电压 u_i 的输出电压 u_o 的波形。

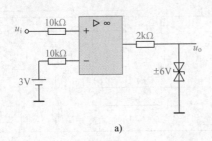

a)

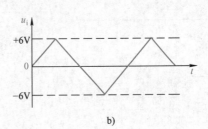

b)

图 3-52　题 3-10 图

3-11　使用集成运算放大器时一般采取哪几种保护？简述理由。

3-12　什么是反馈？常见的负反馈有哪几类？

3-13　有一负反馈放大电路，开环放大倍数 $A = 100$，反馈系数 $F = 1/10$，试求其反馈深度和闭环放大倍数。

3-14　试判断图 3-53 所示电路存在何种负反馈。

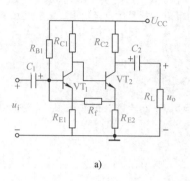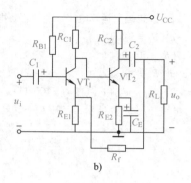

图 3-53　题 3-14 图

3-15　说明引入负反馈后，对放大电路的性能有哪些影响。

3-16　什么叫自激振荡？产生自激振荡的条件是什么？

3-17　试问：图 3-54 所示的电路，A、B、C、D 四点应如何连接才能产生振荡？

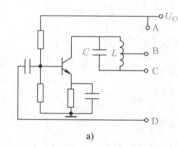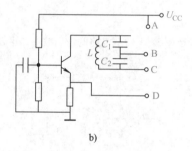

图 3-54　题 3-17 图

3-18　某超外差收音机的本机振荡电路如图 3-55 所示，C_0 为可变电容，其容量范围为 12 ~ 360pF，$C_2 = 15\text{pF}$，$L = 170\mu\text{H}$。试：（1）说明本电路属于哪种振荡电路；（2）说明本振荡电路由几部分组成及各部分的作用；（3）计算在可变电容 C_0 的变化范围内，本机振荡频率的可调范围。

3-19　文氏振荡电路如图 3-56 所示，如 C 取值为 $0.01\mu\text{F}$、$0.1\mu\text{F}$、$1\mu\text{F}$，R 的取值为 $160\Omega \sim 16\text{k}\Omega$，试求振荡频率 f_0 的范围。

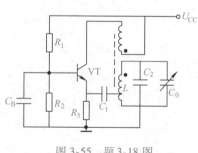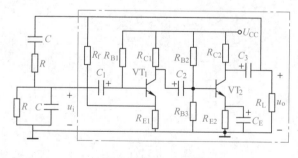

图 3-55　题 3-18 图　　　　　　　　　图 3-56　题 3-19 图

3-20　石英晶体振荡器利用石英晶体的什么特性来选频？由石英晶体谐振器的电抗-频率特性分析，在 $f_s < f < f_p$、$f = f_s$ 及其他频率区域，石英晶体呈现什么性质？石英晶体振荡器的基本电路有哪几种？

学习情境4
直流稳压电源

 知识目标

掌握：

1）单相半波整流电路、单相桥式整流电路的组成和工作原理。

2）电容滤波电路的原理。

3）稳压电路的组成与工作原理。

4）三端集成稳压电路的应用。

理解：

直流稳压电源的组成。

了解：

选用二极管的原则。

技能目标

会对整流电路、滤波电路和稳压电路进行组装和测试。

情境链接

▶▶ 直流稳压电源结构及波形变换 ◀◀

直流稳压电源一般由电源变压器、整流电路、滤波电路和稳压电路四部分组成，结构框图及波形变换图如图4-1所示。

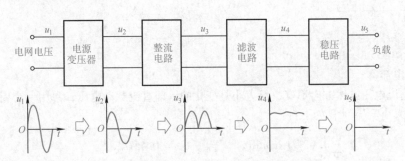

直流稳压电源结构及波形变换

图4-1　直流稳压电源的结构框图及波形变换图

1）电源变压器：将交流电源（220V或380V）变换为整流所需的交流电压。

2）整流电路：利用具有单向导电的器件（如二极管、晶闸管等），将交流电压变成单向的脉动直流电压。

3）滤波电路：滤去单向脉动直流电压中的交流成分，保留直流成分，减小脉动程度。

4）稳压电路：一种自动调节电路，在交流电压波动或负载变化时，通过调节使直流输出电压保持稳定。

4.1 整流电路

利用二极管的单向导电性，将大小和方向都随时间变化的工频交流电变换成单方向的脉动直流电的过程称为整流。整流电路通常有三相整流电路和单相整流电路，当功率比较小（不大于1kW）的时候，一般选择单相整流电路。

4.1.1 单相半波整流电路

图4-2是单相半波整流电路，由电源变压器 T、整流二极管 VD 及负载电阻 R_L 组成。

1. 工作原理

设变压器二次绕组的电压为 $u_2 = \sqrt{2}U_2\sin\omega t$，波形如图4-3a 所示。

1）正半周：u_2 瞬时极性为 a 正 b 负，VD 正偏导通，二极管和负载上有电流流过。若二极管正向压降 u_D 忽略不计，则负载电压 $u_o = u_2$。波形如图4-3b 所示。

2）负半周：u_2 瞬时极性为 a 负 b 正，VD 反偏截止，$u_D = u_2$，波形如图4-3c 所示。负载上没有电流和电压。因此 R_L 上得到半波整流电压和电流。

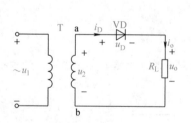

图4-2 单相半波整流电路

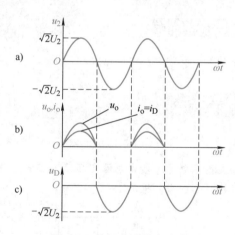

图4-3 单相半波整流波形

2. 负载电压及电流

负载上得到的整流电压虽然方向不变，但大小是变化的，即直流脉动电压，常用一个周期的平均值 U_o 表示它的大小。U_o 计算如下：

$$U_o = \frac{1}{2\pi}\int_0^\pi \sqrt{2}U_2\sin\omega t \, \mathrm{d}(\omega t) = \frac{\sqrt{2}}{\pi}U_2 = 0.45U_2$$

电阻性负载的平均电流为 I_o，即

$$I_o = \frac{U_o}{R_L} = 0.45\frac{U_2}{R_L}$$

3. 选用二极管的原则

在交流电压的负半周，二极管截止，u_2 电压全部加在二极管上，二极管所承受的最高反向电压 U_{DM} 为 u_2 的峰值，即 $U_{DM} = \sqrt{2}\,U_2$。二极管导通时的电流为负载电流，所以二极管平均电流 $I_D = I_o$。

为了安全地使用二极管，选用二极管必须满足以下原则，即

$$I_{FM} \geqslant I_D$$
$$U_{RM} \geqslant U_{DM}$$

式中，I_{FM} 为最大整流电流；U_{RM} 为最高反向工作电压。

4.1.2 单相桥式整流电路

单相半波整流的缺点是只利用了电源的半个周期，同时整流电压的脉动较大。为了克服这些缺点，常采用全波整流电路，其中最常用的是单相桥式整流电路。它是用四只整流二极管接成电桥的形式构成，故称为桥式整流电路，如图 4-4 所示。

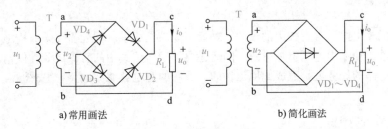

a) 常用画法 b) 简化画法

图 4-4 单相桥式整流电路

为简单起见，在以下分析整流电路时，二极管均认为是理想二极管，即正向导通电压和正向电阻为零，反向电阻为无穷大，且忽略变压器的内阻。

1. 工作原理

在输入电压的正半周，其极性为上正下负，即 a 点的电位高于 b 点的电位，二极管 VD_1 和 VD_3 导通，VD_2 和 VD_4 截止，电流流向为 a→VD_1→c→R_L→d→VD_3→b。在负载电阻 R_L 上得到一个半波电压。波形如图 4-5b 中的 0～π 段所示，实际极性 c 正 d 负。

在输入电压的负半周，其极性为上负下正，即 a 点的电位低于 b 点的电位，二极管 VD_2 和 VD_4 导通，VD_1 和 VD_3 截止，电流流向为 b→VD_2→c→R_L→d→VD_4→a，负载电阻 R_L 上得到另一半波电压，波形如图 4-5b 中 π～2π 段所示，实际极性仍然是 c 正 d 负。

2. 负载电压和电流

全波整流电路的整流电压的平均值 U_o 比半波整流增加了一倍，即

$$U_o = 2 \times 0.45 U_2 = 0.9 U_2$$

流过负载电阻的平均电流为

$$I_o = 0.9 \frac{U_2}{R_L}$$

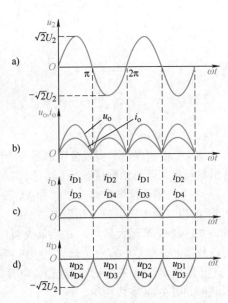

图 4-5 单相桥式整流波形

学习情境 4

3. 选用二极管的原则

由于单相桥式整流电路中，二极管 VD_1、VD_3 和 VD_2、VD_4 轮流导通半个周期，所以流过二极管的电流平均值为

$$I_D = \frac{1}{2}I_o = 0.45\frac{U_2}{R_L}$$

由图 4-4 可见，在 u_2 正半周时，二极管 VD_1、VD_3 导通，VD_2、VD_4 截止而承受反向电压，反向电压的最大值为 u_2 的峰值，即

$$U_{RM} = \sqrt{2}\,U_2$$

在 u_2 负半周时，二极管 VD_1、VD_3 承受同样大小的反向电压。波形如图 4-5d 所示。

在桥式整流电路中，二极管的选择原则仍然是：$I_{FM} \geqslant I_D$，$U_{RM} \geqslant U_{DM}$。

单相桥式整流电路需用四只二极管，给安装带来不便。市场上早已有出售的硅整流桥，其内部包含了桥式整流电路，可选择使用。

4.2 滤波电路

整流电路的输出电压含有较大的纹波，这远不能满足要求，因此需要采取措施，尽量降低输出电压中的纹波，使输出电压更加平滑。同时还要尽量保留其中的直流成分，使输出电压的值尽可能大。滤波电路的任务就是完成此项工作的。常用的有电容滤波电路、电感滤波电路和复式滤波电路等。

4.2.1 电容滤波电路

图 4-6 和图 4-7 中与负载并联的电容就是一个最简单的滤波电路。电容滤波电路是根据电容电压在电路状态改变时不能跃变的原理设计的。

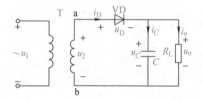

图 4-6　单相半波整流电容滤波电路

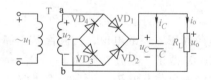

图 4-7　单相桥式整流电容滤波电路

1. 工作原理

图 4-8 中的虚线和实线分别表示整流电路不接滤波电容和接滤波电容的波形。显然，接上电容后的输出电压脉动程度减小了。下面以半波整流电容滤波为例说明滤波原理。

当 u_2 由零逐渐增大时，二极管 VD 导通，一方面供电给负载，同时对电容 C 充电，电容电压 u_C 的极性为上正下负，如果忽略二极管的电压降，则在 VD 导通时，$u_C(u_C = u_o)$ 与 u_2 同步上升，并达到 u_2 的最大值。u_2 达到最大值以后开始下降，当 $u_2 < u_C$ 时，VD 反向截止，电源不再向负载供电，而是电容对负载放电。电容放电使 u_C 以一定的时间常数按指数规律下降，直到下一个正半波 $u_2 > u_C$ 时，VD 又导通，电容再次被充电……充电放电的过程周而复始，使得输出电压波形如图 4-8a 实线所示。

桥式整流电容滤波的原理与此相同，只不过在一个周期内电容充电、放电两次。由于电容负载放电的时间缩短了，因此输出电压波形比半波整流电容滤波更加平滑，波形如图 4-8b 所示。

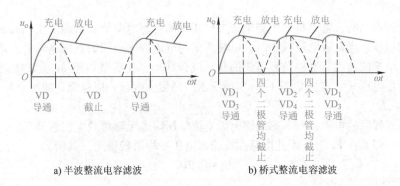

a) 半波整流电容滤波   b) 桥式整流电容滤波

图 4-8 电容滤波输出波形

2. 电容滤波特点

1）输出电压的直流平均值提高了。因为即使二极管截止，由于电容电压不能跃变，输出电压也不为零，并且 u_o 波形包围的面积明显增大，说明直流平均值 U_o 提高了。

2）只适用于负载电流较小且负载不常变化的场合。电容放电时间常数 τ（$\tau = R_L C$）越大，放电过程越慢，则输出电压越大，滤波效果也越好。为此，应选择大容量的电容和大阻值的 R_L，当然负载电流就较小。另外负载变化会引起 τ 的变化，当然就会影响放电的快慢，从而影响输出电压平均值的稳定性。这说明电容滤波带负载能力较差，因此电容滤波适用于负载电流较小且负载不常变化的场合。

3）电容滤波电路的输出电压随输出电流而变化，经验上通常取

$$U_o = U_2（半波）$$
$$U_o = 1.2 U_2（全波）$$

如果电容和电阻都比较大，$U_o \approx \sqrt{2} U_2$。确定电容值的经验公式为

$$R_L C \geqslant (3 \sim 5) T/2（全波）$$

式中，T 是电源交流电压的周期。

4）τ 越大，二极管的导通角越小，因此整流二极管在短暂的时间内流过较大的冲击电流，常称为浪涌电流，对整流二极管的寿命不利，所以必须选择容量较大的整流二极管。另外从半波整流电容滤波电路图 4-6 的极值点处有 $u_D = u_2 - u_C$，因此二极管承受的最高反向电压值 $U_{DM} \approx 2\sqrt{2} U_2$。桥式整流电容滤波电路承受的最高反向电压 $U_{DM} = \sqrt{2} U_2$，选择二极管时要注意。

4.2.2 电感滤波电路

在桥式整流电路和负载电阻 R_L 之间串入一电感器 L，便组成桥式整流电感滤波电路，如图 4-9a 所示。电感滤波是利用电感电流不能跃变的原理实现滤波的。

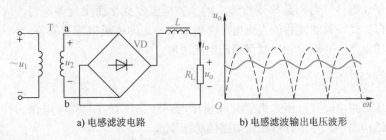

a) 电感滤波电路   b) 电感滤波输出电压波形

图 4-9 电感滤波电路及其波形

1. 工作原理

当负载电流增加时，电感将产生与电流方向相反的自感电动势，力图阻止电流的增加，延缓了电流增加的速度。当负载电流减小时，电感产生与电流方向相同的自感电动势，力图阻止电流减小，延缓了电流的速度。这样负载电流的脉动成分减小，在负载电阻 R_L 上就能获得一个比较平滑的直流输出电压 u_o，波形如图4-9b实线所示。显然，电感 L 值越大，滤波效果越好。

2. 输出电压

若忽略电感线圈的电阻，则电感线圈上无直流电压降，无论负载电阻怎样变动，整流输出的直流分量几乎全部落在 R_L 上，因此电感滤波输出电压平均值较稳定，其值为

$$U_o \approx 0.9U_2$$

3. 电感滤波器的特点

电感滤波适用于电流较大且负载经常变化的场合，但由于电感体积大、成本高，因此，滤波电感常取几毫亨到几十毫亨，并且在小功率的电子设备中很少采用电感滤波。

4.2.3 复式滤波电路

电容滤波和电感滤波各有千秋，且优缺点互补。在一些直流用电设备中，既要求电源电压脉动小，又要求电源能适应负载变化，为此，常采用由电容和电感以及电阻组成的复式滤波电路，如图4-10所示。复式滤波进一步提高了滤波效果，同时又不降低带负载能力，这里不再赘述。

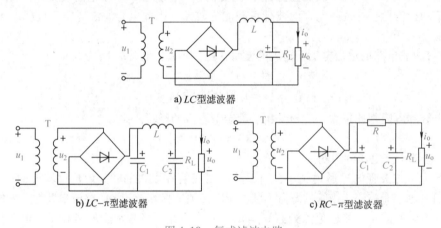

a) LC型滤波器

b) LC-π型滤波器 c) RC-π型滤波器

图4-10 复式滤波电路

4.3 稳压电路

经整流滤波后输出的直流电压，虽然平滑程度较好，但由于输入电压不稳定、整流滤波电路存在内阻、电子元器件（特别是导体器件）的参数随温度变化而变化等原因造成输出电压稳定性比较差。所以，经整流滤波后的直流电压必须采取一定的稳压措施才能符合电子设备的需要。常用的直流稳压电路有并联型和串联型稳压电路两种。

4.3.1 并联型稳压电路

并联型稳压电路主要有稳压二极管并联稳压电路和晶体管并联稳压电路。其中稳压二极管并联稳压电路结构简单，便于分析稳压电路的稳压原理。

图4-11是稳压二极管并联型稳压电路。经过桥式整流电路和电容滤波得到直流电压 U_i，再

经过稳压电路（由限流电阻 R 和稳压二极管 VS 组成）接到负载电阻 R_L 上，这样，负载上就能得到比较稳定的电压。

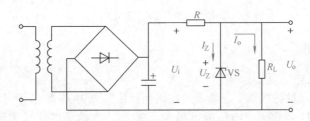

图 4-11　稳压二极管并联型稳压电路

1. 稳压原理

假设输入电压为 U_i，当某种原因导致 U_i 升高时，U_Z 相应升高，由稳压二极管的特性可知，U_Z 上升很小即会造成 I_Z 急剧增大，这样流过 R 上的 I_R 电流也增大，R 两端的电压 U_R 会上升，R 就分担了极大一部分 U_i 升高的值，U_Z 就可以保持稳定，达到负载上电压 U_o 保持稳定的目的。这个过程可用下面的变化关系图表示：

$$U_i \uparrow \rightarrow U_Z \uparrow \rightarrow I_Z \uparrow \rightarrow I_R \uparrow \rightarrow U_R \uparrow \rightarrow U_Z \downarrow$$

相反，如果 U_i 下降时，可用下面的变化关系图表示：

$$U_i \downarrow \rightarrow U_Z \downarrow \rightarrow I_Z \downarrow \rightarrow I_R \downarrow \rightarrow U_R \downarrow \rightarrow U_Z \uparrow$$

通过前面的分析可以看出，稳压二极管稳压电路中，VS 负责控制电路的总电流，R 负责控制电路的输出电压，整个稳压过程由 VS 和 R 共同作用完成。

2. 稳压二极管的选择

一般取

$$U_Z = U_o$$
$$I_Z = (1.5 \sim 3)I_{om}$$
$$U_i = (2 \sim 3)U_o$$

4.3.2　串联型稳压电路

并联稳压电源具有效率低、输出电压调节范围小和稳定度不高这三个缺点。而串联稳压电源正好可以避免这些缺点，所以现在广泛使用的一般都是串联稳压电源。图 4-12 是串联型稳压电路。电路的组成及各部分的作用介绍如下：

1）R_3 和 VS 构成基准电压电路，基准电压为 U_Z。

2）R_1 和 R_2 构成取样电路，当输出电压变化时，取样电路将 U_o 变化量按比例送到放大器，由图可知

$$U_- = U_f = \frac{R_1'' + R_2}{R_1 + R_2}U_o \qquad (4\text{-}1)$$

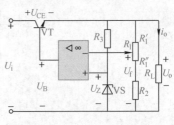

图 4-12　串联型稳压电路

3）由运算放大器构成比较放大器，将 U_f 与 U_Z 比较大小，得

$$U_B = A_{uf}(U_Z - U_f)$$

4）晶体管 VT 为调整管，放大器的输出为基极的控制电压，通过基极电压来控制 U_{CE}，从而达到调整输出电压 U_o 的目的。

稳压过程：　　　　$U_o \uparrow \rightarrow U_f \uparrow \rightarrow U_B \downarrow \rightarrow I_C \downarrow \rightarrow U_{CE} \uparrow \rightarrow U_o \downarrow$

如果输出电压降低，其稳压过程相反。上述过程实质是一负反馈过程。反馈电压 U_f 与 U_o 成

正比，U_f 使运算放大器的净输入减小，因此是串联电压负反馈，故称为串联型稳压电路。

改变电位器就可调节输出电压。由 $U_- = U_+$、$U_+ = U_Z$ 和式（4-1）可得

$$U_o = \left(1 + \frac{R_1'}{R_1'' + R_2}\right)U_Z$$

4.3.3 集成稳压器

1. 三端固定式线性稳压器及应用

（1）三端固定式线性稳压器　三端固定式线性稳压器分为 78 和 79 两个系列，其中 78 系列输出电压为正极性，79 系列输出电压为负极性。在 78、79 前面的字母表示不同生产公司的代号。我国采用 CW，其他有 MC（摩托罗拉公司）、TA（东芝公司）、UC（UNITROD 公司）等。型号最后两位数字表示输出电压值。一般有 5V、6V、9V、12V、15V、18V、24V 七个电压档次。型号 78、79 后的字母表示最大输出电流，字母与最大输出电流对应关系见表 4-1。

表 4-1　三端固定式线性稳压器字母与最大输出电流对应表

字母	L	N	M	无字母	T	H	P
最大输出电流/A	0.1	0.3	0.5	1.5	3	5	10

例如，LM78L05 的输出电压为 5V，最大输出电流为 0.1A；CW7915 的输出电压为 – 15V，最大输出电流为 1.5A。

三端固定式稳压器系列产品的常见封装形式有塑料封装和金属封装，其封装、引脚排列和符号如图 4-13 所示。

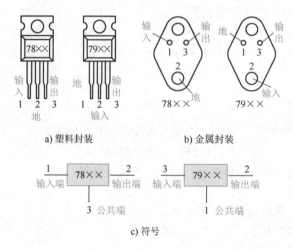

图 4-13　三端固定式稳压器的封装、引脚排列和符号

（2）三端固定式线性稳压器的应用

1）典型应用电路。图 4-14a 是 78×× 作为输出固定正电压的典型电路图。图 4-14b 是 79×× 作为输出固定负电压的典型电路。输出电压取决于集成稳压电路，图中电容用来频率补偿，防止稳压器自激产生高频干扰和滤除输入端引入的低频干扰。二极管起保护作用，当稳压器输入端短路时，给输出滤波电容提供放电回路。

2）正负电压输出稳压电路。采用两只不同型号的三端集成稳压器，可组合成一种正负对称输出电压的稳压电源，电路如图 4-15 所示。

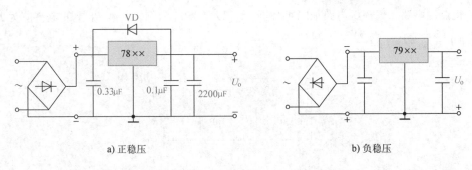

a) 正稳压   b) 负稳压

图 4-14 集成稳压器典型应用电路图

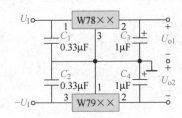

图 4-15 正负电压输出稳压电路

3）扩大输出电压电路。扩大输出电压电路如图 4-16 所示。图 4-16a 中输出电压 $U_o = U_{\times\times} + U_Z$，图 4-16b 中输出电压 $U_o = U_{\times\times} + U_{R2}$。

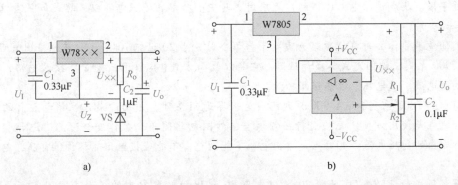

a)   b)

图 4-16 扩大输出电压电路

4）扩大输出电流电路。扩大输出电流电路如图 4-17 所示。$I_{o\times\times}$ 为稳压集成块标称电流值，取 $R_1 = U_{BE1}/I_{o\times\times}$，则

$$I_o = I_{o\times\times} + I_{C1}$$

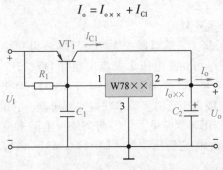

图 4-17 扩大输出电流电路

5）恒流源电路。恒流源电路如图 4-18 所示。以 W7805 为例，负载 R_L 上的电流应为 I 与 I_W 之和，即 $I_o = I_W + I = I_W + \dfrac{5\mathrm{V}}{R_o}$。

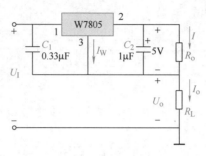

图 4-18　恒流源电路

三端固定式集成稳压器与可调式集成稳压器

集成稳压器又叫集成稳压电路，将不稳定的直流电压转换成稳定的直流电压的集成电路。集成稳压器是用分立元器件组成的稳压电源，具有体积小、可靠性高、输出功率大、适应性广的优点。近年来，集成稳压电源已得到广泛应用，其中小功率的稳压电源以三端式串联型稳压器应用最为普遍。

美国仙童半导体公司（现更名为飞兆半导体公司）于 20 世纪 70 年代初首先推出 μA7800 系列和 μA7900 系列三端固定式集成稳压器。它能以最简方式（类似于三极管）接入电路，并具有较完善的过电流、过电压、过热保护功能。

目前，μA7800 系列和 μA7900 系列已成为世界通用系列，是用途最广、销量最大的集成稳压器。其优点是使用方便，无须进行任何调整，外围电路简单，工作安全可靠，适合制作通用型、标称输出的稳压电源。其缺点是输出电压不能调整，不能直接输出非标称值电压，电压稳定度还不够高。

可调式集成稳压器是 20 世纪 70 年代末至 80 年代初发展起来的，由美国国家半导体公司（NSC）首创的第二代三端集成稳压器。它既保留了三端固定式稳压器结构简单的优点，又克服了电压不可调整的缺点，并且在电压稳定度上比前者提高了一个数量级，适合制作实验室电源及多种供电方式的直流稳压电源。它也可以设计成固定式来代替三端固定式稳压器，进一步改善稳压性能。

2. 三端可调式线性稳压器及应用

（1）三端可调式线性稳压器　三端可调式线性稳压器分为三端可调正电压集成稳压器和三端可调负电压集成稳压器。三端可调正电压集成稳压器有 117、217 和 317 三个系列，三端可调负电压集成稳压器有 137、237 和 337 三种系列。LM117/LM317 是美国国家半导体公司的三端可调正稳压器集成电路，是使用极为广泛的一类串联集成稳压器。它的输出电压范围是 1.2 ~ 37V，负载电流最大为 1.5A。它使用非常简单，仅需两个外接电阻来设置输出电压。此外它的线性调整率和负载调整率也比标准的固定稳压器好。LM117/LM317 内置有过载保护、安全区保护等多种保护电路。

三端可调式线性集成稳压器的封装和引脚排列图如图 4-19 所示，由输入端、输出端和调整端组成。

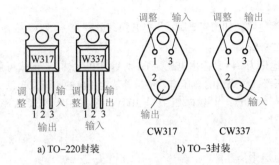

图 4-19　三端可调式线性集成稳压器的封装和引脚排列图

（2）三端可调式线性集成稳压器的应用　图 4-20 是三端可调式线性集成稳压器的典型应用电路，以 LM317T 为例说明，该电路为输出电压 1.25～25V 连续可调，最大输出电流为 1.5A。经过 C_1 滤波后的比较稳定的直流电送到三端稳压集成电路 LM317T 的 V_{in} 端（引脚 3）。LM317T 由 V_{in} 端给它提供工作电压以后，它便可以保持其 V_{out} 端（引脚 2）比其 ADJ 端（引脚 1）的电压高 1.25V。因此，只需要用极小的电流来调整 ADJ 端的电压，便可在 V_{out} 端得到比较大的电流输出，并且电压比 ADJ 端高出恒定的 1.25V。另外，还可以通过调整 R_2 的抽头位置来改变输出电压，当抽头向上滑动时，输出电压将会升高。输出电压可表示为 $U_o = 1.25(1 + R_2/R_1)$，C_2 的作用是对 LM317T 引脚 1 的电压进行滤波，以提高输出电压的质量。

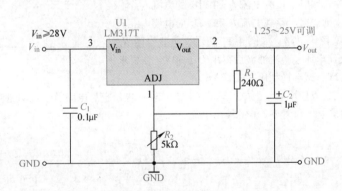

图 4-20　LM317T 型稳压器的典型应用电路图

情 境 总 结

1）在电子系统中，经常需要将交流电网电压转换成稳定的直流电压，为此要进行整流、滤波和稳压等环节来实现。

2）在整流电路中，利用二极管的单向导电性将交流电转换成脉动的直流电。为抑制输出电压的纹波通常在整流电路之后接有滤波电路。滤波电路一般分为电容滤波电路和电感滤波电路。

3）为了保证输出电压不受电网电压、负载、温度等因素的影响，直流稳压电源电路中应接入稳压电路。分立元器件的稳压电路分为并联型和串联型。在小功率供电系统中多采用串联反馈稳压电路。伴随着集成电路技术的发展，各种类型的集成稳压器给稳压电路提供了更为简单的解决方案。

习题与思考题

4-1 有一单相半波整流电路，如图 4-2 所示。已知负载电阻 $R_L = 2k\Omega$，变压器二次电压 $U_2 = 40V$，试求 U_o、I_o 及 U_{RM}，并选择二极管。

4-2 试设计一台输出电压为 24V，输出电流为 1A 的直流电源，电路形式可采用半波整流或全波整流，试确定两种电路形式的变压器二次绕组的电压有效值，并选定相应的整流二极管。

4-3 已知负载电阻 $R_L = 50\Omega$，负载电压 $U_o = 100V$，今采用单相桥式整流电路，交流电源电压为 380V。

（1）如何选用二极管？

（2）求整流变压器的电压比及容量。

4-4 有一单相桥式整流电容滤波电路如图 4-7 所示，已知交流电源频率为 $f = 50Hz$，负载电阻 $R_L = 300\Omega$，要求直流输出 30V，请选择合适的整流二极管和滤波电容器参数。

4-5 设计一单相桥式整流、电容滤波电路，要求输出电压 $U_o = 48V$。已知负载电阻 $R_L = 100\Omega$，交流电源频率为 50Hz，试选择整流二极管和滤波电容器。

4-6 单相桥式整流滤波电路如图 4-21 所示，电容 C 为 250μF，且在工频下变压器二次电压 $u_2 = 20\sqrt{2}\sin\omega t V$，$R_L C = \dfrac{5}{2}T$。求：

（1）负载电流 I_o，每个二极管的平均电流 I_D，二极管承受的反向峰值电压 U_{DRM}；

（2）当 VD_1 发生短路时，负载电流 I_o 和 VD_4 的电流 I_{VD4}。

（3）当 VD_1 发生虚焊时，负载电流 I_o 和 VD_4 的电流 I_{VD4}。

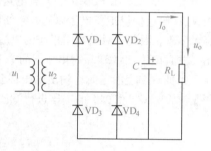

图 4-21 题 4-6 图

4-7 有一并联型稳压电路，如图 4-11 所示，负载电阻 R_L 由开路变为 $3k\Omega$，交流电压经整流滤波后得出 $U_i = 30V$，今要求输出直流电压 $U_o = 12V$，试选择稳压二极管 VS。

4-8 三端固定式集成稳压器与集成运算放大器构成输出电压扩展电路及恒流源电路，如图 4-22 所示，试计算图 4-22a 的输出电压和图 4-22b 的输出电流。

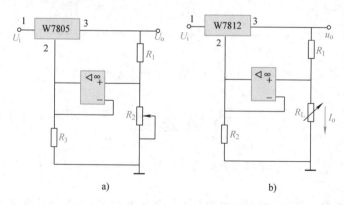

图 4-22 题 4-8 图

学习情境5
电子产品整机装配基础

知识目标

掌握：

1）读图的一般方法。

2）元器件的安装方式。

3）手工焊接的操作要领。

4）对各种元器件焊接的要求。

5）电子产品的调试程序与故障排除方法。

了解：

1）电子线路图的分类。

2）电烙铁的种类。

技能目标

能够完成各种常用电子元器件的安装、焊接、拆焊及电子产品的调试与维护。

情境链接

▶▶▶模拟电子技术与大学生电子设计竞赛◀◀◀

全国大学生电子设计竞赛是1993年由原国家教委倡导的在全国普通高校组织开展的四大学科竞赛之一。从1994年的首届试点到2021年已经成功举办了15届。对全国普通高校电子信息类专业的课程体系与教学内容的改革起到了极大的促进作用，为培养学生的创新设计能力与优秀人才的脱颖而出创造了条件。电子设计竞赛是面向全国大学生的群众性科技活动，是培养学生创新能力、协作精神，提高学生综合素质的有力措施。现在，全国大学生电子设计竞赛已逐渐成为高校检验教学质量与学生综合素质的试金石。

下面对竞赛的内容和形式做简要的介绍：

1. 竞赛内容

1）竞赛题目分为本科生组题目和高职高专学生组题目。竞赛题目包括"理论设计"和"实际制作"两部分，以电子电路（含模拟和数字电路）设计应用为基础，可以涉及模-数混合电路、单片机、嵌入式系统、数字信号处理（DSP）、可编程器件、电子设计自动化（EDA）软件、互联网、大数据、人工智能、射频及光电器件等方面技术应用。竞赛题目应具有实际意义和应用背景，并考虑到目前教学的基本内容和新技术的应用趋势，同时对教学内容和课程体系改革起一定的引导作用。

2）竞赛着重考核学生综合运用基础知识进行理论设计的能力、学生的创新精神和独立工作能力、学生的实验综合技能（制作、调试）。

3）在难易程度方面，既要考虑使一般参赛学生能在规定时间内完成基本要求，又能使优秀学生有发挥与创新的余地。

2. 竞赛形式

竞赛采用全国统一命题、分赛区组织、"半封闭、相对集中"的组织方式进行。参赛学生每三人组成一个参赛队，在三天四晚的竞赛期间学生可以查阅有关文献资料，队内学生集体商讨设计思想，确定设计方案，分工负责、团结协作，以队为基本单位独立完成竞赛任务，在竞赛规定的时间内完成竞赛内容的理论设计、实际制作及设计报告的编写。

由以上介绍可知，要完成竞赛任务，涉及模拟电子、数字电子、单片机程序设计、电路板的计算机辅助设计（Protel）、电子工艺等多门专业基础课和专业课的综合应用，是对所学知识的一次大整合，通过竞赛及竞赛培训，利用竞赛及竞赛培训提供的平台及资源，使参赛学生掌握了对所学知识的整合应用，实现了从理论到实践的飞跃。

5.1 电子线路图读图基本知识

5.1.1 电子线路图的分类

电子线路图是用来描述电子设备、电子装置的电气原理、结构、安装和接线方式的图样。它是电子技术领域的交流手段，是指导电子产品生产、调试和维修的重要技术资料。电子线路图是用元器件符号、代号来表示元器件实物，用线条表示实物之间的连接关系，这种表示方法简单扼要、清楚明了。不同的符号、代号表示不同的元器件实物，在国内、国际是有统一规定的。

电子产品的制造和装配过程中使用的图样有许多种类型，电子线路图一般可分为示意图、框图、电原理图、印制电路板图和装配图等。

1. 示意图

电子线路图最简单的一种是示意图或简图，也叫分布图。它表示元器件如何装置在机壳内。示意图通常是分解图，表示元器件的装配次序和各元器件间的正确位置，为了便于查阅，各种元器件和接头可以用字母或数字标注在图上。示意图常用于装机或维修后的调整和校正。

2. 框图

将组成电子设备的单元电路用正方形或长方形的方框表示，并用线段和箭头把它们连接起来，表示整个设备各组成部分之间的相互关系。带箭头的单线表示电信号的走向，框图也起信号流程图的作用。框图的种类很多，主要有整机电路框图、单元电路框图、集成电路的内电路框图。框图对于最后测试和排除故障的技术人员来说是基本的参考图，测试人员通常使用标有参考值的框图。

3. 电原理图

电原理图也叫电路原理图。它是表示电子设备工作原理的，是用元器件符号、代号表示元器件实物。它表明了整个机器的电路结构、各单元电路具体形式和它们之间的连接方式。大多数情况下，电原理图都附加各元器件的电气参数，如型号、标称值、元器件的符号和代号等信息。

4. 印制电路板图

印制电路板图实际上是一种布线图，是用来制作印制电路板的图样。印制电路板图是根据电原理图设计的，该图只绘制线路和接点（焊点），不绘制元器件的符号和代号，如图5-1所示。

5. 装配图

装配图是为了进行电路装配而采用的一种图样，图上的符号往往是电路元器件的实物的外形图。它可以提供较直观的接线和组装工艺的图样。只要按照图样，把一些电路元器件连接起来就能够完成电路的装配。装配图又称安装图、实物图、布置图等。图 5-2 就是装配图的一种。装配图根据装配模板的不同而不同，大多数制作电子产品的场合，用的都是印制电路板，所以印制电路板图是装配图的主要形式。

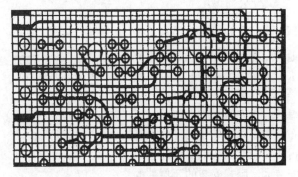

图 5-1　印制电路板图

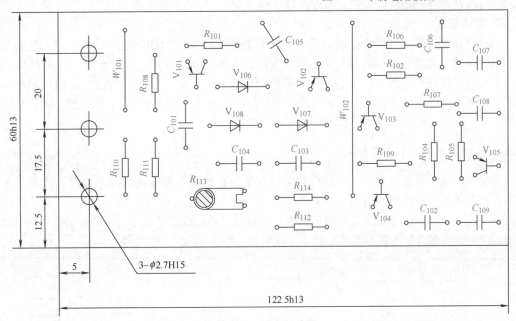

图 5-2　装配图

5.1.2　读图的一般方法

所谓读图是指在认识图形符号和掌握电子技术基础理论知识的前提下，利用读图的一般方法，对图形所描述的功能、特点、工作原理等逐一分析与理解，掌握图中所给出的全部信息。读图的一般方法为：

1）弄清功能，将图形划分成几个功能模块。
2）突出重点，找出核心单元电路和关键点。
3）明确电路的工作状态，逐级分析。
4）按信号流程归纳、总结全电路的工作原理和特性。

5.2　电子元器件在电路板上的安装

5.2.1　元器件的安装方式

一般元器件在印制电路板上的安装固定方式有卧式和立式两种，如图 5-3 所示。

1. 卧式安装

卧式安装是将元器件水平地紧贴印制电路板插装，也称水平安装。卧式安装具有机械稳定性好、板面排列整齐、抗振性好、安装维修方便，利于布设印制导线等优点。缺点是占用印制电路板的面积比立式安装大。卧式安装的元器件的两端应与印制电路板平行，以使元器件获得支撑强度。

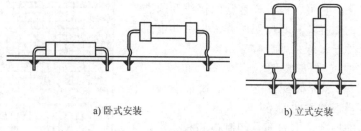

a) 卧式安装   b) 立式安装

图 5-3　元器件的安装方式

2. 立式安装

元器件立式安装占用面积小，适用于要求元器件排列紧凑的印制电路板。立式安装的元器件，其引脚的金属部分与印制电路板之间的高度在 $1.5 \sim 4\text{mm}$ 为合格，低于 1.5mm 或高于 4mm 均为不合格，切记不能将引脚的端部插入焊孔中造成虚焊。立式安装的优点是占用印制电路板面积小，拆卸方便；缺点是易倒伏，易造成元器件间的碰撞出现碰壳短路，抗振能力差，从而降低整机的可靠性。电容器和晶体管的安装多用此法。

5.2.2　元器件的引线成形

无论是采取卧式还是立式，元器件的引脚在安装前，都要根据电路板上焊盘孔之间的距离以及设计者要求元器件离开电路板的高度等尺寸，预先制成一定的形状。工厂生产中元器件多采用模具成形，而业余爱好者或试制过程中，一般用尖嘴钳或镊子成形。元器件引线成形形状有多种，应根据装接方法不同而选用。图 5-4 所示为元器件引线成形示意图。

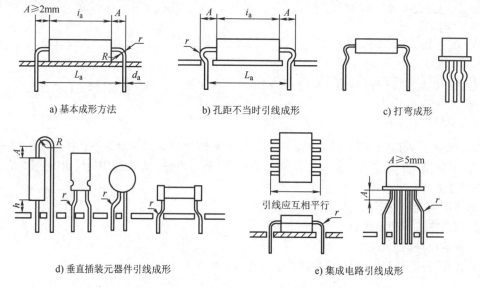

a) 基本成形方法   b) 孔距不当时引线成形   c) 打弯成形

d) 垂直插装元器件引线成形   e) 集成电路引线成形

图 5-4　元器件引线成形示意图

图 5-4a 是引线的基本成形方法，它的应用最广泛，为孔距符合标准时的成形方法。它的成形要求是：引线打弯处距离引线根部要大于或等于 2mm。R 要大于或等于元器件直径。弯曲半径要大于引线直径的 2 倍（即 $r > 2d_a$）。引脚弯曲方向与元器件本身成直角，而且两根引脚要平行且与元器件中心轴线在同一平面内。

　　图5-4b为孔距不符合标准时的成形方法。在距离引脚根部2mm以上位置稍弯曲引脚，之后将引脚以r半径弯出一个弧度后再根据焊盘实际间距弯曲引脚。这种情况在正规产品中不允许出现。

　　图5-4c是一种卷发式和打弯式的成形方法，适用于焊接时受热易损的元器件。

　　图5-4d是垂直插装元器件时的成形方法，$h \geqslant 2mm$，$A \geqslant 2mm$，R大于或等于元器件直径，r大于引线直径（$r > d_a$）。

　　图5-4e为集成电路引线的成形方法，$A \geqslant 5mm$。

　　在以上各种引线成形过程中，应注意使元器件的标称值、文字及标记朝向最易查看的位置，以便于检查和维修。

5.2.3　元器件的插装

　　引脚成形工作完成后要进行元器件的插装工作，元器件插装时，用左手拿住印制电路板，元器件面向上，铜箔面向下，右手拿元器件，将元器件的引脚从上面插入到印制电路板的焊盘孔中。

　　注意：插装元器件弯曲引脚时不能用手直接碰触到元器件的引脚部分和印制电路板的焊盘部分，否则将导致可焊性下降。

　　（1）元器件插装要求

　　1）元器件要按照图样上标注的方向进行安装，图样上未标明时可以以任何方位作为基准，但必须按照一定标准进行插装，所有元器件的安装必须统一。

　　2）插装时一般为先插焊较低元器件，再插焊较高元器件和对焊接要求较高的元器件，一般次序是电阻→电容→二极管→晶体管→其他元器件等。

　　3）当一个元器件与另外一个元器件的引脚间隔在2mm以上，且相邻元器件引脚仍有碰触可能时，应在引脚上加热缩管。

　　4）对于紧贴插装的元器件而言，所有元器件均应紧贴印制电路板，且紧贴距离应小于0.5mm。对于不能紧贴插装的特殊元器件必须实行非紧贴插装，非紧贴插装的元器件与印制电路板之间的距离一般为3～7mm。

　　非紧贴插装的元器件有：

　　① 电路图中标明要进行非紧贴插装的元器件。

　　② 大功率元器件，发热大的元器件（例如大功率电阻）。

　　③电阻、二极管等轴向引脚元器件进行垂直插装时。

　　④ 印制电路板上两焊盘间距大于或者小于元器件引脚间距时，此时如果实行紧贴插装，会损坏元器件（例如陶瓷电容、半固定电阻、可变电容等）。

　　⑤ 受热易坏元器件，实行非贴紧插装，增加引脚长度增大散热长度，使元器件热冲击减小（例如晶体管）。

　　⑥ 由于元器件自身构造不能实行紧贴安装的元器件（例如IC）。

　　（2）元器件引脚打弯处理　元器件插装结束后，为防止翻转电路板时元器件掉落，需要将引脚进行打弯处理，对于印制电路板而言，引脚打弯时原则上沿铜箔方向进行固定。对于轴向引脚元器件，应将两根引脚向相反方向弯曲或成一定角度；对于只有独立焊盘的电路，引脚弯曲时应向没有铜箔的方向弯曲。引脚弯曲方向如图5-5所示。

　　缺点：引脚打弯之后对于维修拆卸工作来说没有直插时拆卸方便。

　　（3）元器件引脚剪断处理　元器件插装到印制电路板上后，需要对过长的引脚进行剪断处理，可以使用斜嘴钳进行引脚剪断，一般从元器件插装孔的中心起留1～2mm长为准。

如果是独立的焊盘，应在引线距离焊盘外边缘1mm处剪断，为了防止斜嘴钳的尖端划伤印制电路板，引脚剪断角度应该是45°。引脚剪断如图5-6所示。剪断长度如图5-7所示。

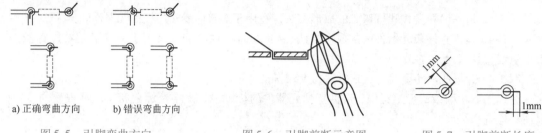

a) 正确弯曲方向　　　b) 错误弯曲方向

图5-5　引脚弯曲方向　　　　　　　图5-6　引脚剪断示意图　　　图5-7　引脚剪断长度

引脚剪断工序也可以在焊接完毕之后进行，此时应贴近焊点处进行剪断。

注意：引脚剪断时不能对焊点进行剪切，否则会影响到焊点的机械强度。剪断后的引脚不能过长，过长在装配时容易搭到其他引脚上发生短路故障。

5.3　焊接工艺

5.3.1　焊接及其特点

焊接的过程就是用熔化的焊料将母材金属与固体表面结合到一起的过程，在这个过程中母材是不熔化的，其中熔点比母材低的金属称为钎料。电子工业中是利用熔点较低的锡合金进行焊接的，因此电子产品中的焊接称为锡钎焊。锡钎焊熔点低，焊接方法简单，容易形成焊点，并且焊点有足够的强度和电气性能，成本低并且操作简单方便，锡钎焊过程可逆，易于拆焊，适用范围广。

5.3.2　钎料、焊剂、焊锡膏及阻焊剂

1. 钎料

钎料是指易熔的金属及其合金。它的作用是将被焊件连接在一起。钎料的熔点要比被焊件的熔点低，且易于与被焊件连为一体。

钎料按其组成成分，可分为锡铅钎料、银钎料和铜钎料。锡铅钎料中，根据熔点不同又分为硬钎料和软钎料。熔点在450℃以上的称为硬钎料；熔点在450℃以下的称为软钎料。钎料的选用直接影响焊接质量。应根据被焊件的不同，选用不同的钎料。

在电子线路的装配中，一般选用锡铅钎料，这种钎料俗称焊锡，它有以下优点：

1）熔点低。它在180℃时便可熔化，使用25W外热式或20W内热式电烙铁便可进行焊接。

2）具有一定的机械强度。锡铅合金比纯锡、纯铅的强度要高。又因电子元器件本身重量较轻，锡铅合金能满足对焊点强度的要求。

3）具有良好的导电性。

4）抗腐蚀性能好。用其焊接后，不必涂抹保护层就能抵抗大气的腐蚀，从而减少了工艺流程，降低了成本。

5）对元器件引线及其他导线附着力强，不易脱落。

正因为焊锡具有上述优点，故在焊接技术中得到极其广泛的应用。

2. 焊剂

金属在空气中加热情况下，表面会生成氧化膜薄层。在焊接时，它会阻碍焊锡的浸润和接点

合金的形成，采用焊剂能改善焊接性能。焊剂能破坏金属氧化物，使氧化物漂浮在焊锡表面上，有利于焊接；又能覆盖在钎料表面，防止钎料或金属继续氧化；还能增强钎料与金属表面的活性，增加浸润能力。

1）对铂、金、银、铜、锡等金属，或带有四层的金属材料，可用松香或松香酒精溶液做焊剂。

2）对铅、黄铜、铍青铜及带有镍层的金属，若用松香焊剂，则焊接较为困难，应选用中性焊剂。

3）对板金属，可用无机系列的焊剂，如氯化锌和氯化铝的混合物。但在电子线路焊接中，禁止使用这类焊剂。

4）焊接半密封器件，必须选用焊后残留物无腐蚀的焊剂。

3. 焊锡膏

焊锡膏是将钎料和助焊剂粉末拌合在一起制成的膏状物，用来助焊，可以隔离空气防止氧化，还可以增加毛细管作用，增加润湿性，防止虚焊，是所有助焊剂中最良好的表面活性添加剂，广泛用于高精密电子元器件中做中高档环保型助焊剂。

4. 阻焊剂

阻焊剂是一种耐高温的涂料。常见的印制电路板上绿色的涂层就是涂上阻焊剂形成的。它可将不需要焊接的部位保护起来，只在需要焊接的焊接点上进行焊接。涂有阻焊剂的印制电路板广泛地应用于浸焊和波峰焊中。阻焊剂可以防止拉尖、桥接、短路、虚焊等现象的发生，提高焊接质量，同时还可以节省钎料。

5.3.3 焊接工具

1. 电烙铁

电烙铁是电子产品手工焊接过程中不可缺少的工具，它是依靠电烙铁头的热传导作用来加热母材和熔化焊料的焊接工具。

电烙铁的典型构造包括：烙铁头、发热丝、手柄、接线柱、电源线、电源插头、紧固螺钉等。电烙铁分为内热式和外热式两种，其结构图及实物图分别如图5-8、图5-9所示。外热式电烙铁是把电烙铁的铜头插入发热元件内加热的，调整头部温度较方便，

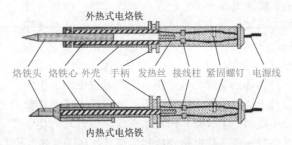

图 5-8 内热式、外热式电烙铁结构图

但热量利用率较低，传热时间较长。内热式电烙铁直接把发热元件（发热丝）插入电烙铁铜头空腔内加热，这样发热元件可直接把热量完全传到烙铁头上，显然传热速度要快些，热量的损失也小些。

a) 外热式电烙铁 b) 内热式电烙铁

图 5-9 内热式、外热式电烙铁实物图

（1）电烙铁的分类 电烙铁按功率分有 20 W、25 W、30 W、35 W、…、100 W、200 W、300 W 等；按发热方式分有电阻式、感应式和正温度系数（PTC）式三种。电阻式电烙铁又可分为内热式电烙铁和外热式电烙铁两种；此外还有吸锡电烙铁、感应式电烙铁、气焊烙铁、储能式电烙

铁、用蓄电池供电的碳弧电烙铁、能自动送料的自动电烙铁、高温电烙铁、低电压电烙铁等。对于电子产品的焊接、维修、调试一般选用20W内热式或恒温式电烙铁，也可以采用感应式、储能式电烙铁和焊接台。

（2）电烙铁使用注意事项

1）新买的电烙铁使用之前首先要测量插头与金属外壳之间的绝缘电阻，如果绝缘电阻在5MΩ以上，电烙铁可用，否则不可用。确保电烙铁没有短路问题方可使用。

2）检查烙铁头是否松动，电源导线线皮有无破损。

3）电烙铁使用之前要清理烙铁头，用抹布或者湿纤维海绵擦拭，然后进行"上锡"，闲置不用时需将烙铁头镀上焊锡，即带锡放置。

4）当电烙铁闲置不用时，应及时关闭电源。

5）使用电烙铁过程中应注意安全问题，不能将电烙铁随手放置，电烙铁暂时不使用时应该将其放置在电烙铁架上，避免引起火灾或者是烫伤。

6）电烙铁使用过程中不能采用用力甩的方法来去除烙铁头上的多余焊锡，避免焊锡球烫伤周围的人，要采用专用纤维海绵擦拭或者用抹布擦拭掉。

7）使用电烙铁时应注意电烙铁的温度问题，温度太低不容易熔化焊锡，导致焊点不好看或者是虚焊假焊等现象发生，温度太高容易使烙铁"烧死"。

8）焊接过程中要注意不能将电源线搭到电烙铁上，以免烫坏电源线绝缘层发生漏电现象，导致发生事故。

2. 恒温电焊台

图5-10所示为安泰信936b电焊台。使用时根据焊接要求合理调整温度，一般调到270℃左右，接通电源开关，电源指示灯点亮，电焊台加热，当加热到选定温度后，指示灯灭，当温度降低继续加热时指示灯继续点亮。温度的设定至关重要，温度太低，焊锡不容易熔化；温度太高，容易弄坏元器件和电路板。使用过程中切勿用力敲打电烙铁，否则可能会振断电烙铁内部电热丝或引线而产生故障。焊接结束后，应该及时切断电烙铁电源，待电烙铁冷却后将其放回工具箱。

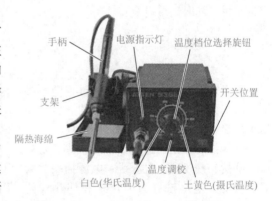

图5-10　安泰信936b电焊台

3. 烙铁架

烙铁架的作用是防止加热过程中，高温电烙铁烫坏工作台面及其他物品，烙铁架实物图如图5-11所示。

图5-11　烙铁架

5.3.4　焊接技术

1. 电烙铁的握法

为了提高焊接质量，根据被焊件的位置、大小及电烙铁的类型、功率大小，应适当选择电烙铁的握法。

电烙铁的握法分为三种：

（1）反握法　反握法是用五指把电烙铁的柄握在掌内，如图5-12a所示。此法适用于大功率的电烙铁及焊接散热量较大的被焊件。

（2）正握法　正握法如图5-12b所示。此法适用于较大功率的电烙铁，弯形烙铁头的一般也用此法。

（3）握笔法 握笔法是用握笔的方法握电烙铁，如图 5-12c 所示。此法适用于小功率电烙铁及焊接散热量小的被焊件，如焊接收音机、电视机的印制电路板及其维修等。

2. 焊锡丝的拿法

常用焊锡丝是铅锡合金按照一定比例配比而成，中间空心加有助焊剂，电子装配焊锡丝直径 1mm 左右。在使用过程中尽量减少用手握焊锡丝的时间，以免汗液氧化焊锡丝。焊锡丝的拿法如图 5-13 所示，不能用焊锡丝做连接导线或熔丝用。手工焊接中，焊锡丝的拿法一般分为两种：一种是间断作业时的拿法，适用于小段焊锡丝的手工焊接，如图 5-13a 所示；一种是连续作业时的拿法，适用于成卷焊锡丝的手工焊接，如图 5-13b 所示。

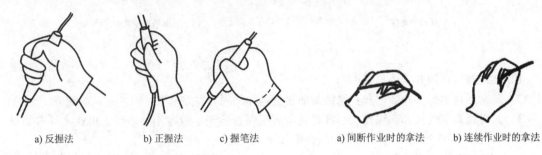

a) 反握法　　b) 正握法　　c) 握笔法　　　　a) 间断作业时的拿法　b) 连续作业时的拿法

图 5-12　电烙铁的握法　　　　　　　　图 5-13　焊锡丝的拿法

3. 加热焊件的方法

用电烙铁焊接元器件时要注意烙铁头和焊件的接触方法，焊接时烙铁头与钎件应形成面接触，不是点接触或者线接触，如图 5-14 所示。

图 5-14　烙铁头和元器件接触方法

4. 焊接步骤

电子产品的手工锡焊接操作可分为两种：一种是五步锡焊接法，适用于对热容量要求大的被焊件；另一种是三步锡焊接法，适用于对热容量要求小的被焊件。

（1）五步操作法步骤 五步操作即准备施焊、加热被焊件、送入焊锡丝、撤离焊锡丝和撤离电烙铁，如图 5-15 所示。

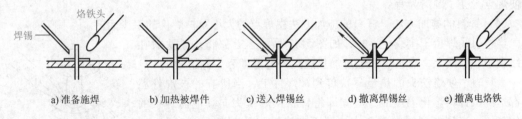

a) 准备施焊　　b) 加热被焊件　　c) 送入焊锡丝　　d) 撤离焊锡丝　　e) 撤离电烙铁

图 5-15　五步操作法

1）准备施焊：要求被焊件表面清洁，无氧化物；要求烙铁头清洁无焊渣，处于带锡状态。一般左手拿焊锡丝，右手拿电烙铁，进入被焊状态。

2）加热被焊件：将烙铁头同时加热两个被焊件（如引线和焊盘），使被焊件同时均匀受热。

3）送入焊锡丝：元器件引脚加热到能熔化钎料的温度后，沿 45°方向及时将焊锡丝从烙铁头的对侧触及焊接处的表面，**注意**：不能把焊锡丝送到烙铁头上。

4）撤离焊锡丝：熔化适量的焊锡丝之后迅速将焊锡丝移开。

5）撤离电烙铁：继续加热使焊锡丝充分浸润焊盘和被焊件，焊锡最光亮，流动性最强时及时移开电烙铁。此时应注意电烙铁撤离的速度和方向。大体上应该沿 45°角的方向离开，完成焊接一个焊点全过程所用的时间为 3 ~ 5s 最佳，时间不能过长。

（2）三步操作法　又称为带锡焊接法，三步操作即准备施焊，同时加热被焊件和焊锡丝，同时撤离电烙铁和焊锡丝，如图 5-16 所示。

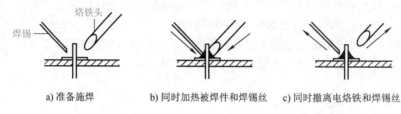

a) 准备施焊　　　b) 同时加热被焊件和焊锡丝　　　c) 同时撤离电烙铁和焊锡丝

图 5-16　三步操作法

1）准备施焊：同五步法步骤 1）。

2）同时加热被焊件及焊锡丝：烙铁头加热被焊件的同时在烙铁头的对侧送入焊锡丝。

3）同时撤离电烙铁和焊锡丝：当钎料完全润湿焊点达到扩散范围要求后，迅速拿开电烙铁和焊锡丝，移开焊锡丝的时间不能迟于电烙铁移开的时间。

5. 手工焊接的操作要领

（1）焊前准备

1）工具：视被焊件的大小，准备好电烙铁以及镊子、剪刀、斜口钳、尖嘴钳、钎料和焊剂等。

2）元器件引线处理：焊前要将被焊元器件引线刮净，最好先挂锡再焊。对被焊件表面的氧化物、锈斑、油污、灰尘及杂质等一定要清理干净。

（2）焊剂的用量要适当　使用焊剂时，必须根据被焊件的面积大小和表面状态适量施用。用量过小，会影响焊接质量；用量过多，焊剂残渣将会腐蚀元器件或使电路板绝缘性能变差。

（3）掌握好焊接的温度和时间　在焊接时，为使固体钎料迅速熔化，产生浸润，要求有足够的热量和温度。温度过低，容易形成虚焊；温度过高，容易导致印制电路板上的焊盘脱落。

锡钎焊的时间视被焊件的形状、大小不同而不同，但总的原则是视被焊件是否完全被钎料浸润（钎料的扩散范围达到要求后）的情况而定。通常情况下，烙铁头与焊接点接触的时间是以使焊点光亮、圆滑为宜。

（4）钎料的施加方法　钎料的施加方法视焊点的大小及被焊件的多少而定。

当将引线焊接于接线柱上时，如图 5-17 所示。首先将烙铁头放在接线端子和引线上，当被焊件经过加热达到一定温度后，先给图中 1 点加少量钎料，使烙铁头的热量尽快传到被焊件上，当所有的被焊件温度都达到了钎料熔化温度时，应立即将钎料从烙铁头向其他需焊接的部位延伸，直到加到图中的 2 点，即距电烙铁加热部位最远的地方，等到钎料浸润整个焊点时便可撤去焊锡丝。

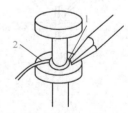

图 5-17　钎料施加方法

若焊点较小，可用烙铁头蘸取适量焊锡，再蘸取松香后，直接放到焊点上，待焊点着锡并浸润后便可将电烙铁撤走。撤离电烙铁时，要从下向上提拉，以使焊点光亮、饱满。这种方法多用于焊接元器件与维修时使用。使用上述方法时，要注意及时将蘸取钎料的电烙铁放在焊点上，如果时间过长，焊剂会分解，钎料会被氧化，使焊点质量低劣。

另外也可将烙铁头与焊锡丝同时放在被焊件上，在钎料浸润焊点后，将电烙铁自下而上提拉移开。

（5）焊接时被焊件要扶稳　在焊接过程中，特别是在焊锡凝固过程中，不能晃动被焊件引线，否则会造成虚焊。

（6）焊点的重焊　当焊点一次焊接不成功或上锡量不足时，便要重新焊接。重新焊接时，需待上次焊锡一起熔化并熔为一体时，才能把电烙铁移开。

（7）焊接接触位置　焊接时烙铁头与引线、印制电路板铜箔焊盘之间要有正确的接触位置。图5-18a、b为不正确的接触，图5-18a中烙铁头与引线接触而与铜箔不接触，图5-18b中烙铁头与铜箔接触而与引线不接触，这两种情况将造成热传导不均衡，影响焊接质量。图5-18c中烙铁头与引线、铜箔同时接触，是正确的焊接加热法。

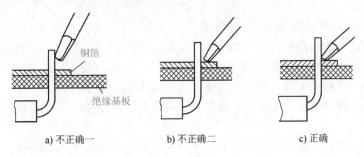

a) 不正确一　　　　　b) 不正确二　　　　　c) 正确

图5-18　烙铁头焊接时的位置

（8）焊接后的处理　焊接结束后，应将焊点周围的焊剂清洗干净，并检查电路有无漏焊、错焊及虚焊等现象，可用镊子将每个元器件拉一拉，看看有无松动现象。电烙铁应该放在电烙铁架上，长时间不使用应该断电放置。

6. 印制电路板的手工焊接工艺

（1）焊前准备　首先要熟悉所焊印制电路板的装配图，并按图样配料，检查元器件的型号、规格及数量是否符合图样要求，还要检查元器件与零部件的质量，进行老化筛选，并做好装配前元器件引线成形等准备工作。

（2）焊接顺序　对于贴片元器件和插件都存在的电路板中，首先焊接贴片小电阻、无极性电容、集成芯片等可以称之为最矮的元器件，而后是插件的电阻、电容、二极管、晶体管、集成电路、大功率管等，按照由矮到高、由小到大的顺序进行焊接。

（3）对元器件焊接的要求

1）电阻器焊接。将电阻器按图准确装入规定的位置，要求标记向上，字向一致。装完同一种规格后再装另一种规格，尽量使电阻器的高低一致。

2）电容器焊接。将电容器按图装入规定的位置，并注意有极性电容器，其"＋"与"－"极不能接错，电容器上的型号标记要易见且方向应尽量一致。先装玻璃釉电容器、有机介质电容器和瓷介电容器，最后装电解电容器。

3）二极管焊接。二极管焊接要注意以下几点：①注意阳极、阴极，不能装错；②型号标记要易见；③焊接立式二极管时，对最短引线焊接时间不能超过2s。

4）晶体管焊接。注意E、B、C三引线位置插接正确；焊接时间尽可能短；焊接时用镊子夹住引线脚，以利于散热。焊接大功率晶体管时，若需加装散热片，则应将接触面平整、打磨光滑后再紧固。若要求加垫绝缘薄膜时，则切勿忘记加薄膜。管脚与电路板上需连接时，要用塑料导线。

5）集成电路焊接。首先按图样要求，检查型号、引脚位置是否符合要求。焊接时先焊边沿的两只引脚，以使其定位，然后再从左到右或自上而下逐点焊接。焊接时，烙铁头一次蘸锡量以能焊2~3只引脚为宜，烙铁头先接触印制电路板上的铜箔，待焊锡进入集成电路引脚底部时，烙铁头再接触引脚，接触时间不宜超过 3s，且要使焊锡均匀地包住引脚。焊后要检查是否有漏焊、碰焊短接、虚焊之处，并清理焊点处的钎料。

以上元器件在焊接完成后，在印制电路板面上的多余引脚均需齐根剪去。

7. 贴片元器件的焊接方法

现在电子设备力求体积小、质量高，那么贴片元器件的使用必不可少。下面对贴片元器件手工焊接做简单介绍。

（1）工具的选择　贴片元器件的焊接需要的基本工具有小镊子、电烙铁、吸锡带，除此之外还需要热风枪、防静电手环、松香、酒精溶液、带台灯的放大镜。

（2）焊接步骤

1）二端、三端贴片元器件的焊接步骤。

① 清洁并固定印制电路板，将印制电路板上的污物和油迹清除干净，并用砂纸打磨焊盘，清除氧化物，涂上松香水，提高电路板的可焊性。

② 将其中的一个焊点上锡，用电烙铁熔化少量焊锡到焊点上即可。

③ 用镊子夹住需要焊接的元器件，将其放在需要焊接的焊点上；注意不能碰到元器件端部可焊位置。

④ 用电烙铁在已经镀锡的焊点上加热，直到焊锡熔化并将贴片元器件的一个端点焊接上为止，而后撤走电烙铁。注意撤走电烙铁后不能移动镊子，也不能碰触贴片元器件，直到焊锡凝固为止，否则可能会导致元器件错位，焊点不合格。

⑤ 焊接余下的引脚。

⑥ 焊接时焊接时间最好控制在 2s 以内。

⑦ 检查焊点，焊点焊锡量要合适，不能过多也不能过少。

⑧ 清洗焊盘，焊接过程中助焊剂及焊锡会弄脏焊盘，需要用酒精进行清洗，清洗过程中应轻轻擦拭，不能用力过大。

贴片元器件焊接示意图如图 5-19 所示，贴片元器件焊点示意图如图 5-20 所示。

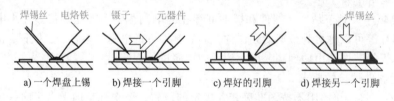

a) 一个焊盘上锡　　b) 焊接一个引脚　　c) 焊好的引脚　　d) 焊接另一个引脚

图 5-19　贴片元器件的焊接示意图

a) 焊锡太少　　b) 焊锡适中　　c) 焊锡太多

图 5-20　贴片元器件焊点示意图

2）贴片 IC 的焊接方法：对于引脚众多的 IC 在焊接的过程中一定要注意，避免 IC 引脚黏连、错位，反复操作会导致芯片损坏焊盘脱落，因此在焊接过程中一定要认真、仔细，做到一次成功。

焊接 IC 方法同二端元器件。

注意：

① 选择 IC 引脚图上一侧最边缘位置的焊盘上锡。

② 将 IC 对角线位置的引脚焊好，这样可以避免在焊接其他引脚时 IC 发生移动而引起引脚错位；同时在焊接过程中可以用镊子适当调整 IC 的位置，之后撤离电烙铁。

③ 处理引脚过程中动作要轻，避免弯曲 IC 引脚，引起引脚错位或者是引脚折断，如果不小心将很多个引脚连焊到一起，可以采用吸锡带进行吸除，而后进行补焊。

④ 焊接 IC 时要佩戴防静电手环，避免焊接过程中产生静电损坏 IC。

8. 焊接质量的检查

焊接是把组成整机产品的各种元器件可靠地连接在一起的主要方法，它的质量与整机产品的质量紧密相关。每个焊点的质量，都影响着整机产品的稳定性、使用的可靠性及电气性能。焊接后一般均要进行质量检查。检查焊接质量有多种方法，比较先进的方法是用仪器进行检查，而在通常条件下，则采用目视检查和手触检查来发现问题。

检验焊接质量前首先要明确合格焊点和不合格焊点。

合格焊点：要求焊接牢固、接触良好、锡点光亮、圆滑而无毛刺、锡量适中、焊锡和被焊件融合牢固，不应有虚焊和假焊。典型焊点外观如图 5-21 所示。

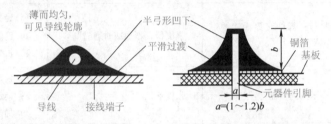

图 5-21　典型焊点外观

不合格焊点：不合格焊点有虚焊、钎料堆积、钎料过多、钎料过少、松香焊、过热、冷焊、浸润不良、不对称、松动、拉尖、桥接、针孔、气泡、铜箔翘起、剥离等，印制电路板上各种焊点缺陷及分析见表 5-1。

表 5-1　印制电路板上各种焊点缺陷及分析

焊点缺陷	外观特点	危害	原因分析
虚焊	焊锡与元器件引线和铜箔之间有明显黑色界限，焊锡向界限凹陷	不能正常工作	1）元器件引线未清洁好，未镀好锡或锡被氧化 2）印制电路板未清洁好，喷涂的助焊剂质量不好
钎料堆积	焊点呈白色、无光泽、结构松散	机械强度不足，可能虚焊	1）钎料质量不好 2）焊接温度不够 3）焊接未凝固前元器件引线松动
钎料过多	焊点表面向外凸出	浪费钎料，可能包藏缺陷	焊锡丝撤离过迟
钎料过少	焊点面积小于焊盘的80%，钎料未形成平滑的过渡面	机械强度不足	1）焊锡流动性差或焊锡撤离过早 2）助焊剂不足 3）焊接时间太短

（续）

焊点缺陷	外观特点	危害	原因分析
松香焊	焊缝中夹有松香渣	强度不足，导通不良，可能时通时断	1）助焊剂过多或已失效 2）焊接时间不够，加热不足 3）被焊件表面有氧化膜
过热	焊点发白，表面较粗糙，无金属光泽	焊盘强度降低，容易剥落	电烙铁功率过大，加热时间过长
冷焊	表面呈豆腐渣状颗粒，可能有裂纹	强度低，导电性能不好	钎料未凝固前被焊件抖动
浸润不良	钎料与被焊件交界面接触过大，不平滑	强度低，不通或时通时断	1）被焊件未清理干净 2）助焊剂不足或质量差 3）被焊件未充分加热
不对称	焊锡未流满焊盘	强度不足	1）钎料流动性差 2）助焊剂不足或质量差 3）加热不足
松动	导线或元器件引线移动	不导通或导通不良	1）焊锡未凝固前引线移动造成间隙 2）引线未处理好（不浸润或浸润差）
拉尖	焊点出现尖端	外观不佳，容易造成桥接短路	1）助焊剂过少而加热时间过长 2）电烙铁撤离角度不当
桥接	相邻导线连接	电气短路	1）焊锡过多 2）电烙铁撤离角度不当
针孔	目测或低倍放大镜可见焊点有孔	强度不足、焊点容易腐蚀	引线与焊盘孔的间隙过大
气泡	引线根部有喷火式钎料隆起，内部藏有空洞	暂时导通，但长时间容易引起导通不良	1）引线与焊盘孔间隙大 2）引线浸润性不良 3）双面板堵通孔焊接时间长，孔内空气膨胀
铜箔翘起	铜箔从印制电路板上剥离	印制电路板已被损坏	焊接时间太长，温度过高
剥离	焊点从铜箔上剥落（不是铜箔与印制电路板剥离）	断路	焊盘上金属镀层不良

（1）目视检查　目视检查就是从外观上检查焊接质量是否合格，也就是从外观上评价焊点有何缺陷。目视检查的主要内容有：

1）是否有漏焊，即应焊的焊点是否没有焊上。

2）焊点的光泽是否好。

3）焊点的钎料是否足够。

4）焊点周围是否残留焊剂。

5）有无连焊、桥接，即焊接时把不应连接的焊点或铜箔导线连接在一起。

6）焊盘有无脱落。

7）焊点有无裂纹。

8）焊点是否光滑，应无凹凸不平现象。

9）焊点是否有拉尖现象。

（2）手触检查　手触检查主要是指用手指触摸元器件时，有无松动、焊接不牢的现象；用镊子夹住元器件引线轻轻拉动时，有无松动现象；焊点在摇动时，上面的焊锡是否有脱落现象。

9. 拆焊技术

在电子产品装配、测试等过程中，需要把已经焊接在电路板上的装错、损坏、需要调试或维修的元器件拆卸下来，这个过程叫拆焊。

（1）**拆焊工具**　一般元器件拆焊可以选择吸锡器、吸锡球、吸锡线、吸锡电烙铁、医用空心针头，对于多引脚集成芯片需要采用热风枪进行拆焊。常见拆焊工具实物如图 5-22 所示。同时需要的辅助工具有镊子、斜口钳等。

a) 吸锡器　　b) 吸锡球　　c) 吸锡线　　d) 吸锡电烙铁　　e) 热风枪

图 5-22　常见拆焊工具

（2）**拆焊方法**

1）插件拆焊方法。

① 分点拆焊法：用拆焊工具，对需要拆焊的各个焊点分别清除分离，该方法适用于拆焊插装的电阻、普通电容、电感等元器件。拆焊时，用电烙铁对焊接面该引脚所在焊盘进行加热，当焊盘上焊锡全部熔化后，用镊子将该焊盘上的引脚轻轻拉出。

② 集中拆焊法：用拆焊工具对需要拆焊的各焊点同时清除分离，适用于拆焊印制电路板上引脚之间距离较近的元器件或集成电路等。此种方法需要将几个焊点同时加热，待焊锡熔化后一次拔出，可采用热风枪拆焊多引脚元器件。

③ 保留拆焊法：对需要保留元器件引脚或导线端头的情况下的拆焊方法，此种方法用于拆卸没有损坏的元器件，要求比较严格，一般先用吸锡器吸取多余焊锡，然后摘除。

④ 剪断拆焊法：此种方法常用于拆除已损坏的元器件等，拆焊时剪断需拆除元器件的引脚或沿引脚根部剪断，再拆除焊盘上的引线头。

2）贴片元器件拆焊方法。

① 对二端元器件可采用一个电烙铁快速加热两引脚的方法，对二端以上但是引脚相对较少的元器件可采用两个电烙铁同时加热元器件多个引脚的方法，然后用镊子将元器件拆下。

② 用热风枪拆焊引脚多的元器件，用热风枪将引脚焊锡熔化，用镊子将元器件轻轻夹起，避免损坏焊盘。如果焊盘上焊锡较多且有粘连，可用吸锡线吸走多余焊锡。

（3）**拆焊注意事项**

1）拆焊时不能损坏印制电路板上的印制导线和焊盘，也不能损坏印制电路板本身。

2）拆焊过程中不能损坏其他元器件，不能拆动其他元器件，如果避免不了，拆动之后要尽量恢复原样。

3）拆焊时一定要用镊子或者是其他工具将元器件取下，不能用手去拿，避免烫伤。

4）拆焊过程中，避免熔化的钎料或者是焊剂飞溅到其他元器件、引脚或者是人身体上，避免烫坏元器件，烫伤工作人员。

5）严格控制加热的温度和时间，焊锡熔化之后要立刻轻轻拉出元器件，避免时间过长烧坏元器件，也避免用力过猛损坏元器件本身和其他元器件以及印制电路板。

6）在拆焊过的焊盘上安装新的元器件时一定要将焊盘清理干净，避免在安装新的器件时引起焊点不良或者是焊盘以及印制导线翘起等现象。

5.4　电子产品的调试与故障排除

5.4.1　电子产品的调试

调试可分为整机调试和电路调试。整机调试包括调整和测试两部分，是对整机内的可调元器件及与电气指标有关的机械传动部分等其他非电气部分进行调整，同时对整机的电气性能进行测试，使电子产品达到或超过标准化组织所规定的功能、技术指标和质量标准。电路调试也包括测试与调整两个方面。测试是指在安装后对电路的参数进行测量。调整是指在测试的基础上，对电路的参数进行修正，使之满足设计要求。调试过程中，应先进行电路调试，再进行整机调试。

电子产品种类繁多，电路复杂，各种产品单元电路等种类数量也各不相同，所以调试程序也不尽相同，但对一般电子产品来说，调试程序大致分为如下几部分：

1. 外观检查

在整机通电之前，首先要对电子产品进行外观检查，确认产品零部件齐全，外观调节部件和活动部件灵活，金属结构件无开焊、开裂，元器件安装牢固，导线无损伤，元器件和端子套管的代号符合产品设计文件的规定，整机内无多余物（如钎料残渣、零件、金属屑等）。

2. 通电观察

通电之前应先检查电源变换开关是否符合要求，熔丝是否装入，输入电压是否正确，确认无误后，插上电源插头，打开电源开关。观察电源指示灯是否点亮，产品有无放电、打火、冒烟等异常现象，有无异常气味，用手触摸元器件是否发烫等，如发现异常，则应立即关断电源，等排除故障后方可重新通电。

3. 分块分级调试

分块调试是把电路按功能不同分成不同的部分，将每一部分看作一个模块进行调试，在分块调试过程中逐渐扩大范围，最后实现整机调试。在调试过程中每个人的顺序都不尽相同，比较理想的顺序是将电路分成静态和动态，然后按照信号的流向进行。在分块调试中首先要进行电源调试，通电检查之后，对电子设备的电源电路进行检查测试，确保设备电源无误之后才能顺利检查其他单元电路。

1）电源通电之后首先测试各模块、芯片供电电源是否都能正常接通。

2）电源空载初调。通常先在空载状态下进行，即切断该电源所有负载后进行初调。调试时，接通电路板的电源，测试电源输出端有无稳定的直流电压输出，输出电压值是否符合设计要求值。

3）电源加载细调。在初调正常的情况下，加上额定负载，再测量各项性能指标，看其是否符合设计要求。当达到要求的最佳值时，锁定电位器等有关的调整元器件，使电源电路在加载时工作在最佳工作（功能）状态。

静态调试是指在无外加信号的条件下测试电路各点的电位并加以调控，使其达到设计值，如模拟电路的静态工作点，数字电路的各输入端和输出端的高、低电平值和逻辑关系等。通过静态测试可及时发现已损坏和处于临界状态的元器件。静态调试的目的是保证电路在动态情况下正常工作，并达到设计指标。

动态测试是在有输入信号的情况下进行的，可以利用前一级的输出信号作为本级的输入信号，也可以利用自身的信号检查功能模块的各个指标是否满足设计要求，检查包括信号幅值、波形形状、相位关系、频率、放大倍数等。

测试完毕后，要把静态和动态测试结果与设计指标加以比较，经深入分析后对电路参数进行调整，使之达标。

4. 整机调试

在分块调试过程中，逐渐扩大调试范围，实际上已经完成了局部联调的工作。局部调试没有问题之后，将电路全部连通，就可以实现整机联调。检查各部分之间有无影响，以及机械结构对电气性能的影响等。

5. 整机性能指标的测试

用较高精度的测试仪表对整机性能指标进行测试，测试结果均应达到技术指标的要求。经过调试达标后，最后紧固调整元器件。

6. 环境试验

有些电子仪器设备在调试完成后，需要进行环境试验，以检查其在相应环境下的正常工作能力。环境试验有温度、湿度、气压、振动和冲击等。环境试验应严格按照技术文件的规定执行。

7. 整机通电老化

大多数电子仪器设备在调试完成之后，均要进行整机通电老化试验，这是提前暴露产品隐含的缺陷、提高电子仪器设备可靠性的有效措施。老化试验应按规定的产品条件进行。

8. 参数复调

经整机通电老化后，产品的各项技术性能指标会有一定程度的变化，通常应进行参数复调，使出厂的产品具有最佳的技术状态。

5.4.2　电子产品的故障排除

电子装置千差万别，其故障现象也千奇百怪，但在分析、排除故障时，运用一些基本的方法，对帮助排除故障是有益的。当然，下面所列举的几种基本方法，并不是每次都要用到，必须根据当时的故障现象，有选择、有针对性地选用。

1. 外观检查法

每次检修电子装置，外观检查是非常必要的。检查电源线、馈线是否开路，面板接线柱是否松动，开关、旋钮是否损坏，天线、馈线孔是否接触不良，转动、机械部分是否卡住等。脱开机壳后，要检查熔丝是否完好，观察有无开焊、断线，元器件有无变色、烧焦、相碰，电解电容有无膨胀变形、流液等故障痕迹，有无修理过的地方等，这些都是外观检查的内容。

2. 通电观察法

在通电的情况下，观察有无打火、冒烟、异味、异常声音发生，用手摸管子、集成电路等是否烫手。如有异常现象应立即切断电源，找出故障部位。若通电时不致引起故障扩大，可让装置工作一段时间，转动各调节旋钮，轻轻拨动有安全隐患的元器件，观察故障现象的变化。

3. 测量电阻法

测量电阻法是利用万用表电阻档测量电器的集成电路、晶体管各引脚和各单元电路的对地电阻值，以及各元器件自身的电阻值来判断故障的一种检修方法。电阻法有"在线"和"脱焊"两种测量方法。不能在电器通电的情况下，检测各种电阻。如果是在线测试，还应考虑到被测元器件与电路中其他元器件的等效并联关系。需要准确测量时，应脱焊被测电阻的一端，然后进行检测。

在检查大容量电容器（如电解电容器）时，应先用导线将电解电容器的两端断路，泄放掉电容器中的存储电荷后，再检查电容有没有被击穿或漏电是否严重。否则，可能会损坏万用表。

4. 测量电压法

测量电压法就是通过测试电子电路各部分电压，与正常值进行对照，找出故障所在部位。在检修过程中，即使已经确定了电路的故障部位，还需要进一步测量相关电路中的晶体管、集成电路等各引脚或电路中主要节点的电压值，观察数据是否正常。这对发现故障与分析故障原因有极大的帮助。

5. 测量电流法

测量电流法是通过检测晶体管、集成电路的工作电流、各局部电流和电源的负载电流来判断电器或电路故障的一种检修方法。断开被测元器件与印制电路板的铜箔或导线，形成测量口，串接入量程适当的电流表，测出电流与正常值进行比较，确定故障部位。

6. 替代法

替代法就是对可疑的元器件、部件、插件乃至半机，用同类型的部分替代来查找故障的方法。置换后若电路工作正常，则说明原有元器件或插件存在故障，可做进一步检查测定。对于集成电路，可用同一芯片上的相同电路来替代可疑的电路。有多个输入端的集成器件，可换用其余输入端进行试验，以判断原输入端是否有问题。

7. 波形观察法

通过示波器观察被检电路工作在交流状态时各被测点的波形形状、幅度、周期等来判断交流电路中各元器件是否损坏变质的方法称为波形观察法，简称波形法。

用波形法检查振荡电路和信号产生电路时，不需外加任何信号，而其他被测电路如放大、整形、变频、检波、整流等电路及数字电路则需把信号源的标准信号馈至输入端。波形法在检查多级放大器增益下降、波形失真、振荡电路、变频、检波及数字电路时应用很广。

8. 信号注入法

信号注入法是将各种信号逐步注入电器设备可能存在故障的有关电路中，然后利用示波器（或其他波形观察仪器）和电压表等检测出数据或波形，从而判断各级电路是否正常的一种故障检查方法。

9. 分割测试法

分割测试法就是把可疑部分从整机电路或单元电路中断开，使之不影响其他部分的正常工作，观察故障现象是否消失。若消失，则说明故障原因就在被切开的电路处。

10. 交流短路法

交流短路法是利用电容器对交流信号阻抗小的特性，将被测电路中的信号对地（机壳）短路，以观察其对故障现象的反应。这种方法对于噪声、干扰、纹波、自激振荡等故障的判别简便迅速。

情 境 总 结

1）电子线路图一般可分为示意图、框图、电原理图、印制电路板图和装配图等。

读图的一般方法为：

① 弄清功能，将图形划分成几个功能模块。

② 突出重点，找出核心单元电路和关键点。

③ 明确电路的工作状态，逐级分析。

④ 按信号流程归纳、总结全电路的工作原理和特性。

2）一般元器件在印制电路板上的安装固定方式有卧式和立式两种。

3）电烙铁的握法分为反握法、正握法和握笔法。

4）焊接的五步操作法步骤为准备施焊、加热被焊件、送入焊锡丝、撤离焊锡丝和撤离电烙铁。

5）对于贴片元器件和插件都存在的电路板中，首先焊接贴片小电阻、无极性电容、集成芯片等可以称之为最矮的元器件，而后是插件的电阻、电容、二极管、晶体管、集成电路、大功率管等，按照由矮到高、由小到大的顺序进行焊接。

6）合格焊点：要求焊接牢固、接触良好、锡点光亮、圆滑而无毛刺、锡量适中、焊锡和被焊件融合牢固，不应有虚焊和假焊。

7）电子产品的调试程序为：①外观检查；②通电观察；③分块分级调试；④整机调试；⑤整机性能指标的测试；⑥环境试验；⑦整机通电老化；⑧参数复调。

8）排除故障的方法有外观检查法、通电观察法、测量电阻法、测量电压法、测量电流法、替代法、波形观察法、信号注入法、分割测试法、交流短路法。

习题与思考题

5-1　元器件在电路板上的安装方式有哪些，优缺点是什么？

5-2　二极管焊接要注意什么？

5-3　印制电路板的手工焊接顺序是什么？

5-4　焊接的五步操作法的步骤是什么？

5-5　电子产品的调试程序是什么？

5-6　排除故障的方法有哪些？

学习情境

5

学习情境6
数字电路基础

知识目标

掌握：

1）二进制数、八进制数、十六进制数的表示方法。

2）二进制与十进制、八进制、十六进制的相互转换。

3）基本门电路的逻辑功能、逻辑符号、真值表和逻辑表达式。

4）逻辑函数的基本公式和定律，能用基本公式和定律对逻辑函数进行化简。

理解：

1）数字信号与数字电路的概念。

2）8421BCD 码的使用。

了解：

TTL 系列和 CMOS 系列集成电路的特点。

技能目标

1）能通过查阅相关资料识读集成电路的型号和引脚功能。

2）会使用数字电路实验箱及逻辑门电路芯片。

3）能对逻辑门电路进行测试。

4）会用集成门电路组成其他门电路。

5）能使用 Multisim 软件对数字电路进行仿真测试。

6.1 数字信号与数字电路

随着信息时代的到来，"数字"这两个字正以越来越高的频率出现在各个领域。数字仪表、数字电视、数字通信、数字控制……数字化技术已成为当今的发展潮流。数字电路是数字电子技术的核心，是计算机和数字通信的硬件基础。数字电路不仅具有算术运算的能力，而且还具备一定的"逻辑思维"能力，即按照人们设计好的规则，进行逻辑推理和判断。因此，人们才能够制造出各种智能仪表、数控装置和微型电子计算机，实现管理、生产高度自动化。

6.1.1 数字信号

在电子工程中，要处理的电子信号可分为两类：一类为模拟信号，另一类为数字信号。

模拟信号是指随时间连续变化的电信号，如图 6-1a 所示的正弦波，处理模拟信号的电子电路称模拟电路，晶体管组成的基本放大电路属于模拟电路。处理这类信号时，考虑的是放大倍数、频率特性、非线性失真等，着重分析波形的形状、幅度和频率如何变化。数字信号指在时间上和数值上不随时间连续变化的信号，如图6-1b所示的矩形波。数字信号的表现形式是一系列由高、低电平组成的脉冲波，常用"1"和"0"两个值表示它的大小。

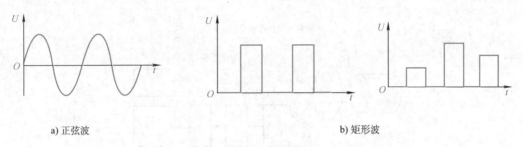

a) 正弦波　　　　　　　　　　　　　　b) 矩形波

图6-1　模拟信号和数字信号

例如对某一机械零件生产线上的产品自动计数，如图6-2所示，当一个零件从电光源与光电转换装置之间穿过时，光敏器件被遮挡一次，相应产生一个电信号；没有零件通过时，光敏器件不产生电信号。产生的电信号经过放大、整形后就是一种典型的数字信号。

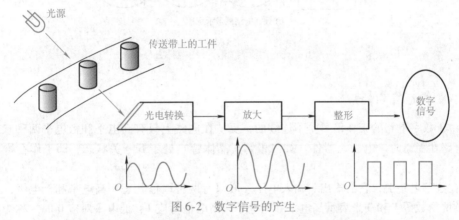

图6-2　数字信号的产生

处理数字信号的电路称为数字电路。数字时钟、电子显示屏是数字电路的典型应用，数字万用表、数字绝缘电阻表、数字电桥等仪器设备的内部电路也属于数字电路。

6.1.2　数字电路应用实例

电动机的转速可以通过被测电动机轴上安装的一台微型测速发电机进行测量。测速发电机将转速这个物理量转化为输出电压，通过控制盘上的电压表读数，即可测知电动机的转速，如图6-3a所示，这一电压信号的大小是随转速的高低而变化的，并且这种变化总是连续的，通常称为模拟信号。

这种测量方法应用很广，但输出电压会受到电动机本身、生产环境、电压表读数等诸多因素的影响，测量精度不是很高。

在图6-3b所示电路中，被测电动机上装一个圆盘，圆盘上打一个孔，用光源照射，光线通过小孔到达光电转换装置中的光敏器件。电动机每转一周，光敏器件被照射一次，输出一个短暂的电流，为脉冲信号。脉冲信号通过一个用标准时间脉冲控制的门电路，然后用计数器计数，并通过译码器和显示器读出数据。这种测量方法可以达到较高的精度。外部的电磁场干扰、器件工作不稳定都只影响脉冲的幅度，不会影响测量结果。因此，数字电路的抗干扰能力强，工作稳定可靠，获得了广泛的应用。

学习情境 6

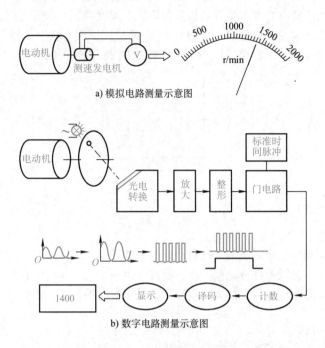

a) 模拟电路测量示意图

b) 数字电路测量示意图

图6-3　电动机转速测量的两种方案

6.1.3　数字电路的特点

1）由于数字电路的工作信号是不连续的，反映在电路上只有高电平和低电平两种状态，所以数字电路在稳态时，电子元器件（如二极管、晶体管）处于开、关状态，即工作在饱和区和截止区。

2）在数字电路中，它的输出、输入电压一般只有两种取值状态：高电平和低电平，通常用二进制的两个数码1和0来表示高电平和低电平。高电平对应1、低电平对应0时，称为正逻辑关系；反之，称为负逻辑关系，本书采用的都是正逻辑关系。数字电路研究的主要问题是输出信号的状态（0或1）与输入信号的状态（0或1）之间的关系。这种关系是一种逻辑关系，即电路的逻辑功能，而不是数值关系。因而，数字电路是实现各种逻辑关系的电路，数字电路又称为逻辑电路。分析工具是逻辑代数。

3）数字电路中的信号只要求反映相对的高低和有无，允许信号在数值上有一定范围的误差。这一特点使数字电路具有精度高、速度快、抗干扰能力强等优点。

情境链接

➤➤ 比特与字节 ◄◄

字节（Byte）是计算机信息技术用于计量存储容量的一种计量单位。二进制数中的每个数字被称为一个比特（bit，即二进制位），而计算机处理数字的基本单位是八个比特，也被称为一个字节。例如，二进制数1011 0101有八个比特，因此它就是一个字节。你可以用许多方式和计算机进行交互，但是你的单击鼠标、敲击键盘、网络视频等操作都会被转化成比特和字节以供计算机理解。实际上，在处理计算机和其他数字电子装置时，通常会发现比一字节要大得多的数字。

计算机上所有的文件都是以字节的形式储存的，但是如果用字节去衡量它们的大小，会发现最终数字会变得很大。因此通常描述文件大小的单位都很大，例如千字节（KB）、兆字节（MB）、吉字节（GB）、太字节（TB）等。

如果计算机的硬盘能够储存1TB的数据，那么它内部就能够储存超过1万亿字节的数字，也就是8万亿个0和1。图6-4所示为数字世界中的0和1。

图6-4　数字世界中的0和1

情境链接

数字构成了计算机中的图像与色彩

为什么计算机里需要8万亿个0和1？实际上，当用计算机进行写作、画图、聊天、游戏或者其他任意操作时，就是在使用这些0和1。

举例来说，计算机是如何在显示器上显示图像的呢？计算机屏幕是由许多个微小的像素点组成的，每个像素点都可以设置成由红、绿、蓝光混合而成的颜色，如图6-5所示。

如果像素点需要展现出最明亮的黄色，需要通过数字告诉计算机像素点上的红色和绿色设置成满值，而蓝色则设置为0（因为红色和绿色混合才能得到黄色）。这就是数字转化成屏幕上的图像的方法。

图6-5　数字构成了计算机的图像与色彩

6.2　数制与码制

6.2.1　数制

数制即计数的方式。通常使用的是十进制计数方式，而在数字电路中采用的是二进制，有时为了表述方便也采用八进制、十六进制。

1. 十进制数

1）定义。十进制有0，1，2，3，4，5，6，7，8，9十个数码，基数为10，计数规律是"逢十进一"或"借一当十"，即$9+1=10$。

2）位权展开式。十进制数中的每一位数码根据它在数中的位置不同，代表不同的值。它的数值等于系数乘以权。例如十进数1937，它的最低位表示系数7乘以位权10^0。所以十进制数中第i位的位权是基数的$(i-1)$次幂，因而1937的位权展开式为

$$(1937)_{10} = 1 \times 10^3 + 9 \times 10^2 + 3 \times 10^1 + 7 \times 10^0$$

又如$(192.26)_{10}$可以写为

$$(192.26)_{10} = 1 \times 10^2 + 9 \times 10^1 + 2 \times 10^0 + 2 \times 10^{-1} + 6 \times 10^{-2}$$

2. 二进制数

1）定义。二进制只有0，1两个数码，基数为2，计数规律是"逢二进一"或"借一当二"，即$1+1=10$。

2）位权展开式。二进制数的位权展开方式与十进制数相似，不同的只是二进制的第i位的位权是2^{i-1}次幂，所以二进制数$(1001)_2$的位权展开式为

$$(1001)_2 = 1 \times 2^3 + 0 \times 2^2 + 0 \times 2^1 + 1 \times 2^0$$

3. 八进制数

1）定义。八进制数具有 0，1，2，3，4，5，6，7 八个数码，基数为 8，计数时"逢八进一"或"借一当八"。

2）位权展开式。八进制数的位权展开方式同上，只是八进制的第 i 位的位权是 8^{i-1} 次幂，所以八进制数（1001）$_8$ 的位权展开式为

$$(1001)_8 = 1 \times 8^3 + 0 \times 8^2 + 0 \times 8^1 + 1 \times 8^0$$

4. 十六进制数

1）定义。十六进制是以 16 为基数的计数体制，计数规律是"逢十六进一"或"借一当十六"。十六进制数具有 0，1，2，3，4，5，6，7，8，9，A，B，C，D，E，F 共 16 个数码，其中 A～F 分别代表十进制的 10～15。

2）位权展开式。十六进制数第 i 位的位权是 16^{i-1} 次幂，所以（$2A6$）$_{16}$ 的位权展开式为

$$(2A6)_{16} = 2 \times 16^2 + 10 \times 16^1 + 6 \times 16^0$$

6.2.2 数制之间的转换

1. 非十进制数转换为十进制数

将一个二进制、八进制或十六进制数转换成十进制数，只要写出该进制数的按位权展开式，然后按十进制数的计数规则相加，就可得到所求的十进制数。

例 6-1 将二进制数（1010）$_2$ 转换成十进制数。

解：$(1010)_2 = 1 \times 2^3 + 0 \times 2^2 + 1 \times 2^1 + 0 \times 2^0 = (10)_{10}$

例 6-2 将八进制数（236）$_8$ 转换成十进制数。

解：$(236)_8 = 2 \times 8^2 + 3 \times 8^1 + 6 \times 8^0 = (158)_{10}$

例 6-3 将十六进制数（$3FA$）$_{16}$ 转换成十进制数。

解：$(3FA)_{16} = 3 \times 16^2 + 15 \times 16^1 + 10 \times 16^0 = (1018)_{10}$

2. 十进制整数转换为非十进制数

在将十进制数转换成二进制、八进制、十六进制数时，采用"除基取余法"。例如十进制数 N 转换为 K 进制数的具体步骤如下：

第一步：把给定的十进制数（N）$_{10}$ 除以相应进制的基数，取出余数，这个余数即为最低位数的数码 K_0。

第二步：将前一步得到的商再除以相应进制的基数，再取出余数，即可得次低位数的数码 K_1。

以下各步类推，直到商为 0 为止，最后得到的余数即为最高位数的数码 K_{n-1}。

例 6-4 将十进制数（44）$_{10}$ 分别转换成二进制数、八进制数和十六进制数。

解：

```
 2 │ 44        余数      低位
 2 │ 22        0=K₀       ↑
 2 │ 11        0=K₁       │
 2 │  5        1=K₂       │
 2 │  2        1=K₃       │
 2 │  1        0=K₄       │
 2 │  0        1=K₅      高位
```

所以，$(44)_{10} = (101100)_2$。

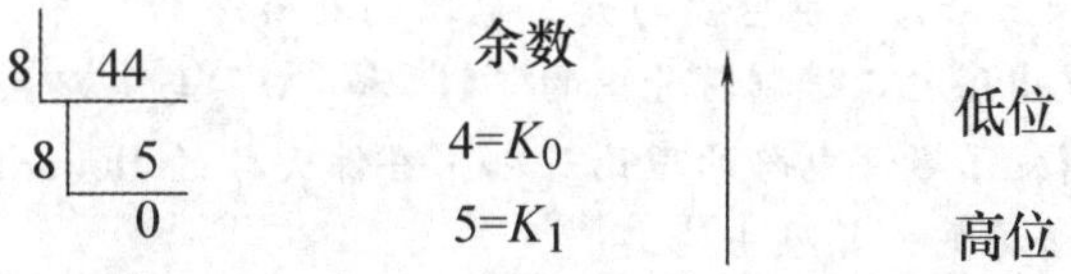

<pre>
8 | 44   余数
8 | 5   4=K_0   低位
  | 0   5=K_1   高位
</pre>

所以，$(44)_{10} = (54)_8$。

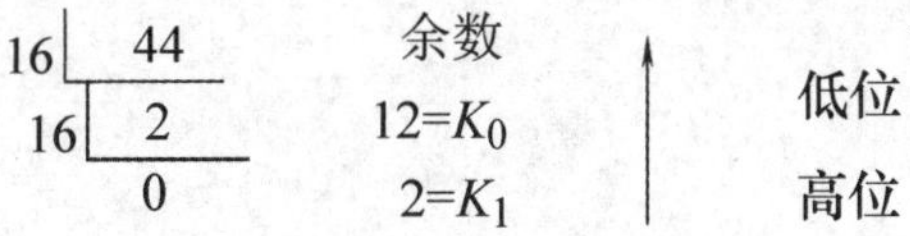

<pre>
16 | 44   余数
16 | 2   12=K_0   低位
   | 0   2=K_1   高位
</pre>

所以，$(44)_{10} = (2C)_{16}$。

表 6-1 列出了十进制数 0～15 对应的二进制、十六进制数的对应关系。

表 6-1　几种进制数之间的对应关系

十进制数	0	1	2	3	4	5	6	7	8	9	10	11	12	13	14	15
二进制数	0000	0001	0010	0011	0100	0101	0110	0111	1000	1001	1010	1011	1100	1101	1110	1111
十六进制数	0	1	2	3	4	5	6	7	8	9	A	B	C	D	E	F

3. 八进制数、十六进制数与二进制数的相互转换

1）二进制数与八进制数的关系：三位二进制数可以对应写为一位八进制数，即 $(000)_2 \sim (111)_2 = (0)_8 \sim (7)_8$。因此，在转换时，二进制的整数部分从小数点向左每三位一组；小数部分从小数点向右每三位一组，每一组对应转换成一位八进制数，即可实现二进制数转换为八进制数。反之，可以实现八进制数转换为二进制数。

2）二进制数与十六进制数的关系：四位二进制数可以对应写为一位十六进制数，即 $(0000)_2 \sim (1111)_2 = (0)_{16} \sim (F)_{16}$。所以，二进制数转换成十六进制数的方法是，二进制的整数部分从小数点向左每四位一组；小数部分从小数点向右每四位一组，每一组对应转换成一位十六进制数，即可实现二进制数转换为十六进制数。反之，可以实现十六进制数转换为二进制数。

例 6-5　将八进制数 $(563)_8$ 转换为二进制数。

解：$(563)_8 = (101110011)_2$

例 6-6　将二进制数 $(101110011)_2$ 转换为十六进制数。

解：$(101110011)_2 = (1\ 0111\ 0011)_2 = (173)_{16}$

当要求将八进制数和十六进制数互相转换时，可通过二进制来完成。

情境链接

▶▷ 20 世纪最重要、最著名的一篇硕士论文 ◀◁

戈特弗里德·威廉·莱布尼茨（Gottfried Wilhelm Leibniz，1646－1716）是第一个发表关于"二进制数"想法的德国数学家。莱布尼茨相信它们代表了一种抽象的逻辑形式，如今，二进制编码是所有计算机使用的代码。

在 20 世纪现代计算机诞生的过程中，有两位科学家为将二进制作为计算机的基础做出了重要贡献，他们是美国科学家香农和被誉为"电子计算机之父"的美籍匈牙利科学家冯·诺依曼。

1938 年，香农在其硕士论文《继电器与开关电路的符号分析》中，比较了开关电路与二进制数码之间的相似性，提出了把二进制符号中的"1"和"0"与电路系统的"开"和"关"对应起来的设计方向。这奠定了数字电路的理论基础，哈佛大学的 Howard Gardner 教授说："这可能是 20 世纪最重要、最著名的一篇硕士论文！"

1945 年，冯·诺依曼在其主持的 EDVAC 计算机方案中首次将二进制作为计算机的设计思想（第一台计算机 ENIAC 采用的是十进制），大大简化了机器的逻辑线路，从此奠定了计算机的重要设计基础，一直沿用至今。

6.2.3 码制

码制即编码方式，编码即用按一定规则组合成的二进制码来表示数或字符等。

为使二进制和十进制之间转换更方便，常用 4 位二进制数表示 1 位十进制数的编码方式，这种代码称为二-十进制码，简称 BCD 码。由于 4 位二进制数共 16 种状态，去掉 6 种多余状态的方法不同，因而出现不同的 BCD 码，如去掉最后 6 种状态得到的是 8421BCD 码，去掉最前和最后 3 种状态得到的是余 3 码，另外还有格雷码、2421 码、5421 码。表 6-2 为常用的 BCD 码。

表 6-2　常用的 BCD 码

十进制数	8421 码	余 3 码	格雷码	2421 码	5421 码
0	0000	0011	0000	0000	0000
1	0001	0100	0001	0001	0001
2	0010	0101	0011	0010	0010
3	0011	0110	0010	0011	0011
4	0100	0111	0110	0100	0100
5	0101	1000	0111	1011	1000
6	0110	1001	0101	1100	1001
7	0111	1010	0100	1101	1010
8	1000	1011	1100	1110	1011
9	1001	1100	1101	1111	1100
权	8421			2421	5421

6.3　逻辑代数

逻辑代数又称布尔代数，是分析与设计数字系统的重要工具。虽然它和普通代数一样也用字母表示变量，但变量的取值只有 0 和 1 两种，分别称为逻辑"0"和逻辑"1"。逻辑代数所表示的是逻辑关系，而不是数量关系。这是它与普通代数的本质区别。

情境链接

◥◣ 逻辑推理：橙子 + 榨汁机 = 橙汁 ◢◤

逻辑是一个根据已知真假的信息片段来做出推论的过程，如图 6-6 所示。

举例来说：假设已知下面这段描述为真。

描述：如果冰箱里有橙子，并且有榨汁机，那么就能够制作橙汁。

如果这段描述为真，那么制作橙汁之前就有两个决定条件。

条件A：冰箱里有橙子。

条件B：有榨汁机。

如果这两个条件都为真，那么就可以从逻辑上做出可以制作橙汁的推论，如图6-6所示。计算机里使用的是布尔逻辑，这是一种利用真和假两种状态来将二进制数转化成动作的逻辑系统。为了让计算机确认是否能制作橙汁，它需要利用布尔逻辑来进行推论。现在让我们试着像计算机一样思考。

图6-6 "橙子+榨汁机=橙汁"逻辑推理图

首先，在描述里寻找能够决定是否能制作橙汁的条件（见表6-3）。由于A和B均为真，那么结论Q（你可以制作橙汁）就一定为真。

表6-3 逻辑分析推理

条件A（冰箱里有橙子）	条件B（有榨汁机）	结论Q（可以制作橙汁）
假	假	假
真	假	假
假	真	假
真	真	真

6.3.1 基本逻辑与常用复合逻辑

1. 基本逻辑

在数字电路中，基本逻辑关系有"与""或""非"三种。实现逻辑运算的电路称为门电路。

（1）与逻辑 与逻辑关系是当几个条件同时满足时其结果才成立。电路如图6-7a所示，分析开关A、B的闭合断开和灯亮灭的关系，列出表6-4。只有在A、B两个开关都接通时灯才能发光。"白炽灯发光"和"开关A闭合""开关B闭合"两个条件之间的逻辑关系就是与逻辑关系。

1）逻辑符号。图6-7b所示是与逻辑的逻辑符号图。

2）与逻辑真值表。如果用二值逻辑0和1来表示，并设1表示开关闭合或灯亮，0表示开关断开或灯灭，则由表6-4得到的表6-5称为与逻辑真值表。

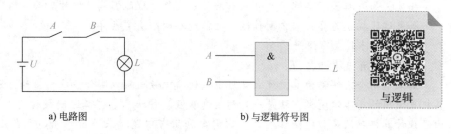

a) 电路图 b) 与逻辑符号图

图 6-7 与逻辑

表 6-4 逻辑分析

A B	灯 L
断开 断开	灭
断开 闭合	灭
闭合 断开	灭
闭合 闭合	亮

表 6-5 与逻辑真值表

A B	灯 L
0 0	0
0 1	0
1 0	0
1 1	1

3）与逻辑表达式。若用逻辑表达式来描述，则与逻辑可写为 $L = A \cdot B$，其中的"·"表示逻辑乘，一般可以省略不写。

运算的规则为："输入有 0，输出为 0；输入全 1，输出为 1"。

与运算：$0 \cdot 0 = 0, 0 \cdot 1 = 0, 1 \cdot 0 = 0, 1 \cdot 1 = 1$

例 6-7 在图 6-8a 中，测定电动机转速时，必须用一个电路来限定在一个单位时间内的脉冲信号通过。试选择一种门电路来实现这一功能。

解：用一个双输入端的与门电路即可实现上述功能。

如图 6-8b 所示，以 B 端作为控制端，当 B 端输入为 1 时，F 端的输出信号与 A 端的输入信号相同，相当于门被打开；当 B 端输入为 0 时，不论 A 端输入信号为何种状态，F 端输出均为 0，相当于门被关闭。因此，只要控制 B 端输入为 1 的时间为一个单位，通过的脉冲信号就被限定在此时间之内。

（2）或逻辑 当决定一件事情的几个条件中，只要有一个或一个以上条件具备，这件事情就会发生，把这种因果关系称为或逻辑。例如图 6-9a 所示的白炽灯，只要 A、B 两个开关中有一个接通，白炽灯就发光。"白炽灯发光"和"开关 A 闭合""开关 B 闭合"两个条件之间就具有或逻辑关系。

1）逻辑符号。图 6-9b 所示为或逻辑的逻辑符号图。

2）或逻辑真值表。分析开关 A、B 的闭合断开和灯亮灭的关系，列出表 6-6。如果用二值逻辑 0 和 1 来表示，并设 1 表示开关闭合或灯亮；0 表

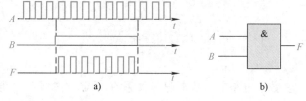

图 6-8 例 6-7 图

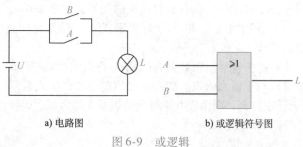

a) 电路图 b) 或逻辑符号图

图 6-9 或逻辑

示开关断开或灯灭，则得到或逻辑真值表，见表6-7。

表6-6 逻辑分析				表6-7 或逻辑真值表		
A	**B**	**灯 L**		**A**	**B**	**灯 L**
断开	断开	灭		0	0	0
断开	闭合	亮		0	1	1
闭合	断开	亮		1	0	1
闭合	闭合	亮		1	1	1

3）或逻辑表达式。或逻辑用逻辑代数式表示为 $L = A + B$，称为逻辑加。

运算的规则为："输入有1，输出为1；输入全0，输出为0"。

或运算：$0 + 0 = 0, \ 0 + 1 = 1, \ 1 + 0 = 1, \ 1 + 1 = 1$

（3）非逻辑 某事件发生与否，仅取决于一个条件，而且是对该条件的否定。当条件具备时事件不发生，条件不具备时事件才发生，这种因果关系称为非逻辑。如图6-10a所示电路，当开关 A 闭合时，灯不亮；而当 A 断开时，灯亮。

1）逻辑符号。非逻辑符号如图6-10b所示。

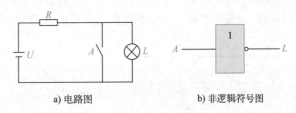

a）电路图 b）非逻辑符号图

图 6-10 非逻辑

2）非逻辑真值表。分析开关 A 的闭合断开和灯亮灭的关系，列出表6-8。如果用二值逻辑0和1来表示，并设1表示开关闭合或灯亮，0表示开关断开或灯灭，则得到非逻辑真值表见表6-9。

表6-8 逻辑分析			表6-9 非逻辑真值表	
A	**灯 L**		**A**	**灯 L**
断开	亮		0	1
闭合	灭		1	0

3）非逻辑表达式。非逻辑用逻辑代数式表示为 $L = \overline{A}$。

运算的规则为："入1出0；入0出1"。

或运算：$\overline{0} = 1, \ \overline{1} = 0$

2. 常用复合逻辑

任何复杂的逻辑运算都可以由上述三种基本逻辑运算组合而成，把与门、或门、非门组成的逻辑运算称为复合门。最常见的复合逻辑有与非、或非、与或非、异或、同或等。

（1）与非逻辑 与非逻辑是由与运算和非运算组合而成，如图6-11所示。

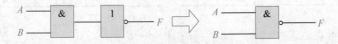

图 6-11 与非门电路及逻辑符号

111

其逻辑表达式为 $F = \overline{A \cdot B}$。真值表见表 6-10。

（2）或非逻辑 或非逻辑是由或运算和非运算组合而成，如图 6-12 所示。

表 6-10 与非逻辑真值表

输 入		输 出
A	B	F
0	0	1
0	1	1
1	0	1
1	1	0

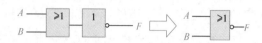

图 6-12 或非门电路及逻辑符号

或非逻辑代数表达式为 $F = \overline{A + B}$。真值表见表 6-11。

（3）与或非逻辑 与或非逻辑门电路由与门、或非门组成，如图 6-13 所示。

表 6-11 或非逻辑真值表

输 入		输 出
A	B	F
0	0	1
0	1	0
1	0	0
1	1	0

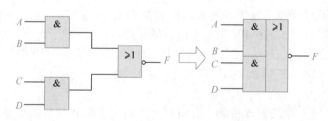

图 6-13 与或非门电路及逻辑符号

其逻辑代数表达式为 $F = \overline{A \cdot B + C \cdot D}$。真值表见表 6-12。四变量真值表共 16 行，表中省略的行，读者自行分析。

（4）异或逻辑 异或是一种二变量逻辑运算，当两个变量取值相同时，逻辑函数值为 0，当两个变量取值不同时，逻辑函数值为 1。异或逻辑门电路的组成及逻辑符号如图 6-14 所示。异或逻辑真值表见表 6-13。

表 6-12 与或非逻辑真值表

输 入	输 出
A B C D	F
0 0 0 0	1
0 0 0 1	1
0 0 1 0	1
0 0 1 1	0
0 1 0 0	1
⋮	⋮
1 1 1 1	0

表 6-13 异或逻辑真值表

输 入		输 出
A	B	Y
0	0	0
0	1	1
1	0	1
1	1	0

异或逻辑的逻辑表达式为 $\quad\quad Y = \overline{A} \cdot B + A \cdot \overline{B}$

简写为 $\quad\quad\quad\quad\quad\quad Y = A \oplus B$

（5）同或逻辑　同或也是一种二变量逻辑运算，当两个变量取值相同时，逻辑函数值为1，当两个变量取值不同时，逻辑函数值为0。

同或逻辑真值表见表6-14。显然同或与异或逻辑互反。因此，其逻辑符号在异或逻辑符号上加表示"非"的小圈"○"，如图6-15所示。

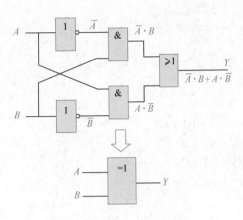

图6-14　异或逻辑门电路组成及逻辑符号

表6-14　同或逻辑真值表

输　　入		输　　出
A	B	Y
0	0	1
0	1	0
1	0	0
1	1	1

同或逻辑的逻辑表达式为

$$Y = \overline{\overline{A}B + A\overline{B}} = \overline{A}\,\overline{B} + AB = A \odot B$$

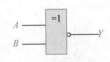

图6-15　同或逻辑门
电路逻辑符号

6.3.2　逻辑函数的表示方法

逻辑函数的表示方法通常有四种，即真值表、逻辑表达式、逻辑图和卡诺图。这里只介绍前三种。

1. 真值表

将输入逻辑变量的各种可能取值及其对应的逻辑函数值排列在一起组成的表格称为真值表。一个输入逻辑变量只有0和1两种取值，故 n 变量逻辑函数的真值表要列 2^n 行，为避免遗漏，各变量的取值组合应按照二进制递增的次序排列，见表6-14所示同或逻辑的真值表。

真值表的优点是直观明了，输入变量取值一旦确定后，即可在真值表中查出相应的函数值。缺点是当变量比较多时，表比较大，显得过于烦琐。

2. 逻辑表达式

逻辑表达式是用"与""或""非"等基本运算符号将逻辑变量连接起来所构成的逻辑代数式。它的优点是逻辑关系表示简单，且便于表示多变量逻辑关系。缺点是不直观。

3. 逻辑图

将逻辑函数式所表示的入-出逻辑关系，用对应的逻辑符号画出的图形称为逻辑图，如图6-13所示的与或非逻辑的逻辑图。

逻辑图的优点是贴近工程实际，由逻辑图也可以写出其相应的函数表达式。缺点是不直观。

6.3.3　逻辑代数的基本公式与定律

由与、或、非三种基本的运算规则，可以推出逻辑代数的一些公式和定律。这些公式和定律是设计和分析逻辑电路的理论基础。

1. 八个基本公式

1）变量与常量的关系：

$$A+0=A \qquad A+1=1$$
$$A \cdot 0 = 0 \qquad A \cdot 1 = A$$

2）变量与变量的关系：

$$A+\overline{A}=1 \qquad A \cdot \overline{A}=0$$
$$A+A=A \qquad A \cdot A=A$$

推广：
$$A+A+\cdots+A=A \qquad A \cdot A \cdot \cdots \cdot A=A$$

2. 六个定律

（1）与数学普通代数相似的定律

1）交换律：
$$A+B=B+A$$
$$A \cdot B=B \cdot A$$

2）结合律：
$$A+(B+C)=(A+B)+C=B+(A+C)$$
$$A \cdot (B \cdot C)=(A \cdot B) \cdot C=B \cdot (A \cdot C)$$

3）分配律：
$$A+(B \cdot C)=(A+B) \cdot (A+C)$$
$$A \cdot (B+C)=(A \cdot B)+(A \cdot C)$$

（2）逻辑代数中的特殊定律

1）吸收律：
$$A+A \cdot B=A$$
$$A \cdot (A+B)=A$$
$$A+\overline{A}B=A+B$$

2）反演律：
$$\overline{A+B}=\overline{A} \cdot \overline{B} \text{（摩根定律）}$$
$$\overline{A \cdot B}=\overline{A}+\overline{B}$$

3）还原律：
$$\overline{\overline{A}}=A$$

上述公式和定律的正确性，都可以用列真值表的方法加以证明。

6.3.4 逻辑函数的公式法化简

逻辑函数化简的意义：逻辑表达式越简单，实现它的电路越简单，电路工作越稳定可靠。公式法化简是应用逻辑代数的定律和公式进行化简的方法，常用的方法如下：

1. 并项法

运用公式 $A+\overline{A}=1$，将两项合并为一项，消去一个变量。

例 6-8　化简函数 $Y=A\overline{B}C+A\overline{B}\,\overline{C}$。

解：$Y=A\overline{B}C+A\overline{B}\,\overline{C}=A\overline{B}(C+\overline{C})=A\overline{B}$

例 6-9　化简函数 $Y=ABC+A\overline{B}+A\overline{C}$。

解：$Y=ABC+A\overline{B}+A\overline{C}=ABC+A(\overline{B}+\overline{C})=ABC+A\overline{BC}=A(BC+\overline{BC})=A$

2. 吸收法

运用公式 $A+AB=A$ 消去多余的项。

例 6-10　化简函数 $Y=AB+ABCD(E+F)$。

解：$Y=AB+ABCD(E+F)=AB$

3. 消去法

运用公式 $A+\overline{A}B=A+B$ 消去多余的因子。

例 6-11　化简函数 $Y=AB+\overline{A}C+\overline{B}C$。

解：$Y = AB + \overline{A}C + \overline{B}C = AB + (\overline{A} + \overline{B})C = AB + \overline{AB}C = AB + C$

4. 配项法

运用公式 $A + \overline{A} = 1$ 或 $A\overline{A} = 0$，通过乘以 $A + \overline{A}$ 或加上 $A\overline{A}$，增加必要的乘积项，再用以上方法化简。

例6-12　化简函数 $Y = AB + \overline{A}C + BCD$。

解：$Y = AB + \overline{A}C + BCD = AB + \overline{A}C + BCD(A + \overline{A}) = AB + \overline{A}C + ABCD + \overline{A}BCD$

$\quad = AB + \overline{A}C$

在实际化简逻辑函数时，需要灵活运用上述几种方法，才能得到最简式。

6.4　集成逻辑门电路

前面讲过的逻辑电路，都是集成在一个芯片上。产品也有很多品种。其中应用最普遍的是 TTL 系列和 CMOS 系列集成电路。

TTL 系列门电路是由晶体管-晶体管构成的门电路，其逻辑状态仅由晶体管实现，电路中的二极管只用于电平转移和引出电压，电阻仅用于分压和限流。MOS 系列门电路是用 N 沟道或 P 沟道耗尽型场效应晶体管制成的集成电路。若在一个门电路中使用了 N 沟道和 P 沟道 MOS 管互补电路，则称为 CMOS 门电路。

1. TTL 系列数字电路

TTL 系列数字电路分类：TTL 系列数字电路按集成度高低可分为小规模集成电路、中规模集成电路、大规模集成电路和超大规模集成电路。在不同规模的集成电路中包含了各种不同功能的逻辑电路。小规模集成电路集成度比较低，大多数是与门、或门、与非门、或非门、与或非门、反相器、三态门、锁存器、触发器、单稳态、多谐振荡器以及一些扩展门、缓冲器、驱动器等比较简单、通用的数字逻辑单元电路。根据电路设计需要，利用手册，可以选择合适的器件来构成所需的各种数字逻辑电路。中、大规模集成电路的集成度比较高，大多数是一些具有特定逻辑功能的逻辑电路。其中包括：加法器、累加器、乘法器、比较器、奇偶发生器/校验器、算术运算器、多（四、六、八）触发器、寄存器堆、时钟发生器、码制转换器、数据选择器/多路开关、译码器/分配器、显示译码器/驱动器、位片式处理器、异步计数器、同步计数器、A/D 和 D/A 转换器、随机存储器（RAM）、只读存储器（ROM/PROM/EPROM/EEPROM）、处理机控制器和支持功能器件等。

在实际应用中不但要了解各种芯片的逻辑功能，还要综合比较各种参数，使其满足设计要求。各种 TTL 集成电路的重要电特性参数指标，都可以在 TTL 集成电路手册中查到。对于功能复杂的 TTL 集成电路，手册中还提供时序图或波形图、功能表或真值表以及对引脚信号电平的要求。熟练运用集成电路手册，掌握芯片的各种功能与参数指标是正确使用各类 TTL 集成电路的必备条件。在使用 TTL 集成电路时，有些不用的输入端若用小电阻接地，会使此输入端相当于输入一个低电平；若所接电阻过大时，输入端相当于输入一个高电平。因此在处理 TTL 集成电路闲置输入端时，应确保闲置输入端的电平状态不破坏电路的逻辑关系。若闲置输入端悬空时，相当于输入高电平状态。对于闲置输入端的处理，还可以通过电阻将其接至电源 U_{CC}，这种接法不影响电路的逻辑状态。

常用 74 系列 TTL 门电路器件表见表6-15。表中标有 OC 的门电路是指输出端集电极开路的门电路。

表 6-15　常用 74 系列 TTL 门电路器件表

品种代号	品种名称	品种代号	品种名称
00	四 2 输入与非门	12	三 3 输入与非门
01	四 2 输入与非门（OC）	20	二 4 输入与非门
02	四 2 输入或门	21	4 输入与门
03	四 2 输入或非门（OC）	22	二 4 输入与非门（OC）
04	六反相器	27	三 3 输入或非门
05	六反相器（OC）	30	8 输入与非门
08	四 2 输入与门	37	四 2 输入与非缓冲器
10	三 3 输入与非门	86	四 2 输入异或门（OC）

2. MOS 系列数字电路

CMOS 门电路与 TTL 门电路相比，除了结构及电路图不同外，它们的逻辑符号、逻辑表达式完全相同，且真值表（功能表）也完全相同。只是它们的电气参数有所不同，使用方法也有差异而已。

（1）CMOS 数字电路的特点

1）由于 CMOS 的导通内阻比晶体管导通内阻大，所以 CMOS 电路的工作速度比 TTL 电路的工作速度慢。

2）CMOS 电路的输入阻抗很高，超过 10MΩ，在频率不高的情况下，电路可以驱动的 CMOS 电路多于 TTL 电路。

3）CMOS 电路的电源电压允许的变化范围较大，在 5 ~ 15V 之间，所以其输出高、低电平的摆幅较大。与 TTL 电路相比，CMOS 电路的抗干扰能力更强，噪声容限可达 30% U_{DD}（U_{DD} 为电源电压）。

4）由于 CMOS 工作时总是一管导通，另一管截止，几乎不从电源汲取电流，因此 CMOS 电路的功耗比 TTL 电路小。

5）因 CMOS 集成电路的功耗小，其内部发热量小，所以 CMOS 电路的集成度要比 TTL 电路高。

6）CMOS 集成电路的温度稳定性好，抗辐射能力强，适合于特殊环境下工作。

7）由于 CMOS 电路的输入阻抗高，使其容易受静电感应而击穿，所以在其内部一般都设置了保护电路。

（2）CMOS 集成电路使用注意事项

1）对于各种 CMOS 集成电路来说，在技术手册上都会给出各主要参数的工作条件和极限值，因此一定要在推荐的工作条件范围内使用，否则将导致性能下降或损坏器件。

2）在使用和存放时应注意静电屏蔽。焊接时，电烙铁应接地良好或在电烙铁断电情况下焊接。

3）CMOS 电路多余不用的输入端不能悬空，应根据需要接地或接正电源。为了解决由于门电路多余输入端并联后使前级门电路负载增大的影响，根据逻辑关系的要求，可以把多余的输入端直接接地当作低电平输入或把多余的输入端通过一个电阻接到电源上当作高电平输入。这种接法不仅不会造成对前级门电路的影响，而且还可以抑制来自电源的干扰。

4）不同系列集成门电路在同一系统中使用时，由于它们使用的电源电压、输入/输出电平的高低不同，因此需加电平转换电路。

常用 CMOS 门电路见表 6-16 和表 6-17。

表 6-16 常用 CMOS（C000 系列）数字集成电路

品种代号	品种名称	品种代号	品种名称
C001、C031、C061	二 4 输入与门	C006、C036、C066	四 2 输入与非门
C002、C032、C062	二 4 输入或门	C007、C037、C067	二 4 输入或非门
C003、C033、C063	六非门	C008、C038、C068	三 3 输入或非门
C004、C034、C064	二 4 输入与非门	C009、C039、C069	四 2 输入或非门
C005、C035、C065	三 3 输入与非门	C013、C043、C073	双 D 触发器

表 6-17 常用 CMOS（CC4000 系列）数字集成电路

品种代号	品种名称	品种代号	品种名称
CC4011、CD4011、TC4011	四 2 输入与非门	CC4081、CD4081、TC4081	四 2 输入与门
CC4001、CD4001、TC4001	四 2 输入或非门	CC40175、CD40175、TC40175	四 D 触发器
CC4013、CD4013、TC4013	双 D 触发器	CC4511、CD4511、TC4511	译码驱动器
CC4069、CD4069、TC4069	六反相器	CC4553、CD4553、TC4553	十进制计数器

情 境 总 结

1）数字电路的工作信号是离散的信号，即数字信号。数字电路主要采用二进制数，并采用二进制数进行编码。为了使用方便，还使用八进制和十六进制。用二进制数编码，有很多种方案。对十进制数的编码即 BCD，最常用的是 8421BCD 码。

2）逻辑代数是分析与设计数字系统的重要工具。逻辑代数包括一些定律和常用公式，使用这些定律和公式，可以对逻辑函数进行简化，以便得到最简单的逻辑关系，实现数字电路设计最简化。

3）逻辑变量是用来表示逻辑关系的二值量，只有 0 和 1 两种取值。各种复杂的逻辑关系都是由一些基本的逻辑关系组成的。最基本的逻辑关系有与、或、非三种，它们组成的基本逻辑关系主要有与非、或非、与或非、异或、同或等。不同的逻辑关系各有对应的逻辑符号，由各种逻辑符号构成的电路图称为逻辑电路图。

4）逻辑函数的表示方法主要有逻辑函数表达式、真值表、逻辑图和卡诺图。逻辑函数表达式有多种形式，但一个函数的真值表是唯一的。

习题与思考题

6-1 将下列十进制数转换为二进制、八进制和十六进制数：

（1）$(43)_{10}$ （2）$(27)_{10}$ （3）$(125)_{10}$ （4）$(100)_{10}$

6-2 将下列二进制数转换为十进制、八进制和十六进制数：

（1）$(1011)_2$ （2）$(110111)_2$ （3）$(1111011)_2$

6-3 将下列八进制数转换为十进制、二进制数：

（1）$(43)_8$ （2）$(27)_8$ （3）$(125)_8$

6-4 将下列十六进制数转换为十进制、二进制数：

（1）$(4A3)_{16}$ （2）$(D7)_{16}$ （3）$(825)_{16}$

6-5　写出下列十进制数的 8421BCD 码：

（1）$(345)_{10}$　　　　　（2）$(827)_{10}$　　　　　（3）$(69)_{10}$　　　　　（4）$(102)_{10}$

6-6　写出下列 8421BCD 码对应的十进制数：

（1）$(01000010)_{8421BCD}$　　　（2）$(100001010011)_{8421BCD}$　　　（3）$(100100010101)_{8421BCD}$

6-7　逻辑代数中三种最基本的逻辑关系是什么？请分别举出符合三种最基本逻辑关系的实例。

6-8　什么叫真值表？列出下列函数的真值表，指出当 A、B 、C 取什么值时，函数 Y 的值为1。

（1）$Y = AB + BC + AB$

（2）$Y = \bar{A}B + AC$

（3）$Y = A \oplus B \oplus C$

（4）$Y = (A + B + C)(\bar{A} + B + \bar{C})$

6-9　用公式法化简下列逻辑函数为最简与或式：

（1）$Y = A + ABC + A\,\overline{BC} + BC + \overline{B}C$

（2）$Y = A\,\overline{B}CD + ABD + A\,\overline{C}D$

（3）$Y = \bar{A}\,\bar{B} + (AB + A\,\bar{B} + \bar{A}B)\,C$

（4）$Y = A + A\,\bar{B}\,\bar{C} + \bar{A}CD + (\bar{C} + \bar{D})\,E$

（5）$Y = (A \oplus B)\,C + ABC + \bar{A}\,\overline{BC}$

（6）$Y = AD + A\,\bar{D} + AB + \bar{A}C + \overline{CD} + A\,\overline{B}EF$

6-10　画出下列逻辑函数的逻辑图：

（1）$Y = AB + BC + AB$

（2）$Y = \bar{A}B + AC$

（3）$Y = A \oplus B \oplus C$

（4）$Y = (A + B + C)(\bar{A} + B + \bar{C})$

6-11　画出用与非门实现下列函数的逻辑图：

（1）$Y = AB + BC + AB$

（2）$Y = \bar{A}B + AC$

（提示：用与非门实现函数，方法是将逻辑函数的与或表达式两次取反，利用反演律整理即得。）

知识目标

掌握：

1）组合逻辑电路分析与设计的基本方法。

2）常用组合逻辑集成芯片如编码器、译码器、数据选择器等的功能和初步应用知识。

理解：

编码器、译码器、数据选择器的定义。

了解：

二进制普通编码器和优先编码器的区别。

技能目标

1）能根据具体任务情况对常用组合逻辑集成芯片进行选型。

2）会应用常见组合逻辑集成芯片。

7.1 组合逻辑电路的分析与设计

组合逻辑电路指任何时刻的输出仅取决于该时刻输入信号，而与电路原有的状态无关的电路。其逻辑功能特点是没有存储和记忆作用；组成特点是由门电路构成，不含记忆单元，无反馈。

7.1.1 组合逻辑电路的分析

分析逻辑电路的目的，就是要研究其输出与输入之间逻辑关系，得出电路所实现的逻辑功能。分析的一般步骤如下：

1）由已知的逻辑图写出逻辑表达式。一般从输入端逐级写出各逻辑门的表达式，直到写出该电路的逻辑表达式。

2）将逻辑式化简。

3）列出真值表。

4）根据真值表和表达式确定其逻辑功能。

组合逻辑电路的分析流程如图7-1所示。

例7-1　试分析图7-2所示电路的逻辑功能。

解：分析步骤如下：

组合逻辑电路
的分析

图 7-1　组合逻辑电路的分析流程

1）由输入变量 A、B 开始，逐级写出各个门的输出表达式，最后导出输出结果。

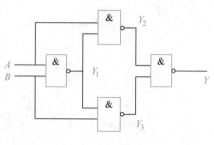

图 7-2　例 7-1 图

$$Y_1 = \overline{AB}$$
$$Y_2 = \overline{A \cdot Y_1} = \overline{A \cdot \overline{AB}} = \overline{A} + AB = \overline{A} + B$$
$$Y_3 = \overline{B \cdot Y_1} = \overline{B \cdot \overline{AB}} = \overline{B} + AB = A + \overline{B}$$
$$Y = \overline{Y_2 Y_3} = (\overline{A} + B)(A + \overline{B})$$

2）将输出结果化为最简的与或式。

$$Y = \overline{Y_2 Y_3} = \overline{(\overline{A} + B)(A + \overline{B})} = \overline{\overline{A} + B} + \overline{A + \overline{B}} = A \cdot \overline{B} + \overline{A} \cdot B$$

3）列出真值表，见表 7-1。

4）分析真值表可知，A、B 输入相同时，输出为 0；A、B 输入不同时，输出为 1。即异或逻辑。

例 7-2　分析图 7-3 所示电路的逻辑功能。

表 7-1　例 7-1 的真值表

输入		输出
A	B	Y
0	0	0
0	1	1
1	0	1
1	1	0

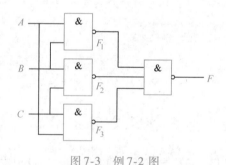

图 7-3　例 7-2 图

解：1）由输入变量 A、B、C 开始，逐级写出各个门的输出表达式，最后导出输出结果。

$$F_1 = \overline{AB} \qquad F_2 = \overline{BC} \qquad F_3 = \overline{CA}$$
$$F = \overline{F_1 F_2 F_3} = \overline{\overline{AB} \cdot \overline{BC} \cdot \overline{CA}} = AB + BC + CA$$

2）由表达式列出真值表，见表 7-2，由表可知，当输入 A、B、C 中有两个或三个为 1 时，输出 F 为 1，否则输出 F 为 0。所以这个电路实际上是一种三人表决用的组合电路：只要有两票或三票同意，表决就通过。

表 7-2　例 7-2 的真值表

A	B	C	F	A	B	C	F
0	0	0	0	1	0	0	0
0	0	1	0	1	0	1	1
0	1	0	0	1	1	0	1
0	1	1	1	1	1	1	1

7.1.2　组合逻辑电路的设计

组合逻辑电路的设计就是根据给出的实际问题，求出能够实现这一逻辑功能的实际电路。一般应以电路简单、所用器件最少为目标，并尽量减少所用集成器件的种类。设计的一般步骤如下：

1）根据命题的逻辑要求，确定好输入、输出变量并赋值，即建立真值表。

2）由真值表写出逻辑式。

3）将逻辑式化简，并根据要求把逻辑式转换成适当形式。

4）由逻辑式画出逻辑图。

组合逻辑电路的设计流程如图7-4所示。

图7-4 组合逻辑电路的设计流程

从上述步骤可见，组合逻辑电路设计是分析的逆过程。

例7-3 用与非门设计一个信号灯报警控制电路。信号灯有红、绿、黄三种，三种灯分别单独工作或黄、绿灯同时工作时属正常情况，其他情况均属故障，出现故障时输出报警信号。

解： 1）设红、绿、黄灯分别用 A、B、C 表示，灯亮时为正常工作，其值为1，灯灭时为故障现象，其值为0；输出报警信号用 Y 表示，正常工作时 Y 值为0，出现故障时 Y 值为1。列出真值表见表7-3。

表7-3 例7-3的真值表

A B C	Y	A B C	Y
0 0 0	1	1 0 0	0
0 0 1	0	1 0 1	1
0 1 0	0	1 1 0	1
0 1 1	0	1 1 1	1

2）写出逻辑函数式

$$Y = \overline{A}\,\overline{B}\,\overline{C} + A\overline{B}C + AB\overline{C} + ABC$$

化简为

$$Y = \overline{A}\,\overline{B}\,\overline{C} + A\overline{B}C + AB\overline{C} + ABC + ABC$$
$$= \overline{A}\,\overline{B}\,\overline{C} + AC(\overline{B} + B) + AB(\overline{C} + C)$$
$$= \overline{A}\,\overline{B}\,\overline{C} + AC + AB$$
$$= \overline{\overline{\overline{A}\,\overline{B}\,\overline{C} + AC + AB}}$$
$$= \overline{\overline{A}\,\overline{B}\,\overline{C} \cdot \overline{AC} \cdot \overline{AB}}$$

3）据整理的逻辑式画出逻辑电路图，如图7-5所示。

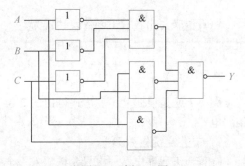

图7-5 例7-3图

7.2 常用组合逻辑器件

组合逻辑器件是指具有某种逻辑功能的中规模集成组合逻辑电路芯片。常用的有编码器、译码器、数据选择器、分配器、加法器、比较器等。本节主要介绍编码器、译码器、数据选择器的逻辑功能和应用。

7.2.1 编码器

所谓编码就是将特定含义的输入信号（文字、数字、符号）转换成二进制代码的过程。实现编码操作的数字电路称为编码器。按照编码方式不同，编码器可分为普通编码器和优先编码器；按照输出代码种类的不同，可分为二进制编码器和非二进制编码器。

1. 普通二进制编码器

n 位二进制数有 2^n 个不同的取值组合，用 n 位二进制代码对 2^n 个信号进行编码的电路称为二进制编码器。

在普通编码器中，任何时刻只允许输入一个编码信号，否则输出将发生混乱。现以 3 位二进制普通编码器为例，分析普通编码器的工作原理。图 7-6 是 3 位二进制编码器的框图，它的输入是 $I_0 \sim I_7$ 8 个信号，输出是 3 位二进制代码 $Y_2 Y_1 Y_0$。为此，又把它称为 8 线-3 线编码器。输出与输入的对应关系即真值表，见表 7-4。

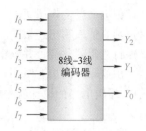

图 7-6　3 位二进制编码器的框图

表 7-4　3 位二进制编码器的真值表

输入								输出		
I_0	I_1	I_2	I_3	I_4	I_5	I_6	I_7	Y_2	Y_1	Y_0
1	0	0	0	0	0	0	0	0	0	0
0	1	0	0	0	0	0	0	0	0	1
0	0	1	0	0	0	0	0	0	1	0
0	0	0	1	0	0	0	0	0	1	1
0	0	0	0	1	0	0	0	1	0	0
0	0	0	0	0	1	0	0	1	0	1
0	0	0	0	0	0	1	0	1	1	0
0	0	0	0	0	0	0	1	1	1	1

由真值表写出各输出函数表达式为

$$Y_2 = I_4 + I_5 + I_6 + I_7$$
$$Y_1 = I_2 + I_3 + I_6 + I_7$$
$$Y_0 = I_1 + I_3 + I_5 + I_7$$

图 7-7 就是根据上述表达式得出的 3 位二进制编码电路。

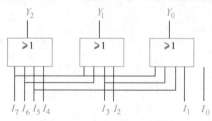

图 7-7　用或门构成的 3 位二进制编码电路

2. 二进制优先编码器

在普通编码器中，一次只允许输入一个编码信号。而优先编码器，允许同时输入两个或两个以上的编码信号。不过在设计优先编码器时已经将所有的输入信号按优先顺序排了队，当几个输入信号同时出现时，只对其中优先权最高的一个进行编码。

74LS148 是一种常用的 8 线-3 线优先编码器。其引脚排列和逻辑符号图如图 7-8 所示。

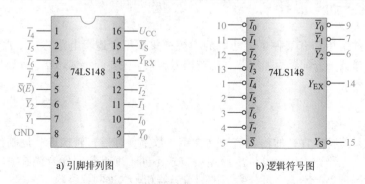

a) 引脚排列图　　　　　　　b) 逻辑符号图

图 7-8　74LS148 优先编码器

表7-5是74LS148的功能表。$\bar{I}_0 \sim \bar{I}_7$为编码输入端，低电平有效。$\bar{Y}_0 \sim \bar{Y}_2$为编码输出端，也是低电平有效。$\bar{I}_7$的优先级别最高，$\bar{I}_0$的级别最低。

表 7-5　74LS148 的功能表

输入									输出				
$\bar{S}$	$\bar{I}_0$	$\bar{I}_1$	$\bar{I}_2$	$\bar{I}_3$	$\bar{I}_4$	$\bar{I}_5$	$\bar{I}_6$	$\bar{I}_7$	$\bar{Y}_2$	$\bar{Y}_1$	$\bar{Y}_0$	$\bar{Y}_S$	$\bar{Y}_{EX}$
1	×	×	×	×	×	×	×	×	1	1	1	1	1
0	1	1	1	1	1	1	1	1	1	1	1	0	1
0	×	×	×	×	×	×	×	0	0	0	0	1	0
0	×	×	×	×	×	×	0	1	0	0	1	1	0
0	×	×	×	×	×	0	1	1	0	1	0	1	0
0	×	×	×	×	0	1	1	1	0	1	1	1	0
0	×	×	×	0	1	1	1	1	1	0	0	1	0
0	×	×	0	1	1	1	1	1	1	0	1	1	0
0	×	0	1	1	1	1	1	1	1	1	0	1	0
0	0	1	1	1	1	1	1	1	1	1	1	1	0

由表7-5不难看出，$\bar{S}$为使能（允许）输入端，低电平有效。在$\bar{S}=0$时，电路允许$\bar{I}_0 \sim \bar{I}_7$当中同时有几个输入端为低电平，即允许编码。$\bar{I}_7$的优先级别最高，$\bar{I}_0$的级别最低。比如，当$\bar{I}_7=0$时，无论其他输入端有无输入信号（表中以×表示），输出端只给出$\bar{I}_7$的编码，即$\bar{Y}_2\bar{Y}_1\bar{Y}_0=000$；当$\bar{I}_7=1$、$\bar{I}_6=0$时，无论其余输入端有无输入信号，只对$\bar{I}_6$编码，输出为$\bar{Y}_2\bar{Y}_1\bar{Y}_0=001$。在$\bar{S}=1$时，电路禁止编码，输出为$\bar{Y}_2\bar{Y}_1\bar{Y}_0=111$。

表中出现的3种$\bar{Y}_2\bar{Y}_1\bar{Y}_0=111$的情况可以用$\bar{Y}_S$和$\bar{Y}_{EX}$的不同状态加以区分。$\bar{Y}_S$和$\bar{Y}_{EX}$为使能输出端和优先标志输出端，主要用于多级连接进行扩展功能。图7-9所示为两块74LS148扩展成的一个16线-4线优先编码器。

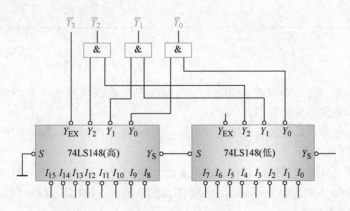

图 7-9　74LS148 扩展成的一个 16 线-4 线优先编码器

3. 二-十进制编码器

将十进制数 0~9 编成二进制代码的电路就是二-十进制编码器。下面以 74LS147 二-十进制

（8421）优先编码器为例加以介绍，其引脚排列和逻辑符号图如图 7-10 所示。

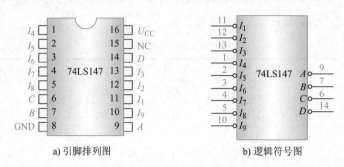

a) 引脚排列图　　　　　b) 逻辑符号图

图 7-10　74LS147 二-十进制（8421）优先编码器引脚排列和逻辑符号图

74LS147 的功能表见表 7-6。由该表可见，编码器有 9 个输入端（$I_1 \sim I_9$）和 4 个输出端（A、B、C、D）。其中 I_9 状态信号级别最高，I_1 状态信号的级别最低。$DCBA$ 为编码输出端，以反码输出，D 为最高位，A 为最低位。一组 4 位二进制代码表示一位十进制数。有效输入信号为低电平。若无有效信号输入即 9 个输入信号全为"1"，代表输入的十进制数是 0，则输出 $DCBA =$ 1111（0 的反码）。若 $I_1 \sim I_9$ 为有效信号输入，则根据输入信号的优先级别输出级别最高信号的编码。

表 7-6　74LS147 的功能表

输入									输出			
I_9	I_8	I_7	I_6	I_5	I_4	I_3	I_2	I_1	D	C	B	A
1	1	1	1	1	1	1	1	1	1	1	1	1
0	×	×	×	×	×	×	×	×	0	1	1	0
1	0	×	×	×	×	×	×	×	0	1	1	1
1	1	0	×	×	×	×	×	×	1	0	0	0
1	1	1	0	×	×	×	×	×	1	0	0	1
1	1	1	1	0	×	×	×	×	1	0	1	0
1	1	1	1	1	0	×	×	×	1	0	1	1
1	1	1	1	1	1	0	×	×	1	1	0	0
1	1	1	1	1	1	1	0	×	1	1	0	1
1	1	1	1	1	1	1	1	0	1	1	1	0

7.2.2　译码器

译码是编码的逆过程，即将每一组输入二进制代码"翻译"成为一个特定的输出信号。实现译码功能的数字电路称为译码器。

译码器的种类很多，常见的有二进制译码器、二-十进制译码器和数字显示译码器。

1. 二进制译码器

二进制译码器又称为变量译码器，用于把 n 位二进制代码转换成 2^n 个对应输出信号。常见的有 2 线-4 线（2 输入 4 输出）译码器、3 线-8 线（3 输入 8 输出）译码器和 4 线-16 线（4 输入 16 输出）译码器等。

74LS138 为常用的双极型集成 3 线-8 线译码器，其引脚排列和逻辑符号如图 7-11 所示。

图中 $A_2 A_1 A_0$ 为二进制代码输入端，A_2 为高位。$\overline{Y}_0 \sim \overline{Y}_7$ 为信号输出端，低电平有效。$\overline{E}_A$、$\overline{E}_B$ 和 E_C 为使能端。

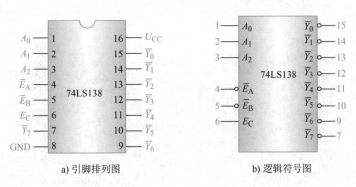

a) 引脚排列图 b) 逻辑符号图

图 7-11 集成 3 线−8 线译码器 74LS138

74LS138 的功能表见表 7-7。由功能表可知，当 E_C 为高电平、$\overline{E}_A$、$\overline{E}_B$ 都为低电平时，输出 $\overline{Y}_0 \sim \overline{Y}_7$ 中有且仅有一个为 0（低电平有效），其余都是 1，即译码器有有效译码信号输出，否则，译码器不工作，输出全为高电平 1。

表 7-7 74LS138 的功能表

输入					输出							
E_C	$\overline{E}_A + \overline{E}_H$	A_2	A_1	A_0	$\overline{Y}_0$	$\overline{Y}_1$	$\overline{Y}_2$	$\overline{Y}_3$	$\overline{Y}_4$	$\overline{Y}_5$	$\overline{Y}_6$	$\overline{Y}_7$
×	1	×	×	×	1	1	1	1	1	1	1	1
0	×	×	×	×	1	1	1	1	1	1	1	1
1	0	0	0	0	0	1	1	1	1	1	1	1
1	0	0	0	1	1	0	1	1	1	1	1	1
1	0	0	1	0	1	1	0	1	1	1	1	1
1	0	0	1	1	1	1	1	0	1	1	1	1
1	0	1	0	0	1	1	1	1	0	1	1	1
1	0	1	0	1	1	1	1	1	1	0	1	1
1	0	1	1	0	1	1	1	1	1	1	0	1
1	0	1	1	1	1	1	1	1	1	1	1	0

用 74LS138 可充当组合逻辑函数发生器，如图 7-12 所示，用译码器 74LS138 和与非门实现的逻辑关系是 $Y = ABC + \overline{A} \cdot \overline{B} \cdot \overline{C}$，即三变量一致鉴别。

2. 二−十进制译码器

二−十进制译码器即 BCD 码译码器。它的功能：将 4 位 BCD 代码翻译成 1 位十进制数字。因此，二−十进制译码器有 4 个输入端、10 个输出端，所以又称为 4 线−10 线译码器。

74LS42 集成 8421 BCD 码译码器如图 7-13 所示，其中图 7-13a 为引脚排列，图 7-13b 为逻辑符号。图中 $A_3 A_2 A_1 A_0$ 为 4 个输入端、$\overline{Y}_0 \sim \overline{Y}_9$ 是 10 个输出端，低电平有效。

表 7-8 为其逻辑真值表。

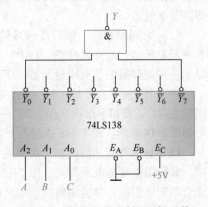

图 7-12 用 74LS138 实现逻辑函数

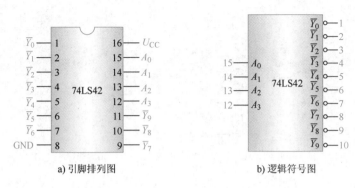

a) 引脚排列图　　　　　　　　b) 逻辑符号图

图 7-13　74LS42 集成 8421BCD 码译码器

表 7-8　74LS42 的逻辑真值表

输入				输出									
A_3	A_2	A_1	A_0	$\overline{Y_0}$	$\overline{Y_1}$	$\overline{Y_2}$	$\overline{Y_3}$	$\overline{Y_4}$	$\overline{Y_5}$	$\overline{Y_6}$	$\overline{Y_7}$	$\overline{Y_8}$	$\overline{Y_9}$
0	0	0	0	0	1	1	1	1	1	1	1	1	1
0	0	0	1	1	0	1	1	1	1	1	1	1	1
0	0	1	0	1	1	0	1	1	1	1	1	1	1
0	0	1	1	1	1	1	0	1	1	1	1	1	1
0	1	0	0	1	1	1	1	0	1	1	1	1	1
0	1	0	1	1	1	1	1	1	0	1	1	1	1
0	1	1	0	1	1	1	1	1	1	0	1	1	1
0	1	1	1	1	1	1	1	1	1	1	0	1	1
1	0	0	0	1	1	1	1	1	1	1	1	0	1
1	0	0	1	1	1	1	1	1	1	1	1	1	0

3. 数字显示译码器

在数字电路中，常常需要把测量或处理的结果直接用十进制数的形式显示出来，因此，数字显示电路是许多电子设备不可缺少的组成部分。数字显示电路通常由译码器、驱动器和显示器等部分组成。

（1）数码显示器　数码显示器件种类繁多，其作用是用以显示数字、文字或符号。常用的有液晶显示器、发光二极管（LED）显示器、辉光数码管以及荧光数码管等。目前，十进制数的显示使用最普遍的是七段显示器。下面以应用较多的 LED 七段数码管为例介绍数码显示的原理。

将七个发光二极管按"8"的形状排列封装在一起，即称为半导体数码管。利用七个 LED 的不同发光组合，便可显示出 0，1，2，…，9 十个不同的数字。半导体数码管的外形和显示的数字图形如图 7-14 所示。图 7-14a 中圆点 h 为圆形发光二极管，用于显示小数点。

LED 显示器有共阳极和共阴极两种接法。共阴极接法如图 7-15a 所示，各发光二极管阴极相接，对应阳极接高电平时亮。图 7-15b 所示为发光二极管的共阳极接法，共阳极接法是各发光二极管的阳极相接，对应阴极接低电平时亮。

（2）七段显示译码器　供 LED 显示器用的显示译码器有多种类型，如 74LS47、74LS48、74LS49。其中 74LS47 和 74LS48 引脚相同，不同的是 74LS47 输出低电平有效，74LS48 输出高电平有效。与 74LS47 和 74LS48 相比，74LS49 只有试灯端，没有灭零控制。显示译码器有四个输

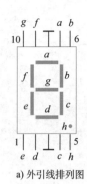

a) 外引线排列图

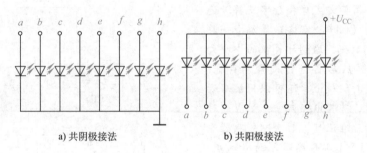

b) 显示的字形

图 7-14　半导体数码管的外形和显示的数字

a) 共阴极接法　　　　　　b) 共阳极接法

图 7-15　七段显示器的接法

入端，七个输出端，它将 8421 代码译成七个输出信号以驱动七段 LED 显示器。图 7-16 是显示译码器和 LED 显示器的连接示意图。

图 7-17 给出了 74LS48 译码器的引脚排列图和逻辑符号图。图中 $A_3A_2A_1A_0$ 为四个输入端、$Y_a \sim Y_g$ 是七个输出端。控制信号端 $\overline{LT}$、$\overline{I}_B/\overline{Y}_{BR}$、$\overline{I}_{BR}$ 的作用如下：

1）试灯输入 $\overline{LT}$。该输入端用于测试七段数码管发光段的好坏。当 $\overline{LT}=0$、$\overline{I}_B/\overline{Y}_{BR}=1$ 时，若七段均完好，显示字形是"8"。

2）熄灭输入信号 $\overline{I}_B$（即 $\overline{I}_B/\overline{Y}_{BR}$）。其是为了降低系统的功耗而设置的。当 $\overline{I}_B=0$ 时，不管输入如何，数码管不显示数字。

3）灭零输入信号 $\overline{I}_{BR}$。当 $\overline{LT}=1$，$\overline{I}_{BR}=0$ 时，如果输入 $A_3A_2A_1A_0=0000$，则数码管不显示任何数字；如果输入 $A_3A_2A_1A_0$ 是非零的其他数码，则数码管照常显示。

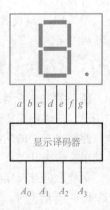

图 7-16　显示译码器和 LED 显示器的连接示意图

学习情境

7

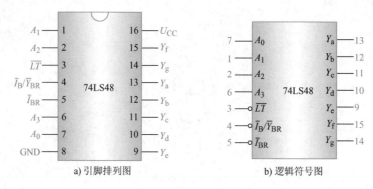

a) 引脚排列图　　　　　　b) 逻辑符号图

图 7-17　74LS48 译码器的引脚排列图和逻辑符号图

 情境链接

▶▲ 编码器与译码器的应用实例 ▲◀

编码器的应用是非常广泛的。例如，常用的计算机键盘，其内部就是一个字符编码器。它将键盘上的大、小写英文字母和数字及符号还包括一些功能键（回车、空格）等编成一系列的 7 位二进制数码，送到计算机的中央处理单元（CPU），然后再进行处理、存储、输出到显示器或打印机上。还可以用编码器监控炉罐的温度，若其中任何一个炉温超过标准温度或低于标准温度，则检测传感器输出一个低电平到 74LS148 编码器的输入端，编码器编码后输出 3 位二进制代码到微处理器进行控制。

图 7-18 是编码器、显示译码器构成的抢答器的应用。

7.2.3　数据选择器

所谓数据选择器，就是在选择控制信号作用下，能够根据需要从多路输入数据中挑选一路输出。它的基本功能类似于图 7-19 所示的单刀多掷开关。

集成数据选择器的种类很多，有 4 选 1、8 选 1 和 16 选 1 等。下面以 8 选 1 为例，介绍数据选择器的基本功能和应用知识。

图 7-20 所示为 74LS151 8 选 1 数据选择器的引脚排列和逻辑符号。

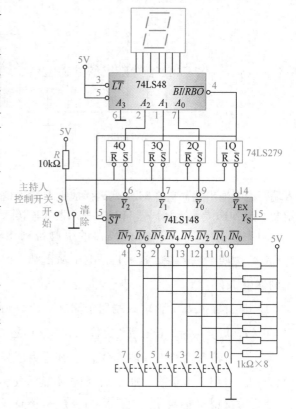

图 7-18　编码器、显示译码器构成的抢答器

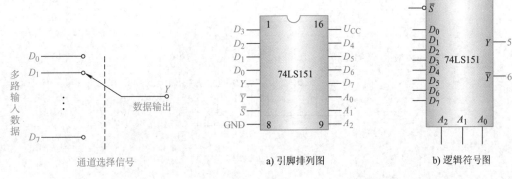

图 7-19　数据选择器示意图　　　　　图 7-20　74LS151 的引脚排列和逻辑符号

74LS151 有八个数据输入端 $D_7 \sim D_0$，三个地址端 $A_2A_1A_0$，一个使能端 $\overline{S}$，两个互补输出端 Y 和 $\overline{Y}$。其功能表见表 7-9。

当 $\overline{S}=1$ 时，74LS151 禁止工作，不能进行数据选择，$Y=0$ 和 $\overline{Y}=1$；当 $\overline{S}=0$ 时（有效），74LS151 接通工作，根据地址代码选择 $D_7 \sim D_0$ 中某一路输出。

表 7-9　74LS151 的功能表

输入				输出	
A_2	A_1	A_0	$\overline{S}$	Y	$\overline{Y}$
×	×	×	1	0	1
0	0	0	0	D_0	$\overline{D_0}$
0	0	1	0	D_1	$\overline{D_1}$
0	1	0	0	D_2	$\overline{D_2}$
0	1	1	0	D_3	$\overline{D_3}$
1	0	0	0	D_4	$\overline{D_4}$
1	0	1	0	D_5	$\overline{D_5}$
1	1	0	0	D_6	$\overline{D_6}$
1	1	1	0	D_7	$\overline{D_7}$

由此可得其逻辑表达式为

$$Y = \overline{A_2}\,\overline{A_1}\,\overline{A_0}D_0 + \overline{A_2}\,\overline{A_1}\,A_0D_1 + \overline{A_2}\,A_1\overline{A_0}D_2 + \overline{A_2}A_1\,A_0D_3 +$$
$$A_2\,\overline{A_1}\,\overline{A_0}D_4 + A_2\overline{A_1}\,A_0D_5 + A_2\,A_1\overline{A_0}D_6 + A_2\,A_1\,A_0D_7$$

数据选择器不仅用作数据传输，而且可用于实现组合逻辑函数。

例 7-4　试用 8 选 1 数据选择器（74LS151）实现函数 $Y=AB+AC+BC$。

解：（1）整理逻辑函数的表达式为

$$Y = AB+AC+BC = AB(C+\overline{C}) + AC(B+\overline{B}) + BC\,(A+\overline{A}) = ABC + AB\overline{C} + A\overline{B}C + \overline{A}BC$$

（2）与 74LS151 8 选 1 数据选择器的逻辑表达式对比后，令 $D_3 = D_5 = D_6 = D_7 = 1$，$D_0 = D_1 = D_2 = D_4 = 0$，并且三个地址端 $A_2A_1A_0$ 作为变量 A、B、C 输入端。

（3）画出电路图，如图 7-21 所示。

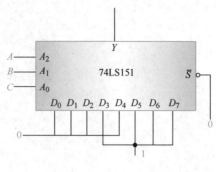

图 7-21　例 7-4 图

情 境 总 结

1）组合逻辑电路一般是由若干个基本逻辑单元组合而成，任何时刻的输出，仅取决于该时刻的输入，而与电路的原状态无关，即电路没有记忆功能。

2）要求掌握组合逻辑电路的一般分析方法和设计方法。组合逻辑电路的分析是给出逻辑电路图，通过一定的步骤找出该电路的逻辑功能；组合逻辑电路的设计是给出逻辑功能要求，通过一定的步骤设计并画出逻辑电路图。

3）对于常用的典型组合逻辑电路主要是编码器、译码器、数据选择器等，必须掌握它们的特点和逻辑功能。

习题与思考题

7-1　组合逻辑电路的结构及逻辑功能有什么特点？

7-2　组合逻辑电路的分析有哪几个步骤？组合逻辑电路的设计有哪几个步骤？

7-3　常用的集成组合逻辑电路有哪些？各有什么功能？

7-4　分析图 7-22 所示逻辑电路的功能。

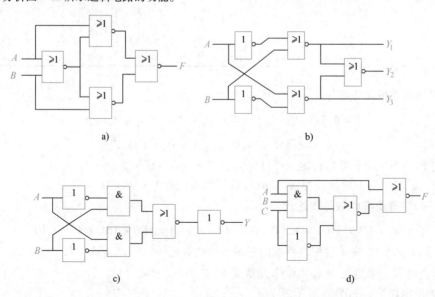

图 7-22　题 7-4 图

7-5　试设计一个组合逻辑电路，三个输入信号 A、B、C 决定电路输出 Y。当输入中有两个或三个为 1 时，Y 为 1。试列出该逻辑电路的真值表，并用与非门实现。

7-6　某同学参加四门课程考试，规定如下：

1）课程 A 及格得 1 分，不及格得 0 分。

2）课程 B 及格得 2 分，不及格得 0 分。

3）课程 C 及格得 4 分，不及格得 0 分。

4）课程 D 及格得 5 分，不及格得 0 分。

若总得分大于 8 分（含 8 分），就可结业。试用与非门画出实现上述要求的逻辑电路。

7-7　有三个班学生上自习，大教室能容纳两个班学生，小教室能容纳一个班学生。设计两个教室是否开灯的逻辑控制电路，要求如下：

（1）一个班学生上自习，开小教室的灯。

（2）两个班上自习，开大教室的灯。

（3）三个班上自习，两教室均开灯。

7-8　设计一个不一致逻辑电路，要求三个输入变量不一致时，输出为 1，反之为 0。

7-9　为使 74LS138 译码器的引脚 10 输出为低电平，请标出各输入端应置的逻辑电平。

7-10　图 7-23 是由 3 线-8 线译码器和与非门构成的电路，写出 Y_1 和 Y_2 的表达式，列出真值表，说明其逻辑功能。

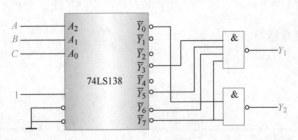

图 7-23　题 7-10 图

7-11　试用 3 线-8 线译码器 74LS138 和适当的门电路实现以下函数：

（1）$Y = ABC + A\overline{C}$

（2）$Y = AB + \overline{B}C + A\overline{C}$

7-12　用 8 选 1 数据选择器实现以下函数：

（1）$Y = A\overline{B} \cdot \overline{C} + ABC$

（2）$Y = AB + \overline{A}C + \overline{B}C$

7-13　有一水箱由大、小两台水泵 M_1 和 M_2 供水，如图 7-24 所示。水箱中设置了三个水位检测元件 A、B、C。水面低于检测元件时，检测元件给出高电平；水面高于检测元件时，检测元件给出低电平。现要求当水位超过 C 点时两个水泵同时停止工作；水位低于 C 点而高于 B 点时 M_2 单独工作；水位低于 B 点而高于 A 点时 M_1 单独工作；水位低于 A 点时 M_1 和 M_2 同时工作。试用门电路设计一个控制两台水泵运行的逻辑电路。

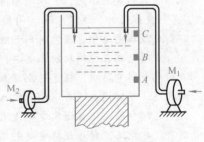

图 7-24　题 7-13 图

学习情境8
时序逻辑电路分析

知识目标

掌握：

1）各种触发器的逻辑功能及其描述方法。

2）时序逻辑电路的分析方法。

3）中规模集成时序电路（计数器、寄存器）的逻辑功能和使用方法。

理解：

各种触发器的工作原理。

了解：

几种触发器的转换。

技能目标

1）能根据给定的时序电路分析逻辑功能。

2）能根据逻辑功能的描述设计出满足该逻辑功能的时序电路。

3）能熟练利用集成电路实现任意进制计数。

4）能够完成数字电路的制作和调试。

情境链接

➤➤ 组合逻辑电路与时序逻辑电路的功能特点 ◀◀

根据逻辑功能的不同，可以将数字电路分成两大类，一类称为组合逻辑电路（简称组合电路），另一类称为时序逻辑电路（简称时序电路）。

在组合逻辑电路中，任意时刻的输出仅仅取决于该时刻的输入，与电路原来的状态无关。这就是组合逻辑电路在逻辑功能上的共同特点。

在时序逻辑电路中，任意时刻的输出信号不仅取决于当时的输入信号，而且还取决于电路原来的状态，或者说，还与以前的输入有关。具备这种逻辑功能的电路称为时序逻辑电路，以区别于组合逻辑电路。组合逻辑电路没有存储功能，很多实际场合是不适用的，具有存储功能的电路是时序逻辑电路。时序逻辑电路的结构框图如图8-1所示。

8.1 触发器

根据触发器电路结构的不同，可以把触发器分为基本RS触发器、同步触发器、边沿触发器

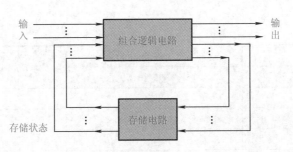

图 8-1　时序逻辑电路的结构框图

等。根据触发器逻辑功能的不同，又可以把触发器分为 RS 触发器、D 触发器、JK 触发器、T 和 T′触发器等。

8.1.1　RS 触发器

1. 基本 RS 触发器

基本 RS 触发器又称直接复位、置位触发器。它是构成各种功能触发器的最基本单元。

（1）电路构成及逻辑符号　图 8-2a 所示为由两个与非门的输入输出交叉反馈连接而组成的基本 RS 触发器的逻辑图，图 8-2b 为其逻辑符号。Q 与 $\overline{Q}$ 是触发器的两个互补输出端。触发器的状态以 Q 端为标志，当 $Q=1$（$\overline{Q}=0$）时称为 1 态；反之称为 0 态；$\overline{R}$ 和 $\overline{S}$ 是两个信号输入端，$\overline{R}$ 称为复位端，$\overline{S}$ 称为置位端，通常两输入端处于高电平，有信号输入时为低电平，故该电路称为低电平触发。R、S 上的"非"号和逻辑符号中的小圆圈都表示输入信号只在低电平时才对触发器起作用。

（2）逻辑功能分析　基本 RS 触发器如图 8-2a 所示，当 $\overline{S}=1$，$\overline{R}=1$ 时，触发器保持原态不变。如果原输出状态 $Q=0$，则 G_2 门输出 $\overline{Q}=1$，这样 G_1 门的两个输入端均为 1，所以输出 $Q=0$，即触发器保持原来的 0 态。同样，当原状态 $Q=1$ 时，触发器也将保持 1 态不变。这种由过去的状态决定现在状态的功能就是触发器的记忆功能。

当 $\overline{S}=0$，$\overline{R}=1$ 时，因 G_1 门有一个输入端为 0，故输出 $Q=1$，这样 G_2 门的两个输入端

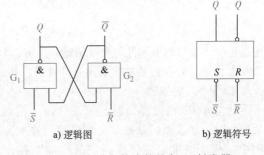

a）逻辑图　　　　　b）逻辑符号

图 8-2　与非门构成的基本 RS 触发器

均为 1，所以输出 $\overline{Q}=0$，即触发器处于 1 态，也称为置位状态，故 $\overline{S}$ 端被称为置位或置 1 端。

当 $\overline{S}=1$，$\overline{R}=0$ 时，因 G_2 门有一个输入端为 0，故输出 $\overline{Q}=1$，这样 G_1 门的两个输入端均为 1，所以输出 $Q=0$，即触发器为复位状态，故 $\overline{R}$ 端也称为复位端或清零端。

当 $\overline{S}=0$，$\overline{R}=0$ 时，显然 $Q=\overline{Q}=1$，此状态不是触发器定义状态。当负脉冲除去后，触发器的状态为不定状态，因此，此种情况在使用中应该禁止出现。

上述逻辑关系可用表 8-1 表示。表 8-1 中，Q^n、Q^{n+1} 分别表示输入信号作用前后触发器的输出状态。Q^n 称为初态或原态，Q^{n+1} 称为次态或新态。

表 8-1　基本 RS 触发器的特性表

输入		输出	功能说明
$\overline{R}$	$\overline{S}$	Q^{n+1}	
0	0	不定	不允许
0	1	0	置 0
1	0	1	置 1
1	1	Q^n	保持

总之，基本 RS 触发器具有记忆（保持）、直接置位（置 1）、直接复位（置 0）的功能。但存在"不定态"和输出状态直接受输入信号控制的缺点。

（3）时序图　时序图又称为波形图，是以输出状态随时间变化的波形图来描述触发器的逻辑功能。图 8-3 为基本 RS 触发器的时序图。设原态为 0 态。

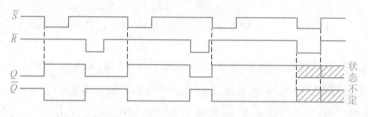

图 8-3　基本 RS 触发器的时序图

（4）特性方程　反映触发器新状态 Q^{n+1} 与原状态 Q^n 及输入 $\overline{S}$、$\overline{R}$ 之间关系的逻辑表达式称为特性方程。根据表 8-1 可得 RS 触发器的特性方程为

$$\begin{cases} Q^{n+1} = S + \overline{R} \cdot Q^n \\ \overline{R} + \overline{S} = 1 \end{cases}$$

式中，$\overline{R} + \overline{S} = 1$ 为约束条件，表示两输入端 $\overline{R}$、$\overline{S}$ 不能同时为 0。

综上所述，触发器的功能描述有特性表、特性方程、时序图（波形图）等方法。

2. 同步 RS 触发器

上述基本 RS 触发器，当 S 和 R 的输入信号发生变化时，触发器的状态就立即改变。在实际使用中，通常要求触发器按一定的时间节拍动作。这就要求触发器的翻转时刻受时钟脉冲的控制，而翻转到何种状态由输入信号决定，从而出现了同步 RS 触发器。

（1）电路构成及逻辑符号　在基本 RS 触发器的基础上，加上两个与非门即可构成同步 RS 触发器，其逻辑图和逻辑符号如图 8-4 所示。S 为置位输入端，R 为复位输入端，CP 为时钟脉冲输入端。

（2）逻辑功能　同步 RS 触发器的逻辑功能，即特性表见表 8-2。

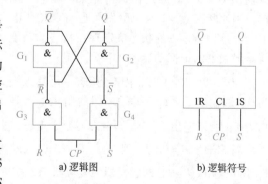

a) 逻辑图　　　　　b) 逻辑符号

图 8-4　同步 RS 触发器

表 8-2 同步 RS 触发器的特性表

脉冲	输入	输出	功能说明
CP	R S	Q^{n+1}	
0	× ×	Q^n	保持
1	0 0	Q^n	保持
1	0 1	0	置1
1	1 0	1	置0
1	1 1	不定	不允许

8.1.2 JK 触发器

JK 触发器是一种功能较完善、应用很广泛的触发器。

1. 主从 JK 触发器

（1）逻辑电路图和逻辑符号　主从 JK 触发器的逻辑图和逻辑符号如图 8-5a、b 所示。它由主触发器、从触发器和非门组成。Q_m 和 $\overline{Q}_m$ 是主触发器输出端（内部）；Q 和 $\overline{Q}$ 为从触发器输出端，J 和 K 是信号输入端，时钟信号为 CP。

有时为了在时钟脉冲 CP 到来之前，预先将触发器置成某一初始状态，在集成触发器电路中设置了专门的直接置位端（用 S_D 或 $\overline{S}_D$ 表示）和直接复位端（用 R_D 或 $\overline{R}_D$ 表示），用于直接置1和直接置0。图 8-5c 是带直接置位和复位端的主从 JK 触发器的逻辑符号，图中 R_D 和 S_D 用小圆圈或字母上加"非"符号，表示低电平有效，C1 是时钟 CP 的输入端，以数字 1 标记的数据输入如图中 1J、1K 受 C1 影响。直角符号"⌐"表示主从触发器延迟输出。

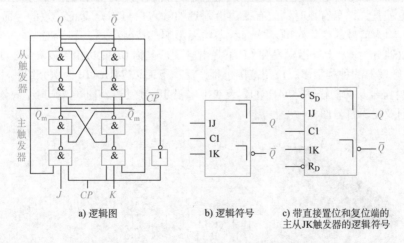

a) 逻辑图　　　　b) 逻辑符号　　c) 带直接置位和复位端的
　　　　　　　　　　　　　　　　　主从JK触发器的逻辑符号

图 8-5　主从 JK 触发器的逻辑图和逻辑符号

（2）逻辑功能　由 JK 4 种不同输入组合的分析，可得出逻辑功能见表 8-3。

表 8-3　JK 触发器特性表

J K	Q^n	Q^{n+1}	功能说明
0 0	0 1	0 1	$Q^{n+1} = Q^n$ 保持

（续）

J K	Q^n	Q^{n+1}	功能说明
0　1	0 1	0 0	$Q^{n+1}=0$ 置0
1　0	0 1	1 1	$Q^{n+1}=1$ 置1
1　1	0 1	1 0	$Q^{n+1}=\overline{Q^n}$ 翻转功能

JK 触发器的逻辑函数表达式（即特性方程）为

$$Q^{n+1}=J\overline{Q^n}+\overline{K}Q^n$$

图 8-6 是主从 JK 触发器的波形图，由此能更直观地看出触发器的状态改变是在时钟脉冲从 1→0 时才发生的。

早期生产的集成 JK 触发器大多数是主从型的，如 7472、7473、7476 系列等都是 TTL 主从 JK 触发器产品。但由于主从 JK 触发器工作速度慢且易受噪声干扰，所以我国目前只保留有 CT2072、CT1111 两个品种的主从 JK 触发器。随着工艺的发展，JK 触发器大都采用边沿触发工作方式。

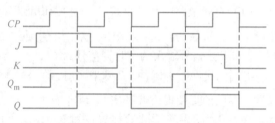

图 8-6　主从 JK 触发器的波形图

2. 边沿 JK 触发器

边沿触发器只在时钟脉冲的上升沿（或下降沿）的瞬间，才根据输入信号做出响应并引起状态翻转，也就是说，只有在时钟的有效边沿附近的输入信号才是真正有效的，而在 $CP=0$ 或 $CP=1$ 期间，输入信号的变化对触发器的状态均无影响。按触发器翻转所对应的 CP 时刻不同，可把边沿触发器分为 CP 上升沿触发和 CP 下降沿触发，也称 CP 正边沿触发和 CP 负边沿触发。

边沿 JK 触发器的种类很多，应用范围也很广泛，下面以 74HC112 为例介绍其功能及应用。

（1）逻辑符号及功能描述　74HC112 为双下降沿 JK 触发器，图 8-7 a、b、c 分别为其实物图、引脚排列及逻辑符号图。

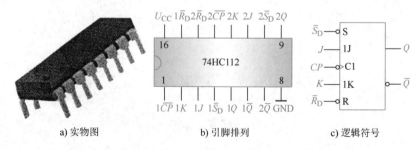

a) 实物图　　　　　b) 引脚排列　　　　　c) 逻辑符号

图 8-7　74HC112 边沿 JK 触发器的实物图、引脚排列及逻辑符号

引脚排列图中，字母符号上横线表示加入低电平有效；两个触发器以上的多触发器集成器件，在它的输入、输出符号前加同一数字，如 $1J$、$1K$、$1Q$、$1\overline{CP}$ 等，都属于同一触发器的引出端。逻辑符号图中脉冲输入端 C1 端加了符号"＞"，表示边沿触发，CP 端小圈表示触发器是下降沿触发。

边沿 JK 触发器的功能用特性表（见表8-4）、特性方程、波形描述如下：

逻辑函数表达式（即特性方程）为

$$Q^{n+1} = J\overline{Q}^n + \overline{K}Q^n$$

图 8-8 所示为负边沿 JK 触发器的波形图，由此能更直观地看出触发器的状态改变是在时钟脉冲下降沿瞬间改变的。

表 8-4　下降沿触发型 JK 触发器的特性表

CP	$\overline{S}_D$ $\overline{R}_D$	J K	Q^n	Q^{n+1}	功能说明
×	0　1	×　×	×	1	直接置1
×	1　0	×　×	×	0	直接置0
↓	1　1	0　0	0	0	$Q^{n+1}=Q^n$
↓	1　1	0　0	1	1	保持
↓	1　1	0　1	0	0	$Q^{n+1}=0$
↓	1　1	0　1	1	0	置0
↓	1　1	1　0	0	1	$Q^{n+1}=1$
↓	1　1	1　0	1	1	置1
↓	1　1	1　1	0	1	$Q^{n+1}=\overline{Q}^n$
↓	1　1	1　1	1	0	翻转功能

（2）应用举例　用一片 74HC112 可以构成图 8-9 所示的单按钮电子开关电路。图中引出端 2、3、16 接电源 $+U_{CC}$，即有 $1J=1K=1$，电路为计数翻转状态。4、15 端也与电源连接，即 $1\overline{S}_D=1\overline{R}_D=1$，异步置1、置0 功能处于无效状态。每按一下按钮 SB，$1Q$ 的输出状态就翻转一次。若原来 $1Q$ 为低电平，它使晶体管 VT 截止，继电器 KA 失电不工作，按一下按钮 SB，$1Q$ 翻转为高电平，VT 饱和导通，继电器 KA 得电工作。若再按一下 SB，则 $2Q$ 翻转恢复为低电平，VT 截止，继电器 KA 失电停止工作。通过继电器 KA，可以控制其他电器的启停，如台灯、电风扇等。

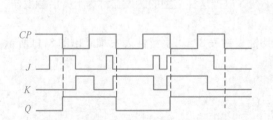

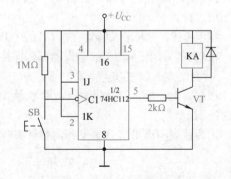

图 8-8　下降沿触发型 JK 触发器的波形图　　　图 8-9　用 74HC112 构成的单按钮电子开关电路

8.1.3　D 触发器

边沿 D 触发器又称维持阻塞 D 触发器，应用也很广泛。

1. 逻辑电路图和逻辑符号

图 8-10a 所示是边沿 D 触发器的逻辑图，其中 G_1、G_2 两个与非门组成基本 RS 触发器，$G_3 \sim G_6$ 组成维持阻塞控制电路。$\overline{R}_D$、$\overline{S}_D$ 是直接复位、置位端，不受 CP 脉冲控制，当 $\overline{R}_D=0$，$\overline{S}_D=1$ 时，

无论 CP 是 0 还是 1，触发器能可靠置 0；$\bar{R}_D = 1$，$\bar{S}_D = 0$ 时，无论 CP 是 0 还是 1，触发器能可靠置 1。在图 8-10b 中，脉冲输入端 C1 端加了符号"＞"，表示边沿触发。C1 端无小圆圈表示触发器在 CP 上升沿触发。

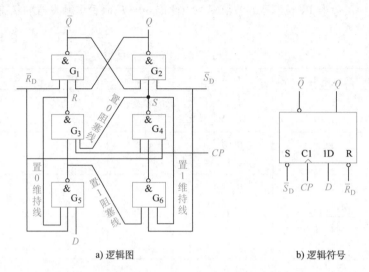

a) 逻辑图

b) 逻辑符号

图 8-10　维持阻塞 D 触发器逻辑图和逻辑符号

2. 功能分析

在 CP 上升沿（$CP\uparrow$）到来之前，$CP=0$，$\bar{R}_D=1$，$\bar{S}_D=1$，使基本 RS 触发器保持原态。设 $CP=0$ 时，$D=0$，则 G_5、G_6 门的输出为 $G_5=1$，$G_6=0$，在脉冲 CP 到来后，$G_3=\bar{G}_5=0$，一方面使触发器状态置 0，另一方面又经过置 0 维持线反馈至 G_5 门的输入端，封锁 G_5 门（克服了空翻），使触发器输出状态维持 0 不变。在 $CP=1$ 期间，G_5 门输出的 1 还通过置 1 阻塞线反馈至 G_6 门的输入端，使 G_6 门输出为 0，从而可靠地保证 G_4 门输出为 1，阻止触发器状态可能向 1 翻转。

按照同样的方法可以分析出 $D=1$ 时，触发器在 CP 从 0 到 1 的作用下将触发器 Q 端置成 1 状态的过程。

综上所述，此种触发器只有在 CP 的上升沿到来时刻才按照输入信号的状态进行翻转，除此之外，在 CP 的其他任何时刻，触发器都将保持状态不变，故把这种类型的触发器称为上升沿触发器。

3. 特性表、特性方程和时序图

根据以上分析，可以归纳出边沿 D 触发器的特性表见表 8-5。由特性表不难画出图 8-11 所示的时序图。

由特性表不难得出 D 触发器的特性方程为

$$Q^{n+1} = D$$

表 8-5　边沿 D 触发器的特性表

CP	D	Q^n	Q^{n+1}
$\uparrow$	0	0	0
$\uparrow$	0	1	0
$\uparrow$	1	0	1
$\uparrow$	1	1	1

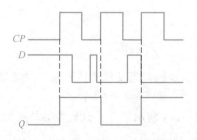

图 8-11　边沿 D 触发器的时序图

4. 集成 D 触发器的应用举例

用74LS74 边沿双 D 触发器接成图 8-12a 所示电路,加入频率为 1kHz 时钟脉冲,试分析电路的作用,画出时序图。

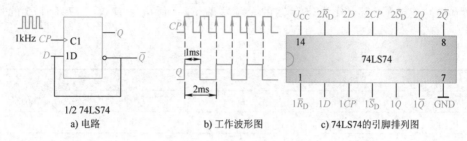

a) 电路　　　　　　b) 工作波形图　　　　　　c) 74LS74的引脚排列图

图 8-12　74LS74 集成 D 触发器构成的应用电路及工作波形

由图 8-12a 所示电路,可以写出　　　　　$D = \overline{Q}$

根据 D 触发器的特性方程,有 $Q^{n+1} = D = \overline{Q}^{n}$,因此,输入一个时钟脉冲,在 CP 上升沿到来时,触发器的输出改变一次状态。

据此,可画出 Q 端波形,如图 8-12b 所示。由 Q 端波形可见,该电路实现了二分频。

图 8-12c 所示是 74LS74 双 D 触发器的引脚排列图。

8.1.4　T 和 T′ 触发器

如果把 JK 触发器的两个输入端 J 和 K 相连,并把相连后的输入端用 T 表示,就构成了 T 触发器。

把 $J = K = T$ 代入 JK 触发器的特性方程 $Q^{n+1} = J\overline{Q}^{n} + \overline{K}Q^{n}$,可得到 T 触发器的特性方程为

$$Q^{n+1} = T\overline{Q}^{n} + \overline{T}Q^{n}$$

由特性方程列出其特性表见表 8-6。T 触发器具有保持和翻转功能。

如果在 T 触发器中令 $T = 1$,则特性方程为

$$Q^{n+1} = \overline{Q}^{n}$$

此式表明,每输入一个脉冲,触发器的状态就翻转一次。这种只具有翻转功能的触发器称为 T′ 触发器。

表 8-6　T 触发器特性表

T	Q^{n+1}	功能说明
0	Q^{n}	保持
1	$\overline{Q}^{n}$	翻转

8.2　集成寄存器

寄存器是一种重要的数字逻辑部件,常用来接收、暂存、传递数码或指令等信息。寄存器按功能可分为数码寄存器和移位寄存器两大类。

8.2.1　数码寄存器

在数字系统中,用以暂存数码的数字部件称为数码寄存器,它只有接收、暂存和清除数码的

功能。现在以 74LS175 集成 4 位数码寄存器来说明数码寄存器的电路结构和功能。

74LS175 是一个 4 位寄存器，它的逻辑图如图 8-13 所示。由图看出它是由 4 个 D 触发器组成。$D_0 \sim D_3$ 是数据输入端。$Q_0 \sim Q_3$ 是数据输出端，$\overline{Q}_0 \sim \overline{Q}_3$ 是反码输出端。各触发器的复位端（直接置 0 端）连接在一起，作为寄存器的总清零端 $\overline{R}_D$（低电平有效）。74LS175 的功能表见表 8-7。

表 8-7　74LS175 的功能表

输入			输出	
$\overline{R}_D$	CP	D	Q^{n+1}	$\overline{Q}^{n+1}$
0	×	×	0	1
1	↑	1	1	0
1	↑	0	0	1
1	0	×	Q^n	$\overline{Q}^n$

寄存器的工作过程如下：

1）异步清零。在 $\overline{R}_D$ 端加负脉冲，各触发器异步清零。清零后，应将 $\overline{R}_D$ 接高电平。

2）并行数据输入。在 $\overline{R}_D = 1$ 的前提下，将所要存入的数据 D 加到数据输入端，例如存入的数码为 1010，则寄存器的输入 $D_3D_2D_1D_0$ 为 1010。D 触发器的逻辑功能是 $Q^{n+1} = D$。因而在 CP 脉冲上升沿一到，寄存器的状态 $Q_3Q_2Q_1Q_0$ 就变为 1010，数据被并行存入。

3）记忆保持。只要使 $\overline{R}_D = 1$，CP 无上升沿（通常接低电平），则各触发器保持原状态不变，寄存器处在记忆保持状态。这样就完成了接收并暂存数码的功能。这种寄存器在接收数码时同时输入；取出数码时，也是同时输出。因此，这种寄存器称为并行输入、并行输出数码寄存器。

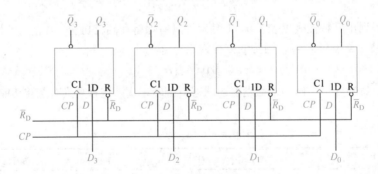

图 8-13　4 位数码寄存器

8.2.2　移位寄存器

移位寄存器具有数码寄存和移位两个功能。所谓移位功能，就是寄存器中所存数据，可以在脉冲作用下逐次左移或右移。若在时钟脉冲的作用下，寄存器中的数码依次向右移动一位，则称右移；如依次向左移动，则称为左移。移位寄存器具有单向移位功能的称为单向移位寄存器；既可右移又可左移的称为双向移位寄存器。

1. 单向移位寄存器

图 8-14 所示电路是用 D 触发器组成的 4 位右移位寄存器。其中 FF_3 是最高位触发器，FF_0 是最低位触发器。每个高位触发器的输出端 Q 与低一位的触发器的输入端 D 相接。整个电路只有

最高位触发器 FF_3 的输入端接收数据。所有触发器的复位端接在一起作为清零端，时钟端连在一起作为移位脉冲的输入端 CP，显然它是同步时序电路。

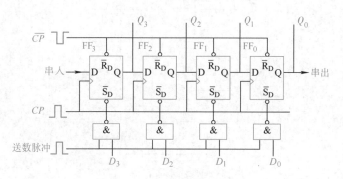

图 8-14　4 位右移位寄存器

工作原理：接收数码前，寄存器应清零，令 $\overline{CR}=0$。接收数码时，$\overline{CR}=1$。每当移位脉冲上升沿到来时，输入数据便一个接一个地依次移入 FF_3 中，同时其余触发器的状态也依次移给低一位触发器，这种输入方式称为串行输入。假设要存入的数码为 $D_3D_2D_1D_0=1101$，根据数码右移的特点，首先输入最低位 D_0，然后由低位到高位，依次输入。

当输入最低位数 $D_0=1$ 时，在第一个 CP 脉冲上升沿到来后，D_0 移入 FF_3 中，而其他三个触发器保持 0 态不变。寄存器的状态为 $Q_3Q_2Q_1Q_0=1000$；当输入数码 $D_1=0$ 时，在第二个脉冲上升沿到来后，$D_1=0$ 移到 FF_3 中，而 $Q_3=1$ 则移到 FF_2 中，此时 Q_1、Q_0 仍为 0 态。寄存器的状态为 $Q_3Q_2Q_1Q_0=0100$；同样的分析，输入数码 $D_2=1$ 时，在第三个脉冲上升沿到来后，寄存器的状态为 $Q_3Q_2Q_1Q_0=1010$；输入数码 $D_3=1$ 时，第四个脉冲上升沿到来后，寄存器的状态为 $Q_3Q_2Q_1Q_0=1101$。

综上分析，经过四个 CP 脉冲作用后，4 位数码 1101 就恰好全部移入寄存器中。表 8-8 是 4 位右移寄存器的状态表。图 8-15 是其工作波形。

表 8-8　4 位右移寄存器状态表

移位脉冲	输入数据	输　　出			
		Q_3	Q_2	Q_1	Q_0
初　始	1	0	0	0	0
1	0	1	0	0	0
2	1	0	1	0	0
3	1	1	0	1	0
4		1	1	0	1

2. 双向移位寄存器

现以 74LS194 为例介绍集成双向移位寄存器的功能和应用。

74LS194 是一种典型的中规模 4 位双向移位寄存器。其引脚排列图及逻辑符号如图 8-16 所示，其功能表见表 8-9。

由表 8-9 可知，当清零端 $\overline{R}_D$ 为低电平时，输出端 $Q_0 \sim Q_3$ 均为低电平。在 $R_D=1$ 的前提下，

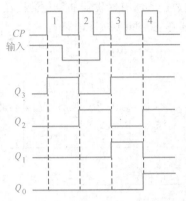

图 8-15 4 位右移寄存器工作波形

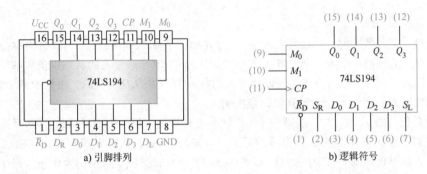

a) 引脚排列   b) 逻辑符号

图 8-16 74LS194 4 位双向移位寄存器

当 $M_1M_0 = 00$ 时，移位寄存器保持原来状态；当 $M_1M_0 = 01$ 时，在 CP 脉冲作用下进行右移位，每来一个 CP 脉冲的上升沿，寄存器中的数据右移一位，并且由 S_R 端输入一位数据；当 $M_1M_0 = 10$ 时，在 CP 脉冲作用下进行左移位，每来一个 CP 脉冲的上升沿，寄存器中的数据左移一位，并且由 S_L 端输入一位数据；当 $M_1M_0 = 11$ 时，在 CP 脉冲的配合下，并行输入端的数据存入寄存器中。

表 8-9 74LS194 的功能表

$\overline{R_D}$	M_1	M_0	CP	S_R	S_L	D_0 D_1 D_2 D_3	Q_0 Q_1 Q_2 Q_3	功能说明
0	×	×	×	×	×	× × × ×	0 0 0 0	异步置零
1	×	×	0	×	×	× × × ×	Q_0 Q_1 Q_2 Q_3	静态保持
1	0	0	↑	×	×	× × × ×	Q_0 Q_1 Q_2 Q_3	动态保持
1	0	1	↑	D_{IR}	×	× × × ×	D_{IR} Q_0 Q_1 Q_2	右　移
1	1	0	↑	×	D_{IL}	× × × ×	Q_1 Q_2 Q_3 D_{IL}	左　移
1	1	1	↑	×	×	D_0 D_1 D_2 D_3	D_0 D_1 D_2 D_3	并行输入

总之，74LS194 除具有清零，保持，实现数据左移、右移功能外，还可实现数码并行或串行输入输出。

例 8-1　逻辑电路如图 8-17 所示，试分析它的逻辑功能。

解：当启动信号端输入一个低电平脉冲时，使 G_2 门输出为 1，此时 $M_0 = M_1 = 1$，寄存器执行并行输入功能，$Q_0Q_1Q_2Q_3 = D_0D_1D_2D_3 = 0111$。启动信号撤除后，由于寄存器输出端 $Q_0 = 0$，使 G_1 门的输出为 1，G_2 门的输出为 0，$M_1M_0 = 01$，在 CP 脉冲的作用下执行右移操作。因为此时

$S_R = Q_3 = 1$，所以最低位不断送入1，当 $Q_3 = 0$ 时，最低位则送入0。所以，在移位过程中，G_1 门的输入端总有一个为0，因此总能保持 G_1 门的输出为1，从而使 G_2 门的输出为0，维持 $M_1 M_0 = 01$，右移移位不断进行下去。右移情况见表8-10。由此可见，电路可按固定的时序输出低电平脉冲，该电路是四相时序脉冲产生器。

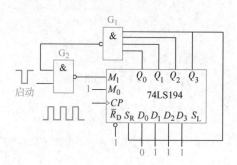

图 8-17　例 8-1 逻辑电路图

表 8-10　例 8-1 状态转换表

脉冲序号	右移 S_R	输出状态 $Q_0\ Q_1\ Q_2\ Q_3$			
1	1	0	1	1	1
2	1	1	0	1	1
3	1	1	1	0	1
4	0	1	1	1	0
5	1	0	1	1	1

8.3　计数器

计数器是应用最为广泛的时序逻辑电路之一，它不仅可以累计输入脉冲的个数，而且还常用于数字系统的定时、延时、分频等。

计数器按数字的增大或减小可分为加法计数器、减法计数器以及能加能减的可逆计数器；按进制不同可分为二进制计数器、十进制计数器和 N 进制计数器；按引入脉冲方式不同可分为同步计数器和异步计数器。

8.3.1　同步计数器

图 8-18 是由三个 JK 触发器组成的 3 位同步二进制加法计数器。

分析时序电路的基本方法如下：

1）写时钟方程、驱动方程：

时钟方程为

$$CP_0 = CP_1 = CP_2 = CP \downarrow$$

驱动方程为

$$J_0 = K_0 = 1$$

$$J_1 = K_1 = \overline{Q}_0^n$$

$$J_2 = K_2 = \overline{Q}_0^n \cdot \overline{Q}_1^n$$

2）求状态方程：JK 触发器的特性方程为

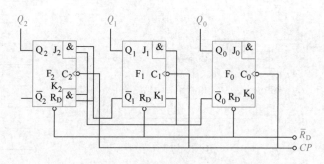

图 8-18　3 位同步二进制加法计数器

$$Q^{n+1} = J\overline{Q}^n + \overline{K}Q^n$$

将对应驱动方程式分别代入 JK 触发器特性方程式，进行化简变换可得状态方程为

$$Q_0^{n+1} = J_0 \overline{Q}_0^n + \overline{K}_0 Q_0^n = \overline{Q}_0^n (CP \downarrow)$$

$$Q_1^{n+1} = J_1 \overline{Q}_1^n + \overline{K}_1 Q_1^n = \overline{Q}_0^n\ \overline{Q}_1^n + \overline{\overline{Q}_0^n} Q_1^n = \overline{Q}_1^n\ \overline{Q}_0^n + Q_1^n Q_0^n (CP \downarrow)$$

$$Q_2^{n+1} = J_2 \overline{Q}_2^n + \overline{K}_2 Q_2^n = \overline{Q}_2^n\ \overline{Q}_1^n\ \overline{Q}_0^n + Q_2^n\ \overline{Q}_1^n\ \overline{Q}_0^n (CP \downarrow)$$

3）进行状态计算，列出状态表（见表8-11），画状态图，如图8-19所示。

表8-11　3位二进制同步计数器状态表

CP 个数	$Q_2^n\ Q_1^n\ Q_0^n$	$Q_2^{n+1}\ Q_1^{n+1}\ Q_0^{n+1}$
0	0　0　0	0　0　0
1	0　0　0	1　1　1
2	1　1　1	1　1　0
3	1　1　0	1　0　1
4	1　0　1	1　0　0
5	1　0　0	0　1　1
6	0　1　1	0　1　0
7	0　1　0	0　0　1
8	0　0　1	0　0　0

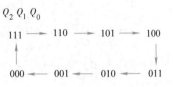

图8-19　3位二进制同步计数器状态图

综上分析可见，此电路是同步3位二进制减法计数器。

8.3.2　异步计数器

异步二进制计数器如图8-20所示，它由三个JK触发器组成，三个触发器的状态受不同CP控制，因此为异步计数器。

一般地说，异步计数器的分析方法和同步计数器相似，在此不再赘述。

图8-20所示电路的状态表见表8-12，时序图和状态图如图8-21所示。

表8-12　3位二进制异步计数器状态表

CP 个数	$Q_2^n\ Q_1^n\ Q_0^n$	$Q_2^{n+1}\ Q_1^{n+1}\ Q_0^{n+1}$
0	0　0　0	0　0　0
1	0　0　0	0　0　1
2	0　0　1	0　1　0
3	0　1　0	0　1　1
4	0　1　1	1　0　0
5	1　0　0	1　0　1
6	1　0　1	1　1　0
7	1　1　0	1　1　1
8	1　1　1	0　0　0

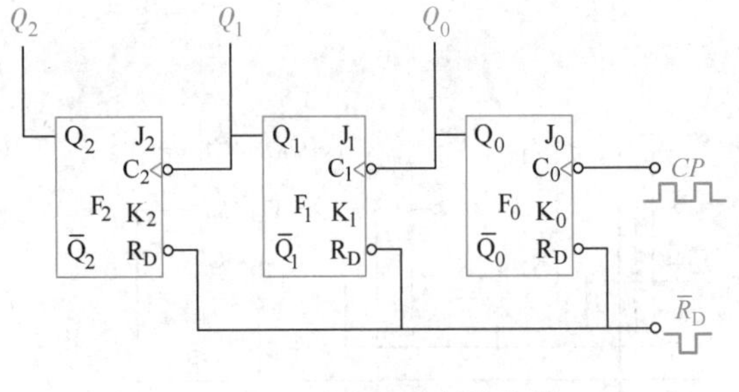

图8-20　异步二进制计数器

由此可得出下列结论：图8-20所示电路每来一个计数脉冲，计数器的状态加1，所以它是一个异步3位二进制加法计数器。

由于异步计数器各触发器翻转不同步，故用时序图分析其功能更为方便。

8.3.3　集成计数器

计数器除用触发器直接构成外，实用中更多是利用集成计数器改接而成。集成计数器具有功能较完善、通用性强、功耗低、工作速度高且可以自扩展等优点，因而得到广泛应用。下面以74LS161、74LS192为例介绍集成计数器的功能及应用。

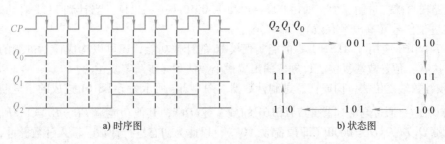

a) 时序图   b) 状态图

图 8-21　3 位二进制异步计数器时序图和状态图

1. 74LS161 集成计数器

（1）74LS161 的功能　74LS161 是 4 位二进制同步计数器，具有计数、保持、预置、清零功能，其引脚排列图和逻辑符号如图 8-22 所示。图中，$\overline{LD}$ 为同步置数控制端；D_0、D_1、D_2、D_3 为并行数据输入端；$\overline{R}_D$ 为异步置零端；EP 和 ET 为使能输入端；C 为进位输出端，当计到 1111 时，产生进位信号，进位输出端 C 送出进位信号（高电平有效），即 $C=1$。

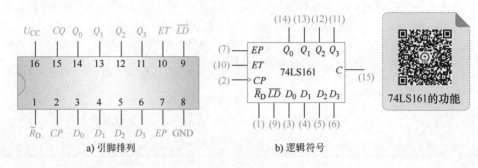

a) 引脚排列   b) 逻辑符号

图 8-22　74LS161 的引脚排列和逻辑符号

74LS161 的功能表见表 8-13。由表 8-13 可知，74LS161 具有如下功能：

1）异步清零。当清零控制端 $\overline{R}_D=0$ 时，输出端清零，与 CP 无关。

2）同步预置数。在 $\overline{R}_D=1$ 的前提下，当预置数端 $\overline{LD}=0$ 时，在置数输入端 $D_0 D_1 D_2 D_3$ 预置某个数据，同时在 CP 脉冲上升沿作用下，将 $D_0 D_1 D_2 D_3$ 端的数据置入计数器。

表 8-13　74LS161 的功能表

输入									输出				功能说明
CP	$\overline{R}_D$	$\overline{LD}$	EP	ET	D_0	D_1	D_2	D_3	Q_0	Q_1	Q_2	Q_3	
×	0	×	×	×	×	×	×	×	0	0	0	0	异步清零
↑	1	0	×	×	D_0	D_1	D_2	D_3	D_0	D_1	D_2	D_3	并行置数
×	1	1	0	×	×	×	×	×	Q_0	Q_1	Q_2	Q_3	保持
×	1	1	×	0	×	×	×	×	Q_0	Q_1	Q_2	Q_3	保持
↑	1	1	1	1	×	×	×	×					计数

3）保持。当 $\overline{R}_D=1$、$\overline{LD}=1$ 时，只要控制端 EP 和 ET 中有一个为低电平，就使计数器处于保持状态。在保持状态下，CP 不起作用。

4）计数。当 $\overline{R}_D=1$、$\overline{LD}=1$、$EP=ET=1$ 时，电路为 4 位二进制加法计数器。在 CP 脉冲作

用下，电路按自然二进制递加，即由 0000→0001→0010→…→1111。当计到 1111 时，进位输出端 C 送出进位信号（高电平有效），即 $C=1$。

（2）74LS161 应用　74LS161 不但能实现模 16 的计数功能，还可以构成任意进制的计数器。常用的方法有：预置数端复位法、进位输出置最小数法和异步清零复位法。

1）预置数端复位法，构成任意进制计数器。图 8-23a 所示为 74LS161 连成的十进制计数器。将输出端 Q_0、Q_3 通过与非门接至 74LS161 的预置数 $\overline{LD}$ 端，其他功能端 $EP=ET=1$，$\overline{R}_D=1$。令预置输入端 $D_3D_2D_1D_0=0000$（即预置数"0"），以此为初态进行计数。输入计数脉冲，只要计数器未计到 1001（9），Q_0、Q_3 总有一个为 0，与非门输出为 1（即 $\overline{LD}=1$），计数器处于计数状态。当输出端 $Q_3Q_2Q_1Q_0$ 对应的二进制代码为 1001 时，Q_0、Q_3 为 1，使与非门输出为 0（即 $\overline{LD}=0$），电路处于计数状态，在下一个计数脉冲（第 10 个）到来后，计数器输出状态进行同步预置数，使 $Q_3Q_2Q_1Q_0=D_3D_2D_1D_0=0000$，随即 $\overline{LD}=\overline{Q_0Q_3}=1$，开始重新计数。计数器的状态图如图 8-23b 所示。

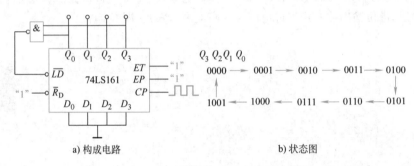

a) 构成电路　　　　　　　　　　b) 状态图

图 8-23　预置数法构成的十进制计数器

2）进位输出置最小数法，构成任意进制计数器。图 8-24a 所示是采用进位输出置最小数法构成的八进制计数器。当进位输出端 $C=1$ 时，$\overline{LD}=0$，计数器执行置数功能，即计数器被置成 $Q_3Q_2Q_1Q_0=1000$，这时进位输出端 C 变为 0，则 $\overline{LD}$ 变为 1，电路执行计数功能。当计到 $Q_3Q_2Q_1Q_0=1111$ 时，进位输出端 C 又为 1，$\overline{LD}$ 为 0，计数器恢复到 1000 状态。对应状态图如图 8-24b 所示，从 1000～1111 共八个有效状态。

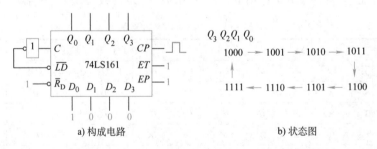

a) 构成电路　　　　　　　　　　b) 状态图

图 8-24　进位输出置最小数法构成的八进制计数器

3）异步清零复位法，构成任意进制计数器。图 8-25a 所示是采用异步清零复位法构成的十进制计数器。$ET=EP=1$，置位端 $\overline{LD}=1$，将输出端 Q_0 和 Q_2 通过与非门接至 74LS161 的复位端。电路取 $Q_3Q_2Q_1Q_0=0000$ 为起始状态，则计入十个脉冲后电路状态为 1010，与非门的输出为 $\overline{Q_0Q_3}=0$，计数器清零。图 8-25b 是计数状态图，图中虚线表示在 1010 状态有短暂的过渡。

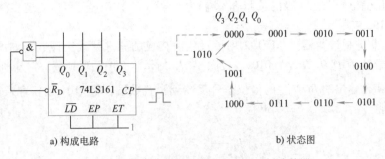

a) 构成电路　　　　　　　　b) 状态图

图 8-25　异步清零复位法构成的十进制计数器

2. 74LS192 集成计数器

（1）74LS192 的功能　74LS192 是一个同步十进制可逆计数器。其引脚排列图和逻辑符号如图 8-26 所示。74LS192 的功能表见表 8-14，功能叙述如下：

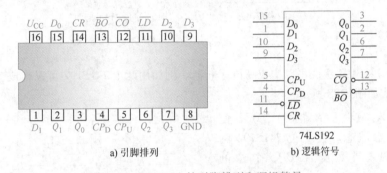

a) 引脚排列　　　　　　　　b) 逻辑符号

图 8-26　74LS192 的引脚排列和逻辑符号

表 8-14　74LS192 功能表

输入								输出				功能说明
CR	$\overline{LD}$	CP_U	CP_D	D_0	D_1	D_2	D_3	Q_0	Q_1	Q_2	Q_3	
1	×	×	×	×	×	×	×	0	0	0	0	异步清零
0	0	×	×	D_0	D_1	D_2	D_3	D_0	D_1	D_2	D_3	并行置数
0	1	↑	1	×	×	×	×	加法计数				
0	1	1	↑	×	×	×	×	减法计数				
0	1	1	1	×	×	×	×	Q_0	Q_1	Q_2	Q_3	保持

1）预置并行数据。当预置并行数据控制端 $\overline{LD}$ 为低电平时，不管 CP 状态如何，可将预置数 $D_3D_2D_1D_0$ 置入计数器（为异步置数）；当 $\overline{LD}$ 为高电平时，禁止预置数。

2）可逆计数。当计数时钟脉冲 CP 加至 CP_U 且 CP_D 端为高电平时，在 CP 上升沿作用下进行加计数；当计数时钟脉冲 CP 加至 CP_D 端且 CP_U 为高电平时，在 CP 上升沿作用下进行减计数。

3）具有清零端 CR（高电平有效）和进位端 $\overline{CO}$ 及借位输出端 $\overline{BO}$。做加法计数时，在 CP_U 端第 9 个输入脉冲上升沿作用后，计数状态为 1001，当其下降沿到来时，进位输出端 $\overline{CO}$ 产生一个负的进位脉冲，第 10 个脉冲上升沿作用后，计数器复位；计数器做十进制减法计数时，设初始状态为 1001。在 CP_D 端第 9 个输入脉冲上升沿作用后，计数状态为 0000，当其下降沿到来后，借位输出端 $\overline{BO}$ 产生一个负的借位脉冲。第 10 个脉冲上升沿作用后，计数状态恢复为 1001。将进位输出（或借位输出）与后一级的脉冲输入端 CP_U（或 CP_D）相连，可以实现多位计数器级联。

（2）74LS192 应用

1）构成任意进制计数器。74LS192 用预置数法接成的五进制减法计数器如图 8-27a 所示。将预置数输入端 $D_3 D_2 D_1 D_0$ 设置为 0101，按图 8-27b 所示状态图循环计数。它是利用计数器到达 0000 状态时，借位输出端 $\overline{BO}$ 产生的借位信号反馈到预置数端，将 0101 重新置入计数器来完成五进制计数功能。

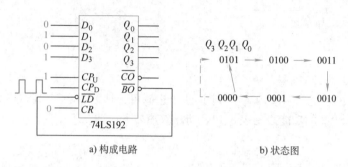

a) 构成电路   b) 状态图

图 8-27　74LS192 用预置数法接成的五进制减法计数器

2）将多个 74LS192 级联可以构成高位计数器。例如用两个 74LS192 可以构成 100 进制计数器，其连接方式如图 8-28 所示。

在 $\overline{LD}$ 端输入"1"，CR 端输入"0"，使计数器处于计数状态。在个位 74LS192 的 CP_U 端逐个输入计数脉冲 CP，个位的 74LS192 开始进行加法计数。在第 10 个 CP 脉冲上升沿到来后，个位 74LS192 的状态从 1001→0000，同时其进位输出 $\overline{CO}$ 从 0→1，即十位的 CP_U 由 0→1，此上升沿使十位的 74LS192 从 0000 开始计数，直到第 100 个 CP 脉冲作用后，计数器由 1001 1001 恢复为 0000 0000，完成一次计数循环。

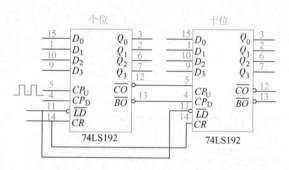

图 8-28　用两个 74LS192 构成 100 进制计数器

情境链接

▶▶ 柔性电子技术与智能运动装备 ◀◀

柔性电子是一种技术的通称，是将有机或无机材料电子器件制作在柔性可延性基板上的新兴电子技术。柔性电子设备是指在存在一定范围的形变（弯曲、折叠、扭转、压缩或拉伸）条件下仍可工作的电子设备（见图 8-29）。

柔性电子技术在生物医疗领域有非常重要的应用。其在无创血糖测量、光电血氧传感器、基于攀爬仿生的 3D 螺旋形绕电极、坐骨神经电信号采集、类皮肤柔性变形传感器、碳纳米纤维泡沫柔性压力传感器、类皮肤柔性压力传感器等柔性医疗电子产品方面都有很好的体现。在运动装备中安装生物传感器，比如 Athos 智能运动装备（见图 8-30），会采集人体的生物数据，并将这些数据传送到手机或网络上，通过互联网传输给医疗服务人员，让医生清楚了解病人的身体状况、心跳速率、呼吸和运动强度等。

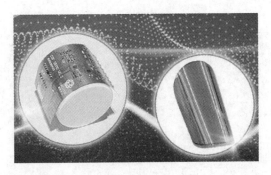

图 8-29　柔性电子设备

图 8-30　智能运动装备

　　柔性电子技术以其独特的柔性、延展性以及高效、低成本的制造工艺，在信息、能源、医疗、国防等领域具有广泛应用前景，如柔性电子显示器、有机发光二极管、无线射频识别印刷标签、薄膜太阳能电池板、电子用表面粘贴等。

　　柔性电子技术可以颠覆性地改变传统信息器件、系统的刚性物理形态，可实现信息与人、物体、环境的高效共融，实现信息获取、处理、传输、显示以及能源的柔性化，更好地实现"万物皆互联"。

情境总结

　　1）触发器是数字系统中极为重要的基本逻辑单元。它有两个稳定状态：1 态（$Q=1$）和 0 态（$Q=0$）。在外加触发信号的作用下，可以从一种稳定状态转换到另一种稳定状态。当外加信号消失后，触发器仍维持其现状态不变，因此，触发器具有记忆作用，每个触发器只能记忆（存储）1 位二进制数码。

　　2）触发器的逻辑功能是指触发器输出的次态与输出的现态及输入信号之间的逻辑关系。描写触发器逻辑功能的方法主要有特性表、特性方程、波形图（又称时序图）等。

　　3）根据逻辑功能划分，触发器主要有 RS 触发器、D 触发器、JK 触发器、T 触发器和 T′ 触发器等。类型不同而功能相同的触发器，其状态表、状态图、特征方程均相同，只是逻辑符号图和时序图不同。

　　4）时序逻辑电路是数字系统中非常重要的逻辑电路，与组合逻辑电路既有联系，又有区别，常用的时序逻辑电路有计数器和寄存器。

　　寄存器按功能可分为数码寄存器和移位寄存器，移位寄存器既能接收、存储数据，又可将数据按一定方式移动。

　　计数器是统计时钟脉冲个数的电路。计数器除用于计数、分频外，还广泛用于数字测量、运算和控制等。根据计数脉冲输入方式的不同，可将计数器分为同步计数器和异步计数器两类；根据计数进制不同又可以分为二进制计数器、十进制计数器和任意进制计数器。学习的重点是集成计数器的特点和功能应用。

学习情境

8

习题与思考题

　　8-1　分析图 8-31 所示 RS 触发器的功能，并根据输入波形画出 $\overline{Q}$ 和 Q 的波形（设初态 $Q=0$，$\overline{Q}=1$）。

　　8-2　同步触发器接成图 8-32 所示形式，设初始状态为 0，试根据图示的 CP 波形画出各触发器的输出波形。

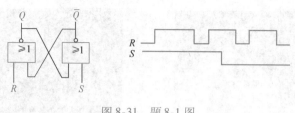

图 8-31 题 8-1 图

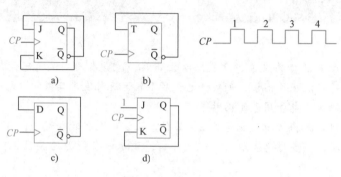

图 8-32 题 8-2 图

8-3 在主从 JK 触发器中，CP、J、K 的波形如图 8-33 所示，设初态为 0 态，试对应画出 $\overline{Q}$ 和 Q 的波形。

8-4 在图 8-34a 所示触发器中，输入信号 D、CP 和异步置位、复位端的波形如图 8-34b 所示，试画出 $\overline{Q}$ 和 Q 的波形。

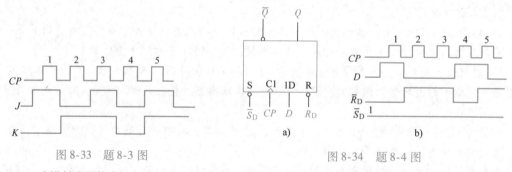

图 8-33 题 8-3 图   图 8-34 题 8-4 图

8-5 边沿触发器构成的电路如图 8-35 所示，设初状态均为 0，试根据 CP 波形画出 Q_1、Q_2 的波形。

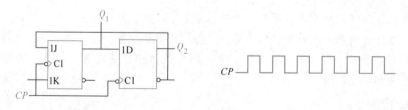

图 8-35 题 8-5 图

8-6 图 8-36 所示为某时序电路的工作波形图，由此画出状态图或状态表，判定该时序电路是几进制计数器。

8-7 用 74LS194 集成移位寄存器构成图 8-37 所示电路，列出电路的状态转换表，指出电路的功能。

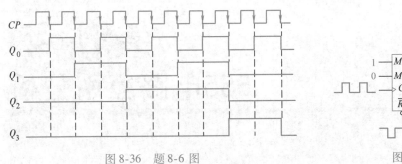

图 8-36 题 8-6 图

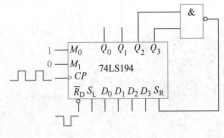

图 8-37 题 8-7 图

8-8 74LS161 用集成计数器组成起始状态为 0100 的九进制计数器,要求:

(1)列出状态表;(2)画出电路图。

8-9 由计数器 74LS161 构成图 8-38 所示两电路,(1)画出电路的状态转换表或状态图;(2)分析是几进制计数器。

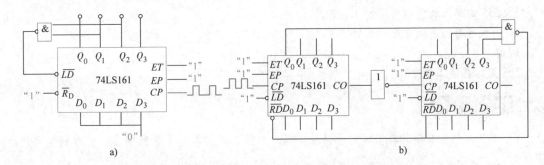

图 8-38 题 8-9 图

学习情境9
555电路应用分析

掌握：

1）555 定时器的结构框图和工作原理。

2）555 定时器应用电路的设计方法。

理解：

555 定时器的工作原理。

1）能够应用 555 定时器构成施密特触发器、单稳态触发器和多谐振荡器等，并对电路进行测试。

2）能使用 Multisim 软件对 555 定时器应用电路进行仿真实验。

555 定时器是一种将数字电路和模拟电路结合在一起的集成电路。其结构简单、使用方便灵活、用途广泛。只要外接少数几个阻容元件便可组成施密特触发器、单稳态触发器、多谐振荡器等电路。它在脉冲波形的产生与变换、仪器与仪表、测量与控制、家用电器与电子玩具等领域都有着广泛的应用。

TTL 单定时器型号的最后 3 位数字为 555，双定时器的为 556；CMOS 单定时器的最后 4 位为 7555，双定时器的为 7556。它们的逻辑功能和外部引线排列完全相同。下面以 TTL 单定时器（555 定时器）为例进行介绍。

9.1　555 定时器的电路结构及其功能

9.1.1　555 定时器的电路结构

图 9-1a、b 是 555 定时器内部结构原理图和外引线排列图。它包括两个电压比较器 A_1 和 A_2，一个基本 RS 触发器，一个放电开关晶体管 VT 以及由三个 $5k\Omega$ 的电阻构成的电阻分压器。电阻分压器为两个比较器 A_1 和 A_2 提供基准电平。如引脚 5 悬空，则比较器 A_1 的基准电平为 $2U_{CC}/3$，比较器 A_2 的基准电平为 $U_{CC}/3$。如果在引脚 5 外接电压，则可改变两个比较器 A_1 和 A_2 的基准电平。当引脚 5 不外接电压时，通常接 $0.01\mu F$ 的电容，再接地，以抑制干扰。引脚 2 是低触发输入端，引脚 6 是高触发输入端，引脚 4 是直接清零端，引脚 3 是输出端，引脚 8 是电源端。

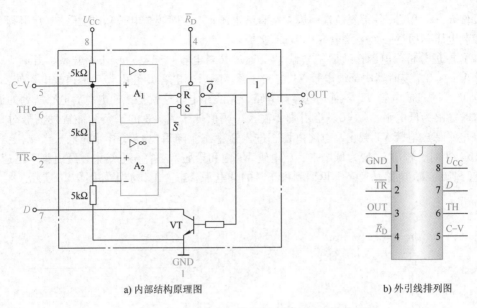

a) 内部结构原理图　　　　　　　　　　　　　　b) 外引线排列图

图 9-1　555 定时器的内部结构原理图和外引线排列图

9.1.2　555 定时器的功能分析

定时器的主要功能取决于两个比较器输出对 RS 触发器和放电管 VT 状态的控制。

当引脚 6 电压 $U_6 > 2U_{CC}/3$、引脚 2 电压 $U_2 > U_{CC}/3$ 时，比较器 A_1 输出为 0，A_2 输出为 1，基本 RS 触发器被置 0，VT 饱和导通，U_o 输出为低电平。

当 $U_6 < 2U_{CC}/3$、$U_2 < U_{CC}/3$ 时，比较器 A_1 输出为 1，A_2 输出为 0，基本 RS 触发器被置 1，VT 截止，U_o 输出高电平。

当 $U_6 < 2U_{CC}/3$、$U_2 > U_{CC}/3$ 时，A_1、A_2 的输出均为 1，基本 RS 触发器的状态保持不变，因而 VT 和 U_o 输出状态也维持不变。

因此可以归纳出 555 定时器的功能表见表 9-1。

表 9-1　555 定时器功能表

清零端（$\overline{R_D}$）	高触发端（TH）	低触发端（$\overline{TR}$）	输出（U_o）	放电管 VT
0	×	×	0	导通
1	$<2U_{CC}/3$	$<U_{CC}/3$	1	截止
1	$>2U_{CC}/3$	$>U_{CC}/3$	0	导通
1	$<2U_{CC}/3$	$>U_{CC}/3$	不变	不变

9.2　555 定时器的典型应用

555 定时器的应用十分广泛，它可以构成单稳触发器、双稳触发器、多谐振荡器和施密特触发器等。

9.2.1　用 555 定时器构成单稳态触发器

（1）电路组成　如图 9-2a 所示，其中输入触发脉冲接在低电平触发端，引脚 6、7 相连并与

学习情境 9

定时元件 R、C 相接。外部复位端引脚 4 接直流电源 U_{CC}（即接高电平），电压控制端引脚 5 不接外加控制电压，通过一个旁路电容 $0.01\mu F$ 接地。

（2）原理分析　电源接通后，电源 $+U_{CC}$ 通过 R 对电容 C 充电，u_C 不断升高。当 $u_C > 2U_{CC}/3$ 时，输出 $u_o = 0$，定时器内部放电管 VT 饱和导通。随后，电容 C 经引脚 7 迅速放电，使 u_C 迅速减小到 0V。一旦放电管 VT 导通，电容被旁路，无法充电，这就是接通电源后电路所处的稳定状态。这时输出为低电平，$u_o = 0$。当引脚 2 输入一幅值低于 $U_{CC}/3$ 的窄负脉冲触发信号时，输出 u_o 为高电平，放电管 VT 截止，电路由稳态进入暂稳态。随后电容 C 开始充电，当 u_C 上升到略大于 $2U_{CC}/3$ 时，输出 u_o 变为低电平，放电管 VT 饱和导通，电容充电结束，经引脚 7 迅速放电，u_C 迅速下降为 0，电路从暂态又返回到稳态时的低电平状态。工作波形如图 9-2b 所示。

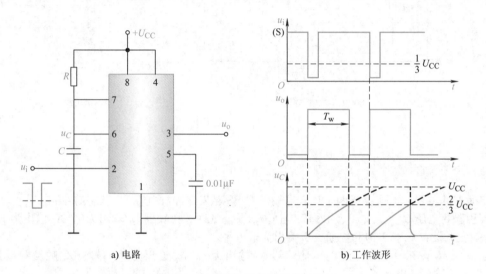

a) 电路　　　　　　　　　　　　　b) 工作波形

图 9-2　定时器构成的单稳态触发器

输出定时脉冲的宽度为

$$T_w \approx 1.1RC$$

式中，R 单位取 Ω（欧），电容 C 的单位取 F（法）时，输出定时时间单位就为 s（秒）。

9.2.2　用 555 定时器构成多谐振荡器

（1）电路组成　如图 9-3a 所示，把引脚 2 和 6 连接，引脚 7 与电源端引脚 8 之间接入电阻 R_1，引脚 6 与 7 之间接入电阻 R_2，引脚 1 与 2 之间接入电容 C，电阻 R_1、R_2 和电容 C 作为振荡器的定时元件，决定着输出矩形波正、负脉冲的宽度。外部复位端引脚 4 接直流电源 U_{CC}（即接高电平），电压控制端引脚 5 不接外加控制电压，通过一个旁路电容 $0.01\mu F$ 接地。

（2）工作原理　电源接通后，$+U_{CC}$ 经 R_1、R_2 给电容 C 充电，使 u_C 逐渐升高，当 $u_C < U_{CC}/3$ 时，u_o 输出高电平。当 u_C 上升到大于 $U_{CC}/3$ 时，电路仍保持输出高电平。

当 u_C 继续上升略超过 $2U_{CC}/3$ 时，输出变为低电平，定时器内部放电管 VT 饱和导通。随后，电容 C 经 R_2 及放电管 VT 到地放电，u_C 开始下降。当 u_C 下降到略低于 $U_{CC}/3$ 时，输出又为高电平，同时放电管 VT 截止，电容 C 放电结束，又再次充电，u_C 再次上升。如此循环下去，输出端就连续输出矩形脉冲，电路的输出波形如图 9-3b 所示。

电容充电时间常数为　　　　　　$T_H \approx 0.7(R_1 + R_2)C$

电容放电时间常数为　　　　　　$T_L \approx 0.7R_2 C$

振荡周期为　　　　　　$T = T_H + T_L \approx 0.7(R_1 + 2R_2)C$

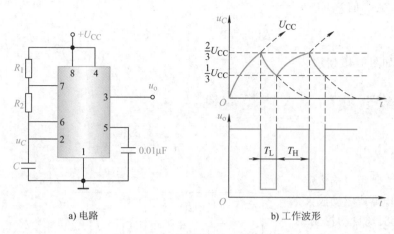

a) 电路　　　　　　　　　　　　b) 工作波形

图 9-3　定时器构成的多谐振荡器

振荡频率为
$$f = \frac{1}{T} = \frac{1}{0.7(R_1 + 2R_2)C} = \frac{1.43}{(R_1 + 2R_2)C}$$

9.2.3　用 555 定时器构成施密特触发器

施密特触发器是一种波形变换电路，它可以把符合特定条件的输入信号变换成数字电路所需要的矩形脉冲。

（1）电路组成　如图 9-4a 所示，将高触发端引脚 6 和低触发端引脚 2 连接在一起作为电路信号输入端；外部复位端引脚 4 接直流电源 U_{CC}（即接高电平），电压控制端引脚 5 不接外加控制电压，通过一个旁路电容 $0.01\mu F$ 接地。

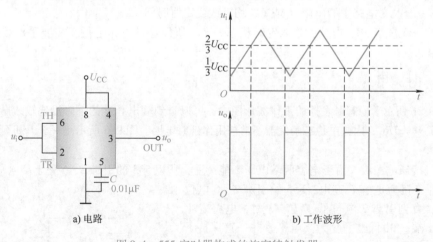

a) 电路　　　　　　　　　　　　b) 工作波形

图 9-4　555 定时器构成的施密特触发器

（2）工作原理　当输入信号 $u_i < U_{CC}/3$ 时，输出 u_o 为高电平，若 u_i 增加，使得 $U_{CC}/3 < u_i < 2U_{CC}/3$ 时，电路维持原态不变，输出 u_o 仍为高电平；如果输入信号增加到 $u_i \geqslant 2U_{CC}/3$ 时，输出 u_o 为低电平；u_i 再增加，只要满足 $u_i \geqslant 2U_{CC}/3$，电路维持该状态不变。若 u_i 下降，只要满足 $U_{CC}/3 < u_i < 2U_{CC}/3$，电路状态仍然维持不变；只有当 u_i 降到 $U_{CC}/3$ 时，触发器再次置 1，电路又翻转回输出高电平的状态。

显然，555 定时器构成的施密特触发器，其上限触发阈值电压 VT_+ 为 $2U_{CC}/3$，下限触发阈值

电压 VT_- 为 $U_{CC}/3$，回差电压为

$$\Delta V_T = VT_+ - VT_- = \frac{1}{3}U_{CC}$$

工作波形如图 9-4b 所示。

9.3 555 定时器的综合应用实例

9.3.1 定时应用

单稳态触发器可以构成定时电路，与继电器或驱动放大电路配合，可实现自动控制、定时开关的功能，图 9-5 所示是一个典型定时电路。

平时按钮 SB 为常开状态，555 定时器的引脚 3 输出为低电平，此时定时器内部放电管截止，电容 C 上的电压为 0。继电器 KA（当继电器无电流通过时，常开触头处于断路状

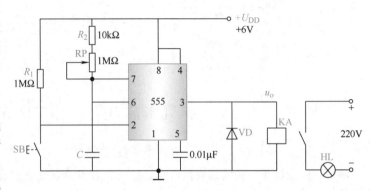

图 9-5　555 构成的定时电路

态）无通过电流，故不形成导电回路，灯 HL 不亮。当按下按钮 SB 时，低电平触发端引脚 2 接地，触发电路翻转，555 的引脚 3 输出由低电平变为高电平，继电器 KA 通过电流，使常开触头闭合，形成导电回路，灯 HL 发亮。SB 按下时刻起，电路进入暂稳态，即定时开始，定时时间为 $T_w \approx 1.1RC$。若改变电路中的电阻 R_w 或 C，均可改变定时时间。

每按动一次按钮 SB，电路就进入定时状态一次，所以这种电路适用于需要手动控制定时的工作场合。

9.3.2 延时应用

从图 9-2b 所示单稳态触发器的工作波形图中，可以看到输出脉冲的下降沿比输入脉冲的下降沿滞后了 $T_w \approx 1.1RC$，因此单稳态触发器还常被用作延时电路。图 9-6 所示是一个开机延时接通电源电路。

当开机接通电源后，由于电容两端电压不能突变，所以 555 的引脚 2、6 处于高电平，引脚 3 输出低电平。随着电容 C 充电，555 的引脚 2、6 电位开始下降，直到引脚 2 电位低于 $U_{CC}/3$ 时，电路发生翻转，输出端 u_o 由低电平变为高电平，并一直保持下去。延迟时间 $T_w = 1.1RC$。二极管 VD 是为电源断电后电容 C 放电而设置的。这种电路一般用来控制高压电源的延迟接通或控制其他电源电路的延迟接通，故又把这种电路叫作开机高压延时电路。

9.3.3 光控开关电路

555 构成的光控开关电路如图 9-7 所示。当无光照时，光敏电阻 R_G 的阻值远大于 R_3、R_4，由于 R_3、R_4

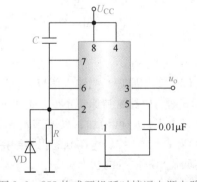

图 9-6　555 构成开机延时接通电源电路

阻值相等，此时 555 定时器的引脚 2、6 的电平为 $U_{CC}/2$，输出端引脚 3 输出低电平，继电器 K 不工作，其常开触头 K_{1-1} 将被控电路置于关机状态。当有光照射到光敏电阻 R_G 上时，R_G 的值迅速变得小于 R_3、R_4，并通过 C_1 并联到 555 的引脚 2 与地之间。由于无光照时输出为 0，则定时器内部放电管导通，电容 C_1 两端电压为 0，因而在 R_G 阻值变小的瞬间，会使定时器的引脚 2 电位迅速下降到 $U_{CC}/3$ 以下，处于低电平，触发电路翻转，输出端 U_o 翻转为高电平，继电器吸合，其触头 K_{1-1} 闭合，使被控电路置于开机状态。当光照消失后，R_G 的阻值迅速变大，使定时器的引脚 2 电平又变为 $U_{CC}/2$，输出仍保持在高电平状态，此时定时器的引脚 7 为截止状态，电容 C_1 经 R_1、R_2 充电到电源电压 U_{CC}。若再有光照射光敏电阻 R_G 时，则 C_1 上的电压经阻值变小的 R_G 加到 555 的引脚 2，使引脚 2 的电位大于 $2U_{CC}/3$，导致输出端由高电平变为低电平，继电器 K 被释放，被控电路又回到了关机状态。由此可见，光敏电阻 R_G 每受光照射一次，电路的开关状态就转换一次，起到了光控开关的作用。

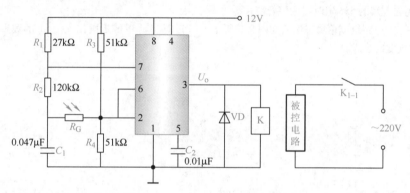

图 9-7　555 光控开关电路

情境链接

555 "叮咚" 双音门铃

555 定时器构成多谐振荡器时，适当调节振荡频率，可构成各种声响电路。图 9-8 所示是利用 555 定时器构成的 "叮咚" 双音门铃电路。

未按按钮 SB 时，引脚 4 电位为 0，输出低电平，门铃不响；当按下按钮 SB 时，经 VD_2 给 C_2 充电，引脚 4 电位为 1，电路起振，发出 "叮" 的音响，因 VD_1 导通，频率由 R_2、R_3、C 决定；按钮 SB 断开时，发出 "咚" 的音响，因 VD_1、VD_2 均不导通，"咚" 的频率由 R_1、R_2、R_3 和 C_2 决定，同时 C_2 经 R_4 放电，到引脚 4 电位为 0 时停振。

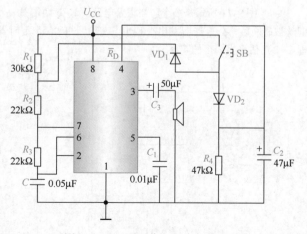

图 9-8　555 "叮咚" 双音门铃电路

学习情境 **9**

157

情 境 总 结

1）555 定时器是一种将数字电路和模拟电路巧妙地结合在一起的集成电路。

2）555 定时器只要外接少数几个阻容元件便可组成施密特触发器、单稳态触发器、多谐振荡器等电路。

3）555 定时器在脉冲波形的产生与变换、仪器与仪表、测量与控制、家用电器与电子玩具等领域都有着广泛的应用。

习题与思考题

9-1 简述你理解的 555 定时器的综合应用。

9-2 555 定时电路组成单稳态电路如图 9-9 所示，（1）对应 u_i 的波形画出 u_C、u_o 的波形；（2）写出计算输出脉冲宽度的公式。

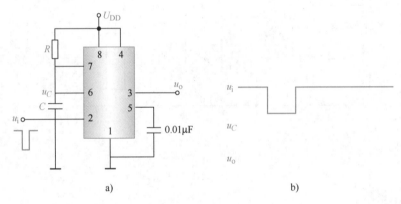

图 9-9 题 9-2 图

9-3 图 9-10 所示为过电压监视电路，当监视电压 u_x 超过一定值时，发光二极管（LED）将发出闪烁信号，试说明其工作原理，并求闪烁周期时间。

9-4 图 9-11 所示是一个防盗报警电路。a、b 两端被一细铜丝接通，此铜丝置于盗窃者必经之处。当铜丝被碰断后，扬声器即发出报警声。（1）试问 555 定时器接成了哪种电路？说明本报警电路的工作原理。（2）估算报警声的频率。

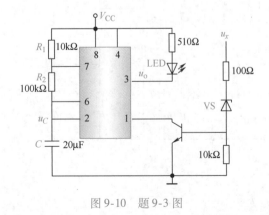

图 9-10 题 9-3 图

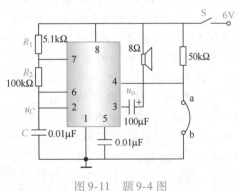

图 9-11 题 9-4 图

学习情境10

现代光电子与通信技术

知识目标

掌握：

1）主要光电器件的结构和功能。

2）光电检测与控制技术的方式方法。

3）数字光纤通信系统的组成、光纤的结构及光的传输原理。

理解：

1）光机电一体化技术的特征及发展趋势。

2）机器视觉技术。

3）现代通信技术的概念。

技能目标

1）能熟练应用各类光电元器件。

2）能够对光电电路进行设计制作和调试。

光电子技术（Optoelectronic Technology）是一个内涵非常宽泛的概念，由光子技术和电子技术结合而成的光电子技术，围绕着光信号的产生、传输、处理和接收，涵盖了微加工、微机电、新材料、新器件和系统集成等一系列基础应用领域。

光电子技术是光电信息产业的基础，涉及光学、电子学、计算机技术等前沿学科理论，是多学科相互渗透、相互交叉而形成的高新技术学科。

光电子技术研究的热点在光通信领域，这对全球信息高速公路的建设起着举足轻重的作用。目前，国内外正掀起一股光子学和光子产业的热潮。光子时代的到来，将给现代工业和现代社会带来巨大的影响。

10.1 光电器件基础

光电器件是能够完成光和电之间相互转化的新型半导体器件，光电器件工作的物理基础是光电效应。光电器件主要包括：发光器件、光敏器件、光显示器件、激光头和光盘等。

光电器件结构简单、响应快，而且可靠性较高，因此在自动化生产线、自动检测和控制系统中的应用较为广泛。

▶▶ 爱因斯坦与光电效应 ◀◀

在发表狭义相对论的同一年，即 1905 年，阿尔伯特·爱因斯坦（Albert Einstein）还发表了另一篇论文，阐述了自己的理论，解释了另一个已困扰科学家很久的物理问题，这就是爱因斯坦所称的"光电效应"。爱因斯坦发现当光照射到金属板时，金属板有时会释放出电荷，但仅限于某些波长的光，如图 10-1 所示。爱因斯坦意识到，光以一系列"包"的形式照射到金属板上，他称这种"包"为"量子"。光量子的能量取决于光的颜色，紫外线的能量最高，红外线的能量最低。光量子必须具有足够的能量让原子吸收并释放出电子——即科学家见到的电荷。

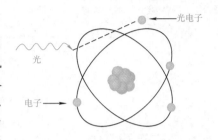

图 10-1　光电效应

10.1.1　发光器件

1. 发光二极管

发光二极管简称为 LED，是由镓（Ga）、砷（As）、磷（P）等化合物制成的。用这些材料制成的 PN 结，加上正偏电压，就可以将电能转化成光能而发光，普通发光二极管的外形及符号如图 10-2 所示。

发光二极管的颜色取决于制作 PN 结所用的材料，由磷砷化镓材料制成的二极管发红光，由碳化砷半导体材料制成的二极管发黄光，由磷化镓半导体材料制成的二极管发绿光，由砷化镓和砷铝化镓半导体材料制成的二极管会发红外光。还有一种能发双色光的二极管，它是将两个管芯封装在一个外壳之内，可以发红光，也可以发绿光。有的发光二极管将塑料封装的外壳制成红色或绿色，发光时就会呈现红色或绿色。

发光二极管还可作为光源器件，将电信号变换成光信号，广泛应用于光电检测技术领域中。

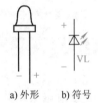

a) 外形　　b) 符号

图 10-2　普通发光二极管的外形及符号

2. 红外发光二极管

红外发光二极管所发出的光波波长为 940nm，属于红外光波段。它可以和硅光敏器件（接收红外光波长在 900nm 左右）相配用，组成红外遥控系统，广泛用于音响、电视机、空调的遥控控制。它具有耗电少、效率高、响应快和坚固耐用等优点。红外发光二极管在正向电流的作用下发光，是一种电流驱动器件，工作时电路上应串联相应的限流电阻。红外发光二极管的外形、符号及实物如图 10-3 所示。

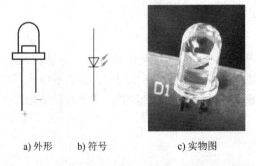

a) 外形　　b) 符号　　c) 实物图

图 10-3　红外发光二极管的外形、符号及实物图

3. 红光半导体激光二极管

激光二极管是在发光二极管的 PN 结间安置一层具有光活性的半导体，构成一个光谐振腔。工作时加正向电压，可发射出激光。

红光半导体激光二极管可以制成激光器，广泛用于计算机光盘驱动器、激光条码阅读器、激光打印机、音频光盘（CD）、视频光盘（VCD）以及激光测量等领域。红光激光二极管具有体积小、寿命长（5 万 h 以上）、电压低、耗电少、价格便宜等一系列优点。其性能远优于红光氦氖激光管，迅速占领了激光应用领域。

红光半导体激光二极管的内部结构及电路符号如图 10-4 所示。VD_1 是激光发射二极管，其阴极外接电源，其阳极与激光接收二极管 VD_2 的阴极连接，连通外壳，作为公共端。VD_2 受光后转换出光电流 I_M，可在与其相串联的电阻 R 上产生电压信号，以反映出发射光功率的大小。

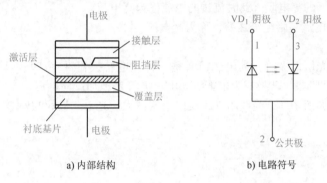

a) 内部结构　　　　　　　　b) 电路符号

图 10-4　红光半导体激光二极管的内部结构及电路符号

红光半导体激光二极管发出光波波长为 670nm 左右，它的核心是由铟镓铝磷（InGaAlP）半导体材料制成的二极管。工作原理是：激光发射二极管在正向偏置电压作用下 PN 结区有过剩的大量电子注入，并与该处空穴复合，由于形成极大的光子密度，受激发射，在内部又形成反射反馈，于是产生了极强的相干光单色激光束，这时外部所加的工作电流要超过阈值电流。

4. 闪烁发光二极管

闪烁发光二极管是利用半导体集成电路工艺，将一个 CMOS 电路芯片和一个发光管芯连接封装在一个发光管外壳中。外观和普通发光管外形相似，仔细观察，可以通过透明封装材料看到集成电路芯片。它可以在固定电源电压下发出每秒 1 ~ 5 次的闪烁光，故称闪烁发光二极管。集成电路芯片内有振荡器、分频器和驱动器三部分。闪烁发光二极管的外形及内部电路结构如图 10-5 所示。

闪烁发光二极管由于内部 CMOS 电路工作需要，电源电压为固定电压，一般为 4.75 ~ 5.52V。

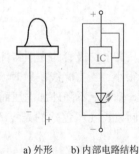

a) 外形　　b) 内部电路结构

图 10-5　闪烁发光二极管的
外形及内部电路结构

10.1.2　光敏器件

1. 光敏电阻

光敏电阻是用半导体材料制成的光敏器件。光敏电阻没有极性，是一个纯粹的电阻器件，使用时既可加直流电压，也可以加交流电压。

无光照时，光敏电阻的电阻值（暗电阻）很大，电路中的电流（暗电流）很小。当受到一定波长范围的光照射时，光敏电阻的电阻值（亮电阻）急剧减小，电路中电流迅速增大。一般希望暗电阻越大越好，亮电阻越小越好，此时光敏电阻的灵敏度高。实际光敏电阻的暗电阻值一般可达 1.5MΩ 或以上，亮电阻可小至 1kΩ 或以下。

图 10-6 为光敏电阻的结构与工作原理图。涂于玻璃底板上的一薄层半导体物质两端装有金属电极，金属电极与引出线端相连接，光敏电阻通过引出线端接入电路。

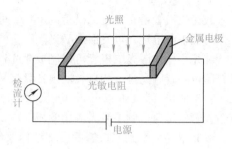

图 10-6　光敏电阻的结构与工作原理图

光敏电阻的主要参数如下：

（1）暗电阻和暗电流　光敏电阻在室温条件下，在全暗后经过一定时间测量的电阻值，称为暗电阻。此时流过的电流，称为暗电流。

（2）亮电阻和亮电流　光敏电阻在某一光照下的阻值，称为该光照下的亮电阻，此时流过的电流称为亮电流。

（3）光电流　亮电流与暗电流之差，称为光电流。

2. 光电二极管

光电二极管俗称光敏二极管。光电二极管是一种光电转换器件，其基本原理是当光线照射在 PN 结上时，光能被吸收，转换成为电能。光电二极管是施加反向电压，二极管中的反向电流会随光线照射强度增加而增加，光线越强，反向电流越大。光电二极管的外形、电路符号及特性曲线如图 10-7 所示。

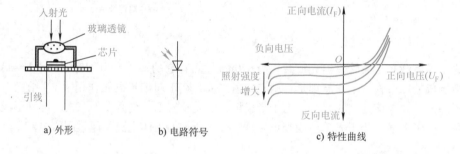

图 10-7　光电二极管的外形、电路符号及特性曲线

从光电二极管的光照特性曲线可以看出：当无光照时，光电二极管的反向电流（称为暗电流）很小，当有光线照射时，电流会增加，称为光电流。光电流在一定反向电压下呈现恒流的特性，基本上不随外加电压而改变，只是在光照强度增加时，光电流会更大。另外，光电二极管对不同波长（颜色）的光线敏感度也不尽相同，即表现出明显的光谱响应特性。

🔖知识拓展

▶▶ 碳 纳 米 管 ◀◀

美国康奈尔大学研究人员利用碳纳米管代替传统硅管，制造出了高效的太阳能电池。这一技术的关键是用碳纳米管代替传统硅管制造出光电二极管，后者是构成太阳能电池的基本器件。研究人员利用不同颜色的激光对这种二极管进行研究发现，在将光能转化成电能的过程中，它可以使电流加倍。

研究人员说，碳纳米管是一种理想的光电二极管，因为它可以充分利用多余光能，而传统太阳能电池中的多余能量往往以热量的形式流失。

3. 光电晶体管

光电晶体管与光电二极管的结构相似，不过它具有两个 PN 结，大多数光电晶体管基极无引线。当有光照时，一个反偏 PN 结能产生几微安电流，即该 PN 结中激发的光电流将被放大 β 倍而使其导通。一般光电晶体管壳体的顶部都是用透明材料制成的集光镜，当有光照射时就会导通，光电晶体管的外形、结构及电路符号如图 10-8 所示。

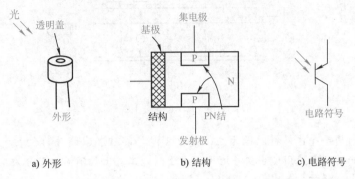

a) 外形　　　　　　　b) 结构　　　　　　　c) 电路符号

图 10-8　光电晶体管的外形、结构及电路符号

4. 硅光电池

光电池是一种将光能直接转换成电能的半导体器件。目前广泛应用的光电池，多为硅半导体材料制成，所以又称硅光电池。硅光电池广泛用于计算机、照相机以及仪器仪表之中。大面积的多个硅光电池组，可以作为太阳能电源。硅光电池的外形、结构及电路符号如图 10-9所示。

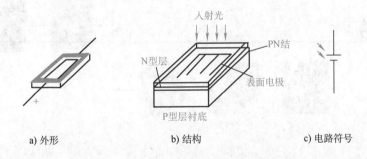

a) 外形　　　　　　　b) 结构　　　　　　　c) 电路符号

图 10-9　硅光电池的外形、结构及电路符号

在 P 型硅衬底材料上，利用扩散法形成极薄的 N 型层，生成 PN 结，再在硅片上下各制成引线电极，这就制成了一个单体硅光电池，硅光电池实际上是一个面积很大的 PN 结。

当光线照射硅光电池表面时，一部分光子被硅材料吸收，光子的能量传递给了硅原子，使电子发生了跃迁，成为自由电子，并在 PN 结两侧集聚形成了电位差，当外部接通电路时，在该电压的作用下，将会有电流流过外部电路。这是一个光子能量转换成电能的过程。

情境链接

➤➤ 太阳能电池 ◄◄

太阳能电池是利用半导体材料的光电效应，将太阳能转换成电能的装置，如图 10-10 所示。当多个电池串联或并联起来，就可以组成有比较大的输出功率的太阳能电池方阵。太阳能绿色环保，是一种取之不尽用之不竭的可再生能源。

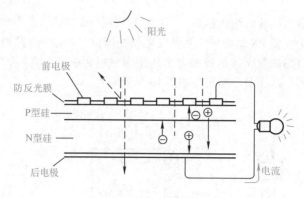

图 10-10　太阳能电池原理图

太阳能电池所用半导体材料以硅为主，其中又以单晶硅和多晶硅为代表。硅太阳能电池是当前开发最快的一种，在应用中占主导地位，由于制造工艺上的不同，可分为单晶硅太阳能电池和多晶硅太阳能电池两种，如图 10-11 所示。

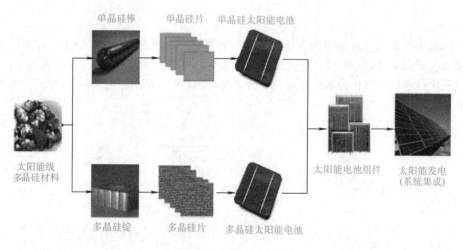

图 10-11　硅太阳能电池

（1）原材料硅砂——多晶硅　将原材料工业硅经过一系列的物理化学反应提纯后，就能得到具有一定纯度的电子材料——多晶硅。多晶硅是制造硅抛光片、太阳能电池及高纯硅制品的主要原料，是信息产业和新能源产业最基础的原材料。按纯度要求不同，可分为电子级和太阳能级。

（2）多晶硅——硅片　将太阳能级多晶硅材料加工成硅片，可以通过多种不同的工艺途径。可以将太阳能级多晶硅直拉单晶，制成单晶硅棒，然后切割加工成硅片；也可以将太阳能级多晶硅铸成多晶硅锭，然后切片。

（3）硅片——太阳能电池片　将硅片经过抛磨、清洗等工序，制成待加工的原料硅片，然后经过表面织构化、发射区钝化、分区掺杂等烦琐的电池工艺后，硅片就成为半导体材料，产品就是能进行光电效应的太阳能电池单体片。

（4）太阳能电池片——太阳能电池组件　最后用串联或并联的方法，将太阳能电池单体片按所需要的规格用框架和材料进行封装，就得到了太阳能电池组件（太阳能电池板）。太阳能电池组件、太阳能控制器、蓄电池（组）、逆变器等通过集成，组成太阳能发电系统，就能够发电了。

5. 光电耦合器

光电耦合器是以光为媒介，用来传输电信号的器件。通常是把发光器（发光二极管）与受光器（光电二极管）封装在同一管壳之内。当有电信号输入时，发光管发出光线，光电二极管接受光照之后就产生了光电流，由输出端输出，从而实现了"电→光→电"的转换。

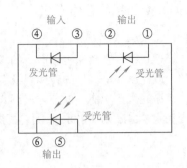

光电耦合器内部的发光管一般都采用发光二极管，受光管采用光电二极管，或者灵敏度更高的光电晶体管，光电耦合器内部电路如图 10-12 所示。

用光电二极管做成的光电耦合器具有良好的线性传输特性。两个光电二极管可以同时输出电信号，作为双路输出。也可以利用一路输出进行反馈控制端，而成为单路输出的光电耦合器。

图 10-12　光电耦合器内部电路

10.1.3　光电显示器件

1. 半导体数码显示器

半导体数码管是以半导体发光二极管（LED）为基础，用多个发光二极管组成数字的各个笔段，并按共阴极或共阳极的方式连接，然后封装在同一个管壳之内制成的。

LED 点阵显示器是为实现大屏幕显示功能而设计制造的一种通用组件。它是以 LED 为基础器件，用分行、分列的 LED 组成矩阵构成的，可以显示数字、图表和图像。

LED 半导体数码显示器是组合 LED 中用途最广泛的一种，数字时钟、数字仪表以及在其他数字显示技术中都大量应用。

2. 液晶显示器（LCD）

液晶数码管和显示器件是 1968 年之后才发展起来的一种光电显示器件，这种显示器件的最大特点是具有极低的功耗，这是其他任何器件所无法比拟的。

LCD 的内部结构如图 10-13 所示。其上、下玻璃片上制有电极，中间注入 TN 型液晶体，四周用胶密封，形成一个几微米厚的液晶盒子。TN 型液晶体是一种特殊材料，它虽是液体，但具有晶体的有序分子排列，在外电场的作用下，晶体排列会发生改变。

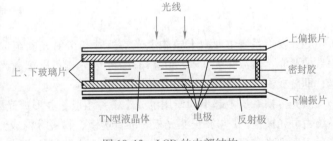

图 10-13　LCD 的内部结构

当有光线照射在液晶片上时，光线通过上偏振片，形成偏振光，此光线通过液晶，到达下偏振片后再经反射片，可将光线反射回来，液晶片不显示任何符号或图形。在液晶片的上、下电极上施加一定电压时，这一电压造成的电场使液晶体分子排列发生改变，从而形成不透明的部分，从表面看去显示黑色。

将电极制成各种文字或符号的笔画形，液晶片就显示出文字或符号。需要指出的是，液晶片及文字符号本身并不发光，而是通过对入射光的投射或反射来形成明暗的图形，显示出文字符号，正是由于用以改变液晶分子排列所需能量极微，所以液晶显示器具有极低的功耗。

光电显示器件种类繁多，LED 半导体数码显示器、液晶显示器（LCD）、辉光数码管、荧光数码管、等离子显示器等都是常用的光电数码显示器件。

学习情境 **10**

10.1.4 激光头与光盘

1. 激光头

现代数字音频和视频产品的核心器件是激光头。激光头是利用激光来读取和存储数字信息的，以完成光电信号的转换。没有激光头就没有 CD/VCD/DVD 等数字音频、视频技术。

激光头按功能可以分为只读式激光头，能读能写式激光头，能读、能写、能擦拭激光头。激光头主要由激光发射系统、传播系统和接收系统组成，如图 10-14 所示。

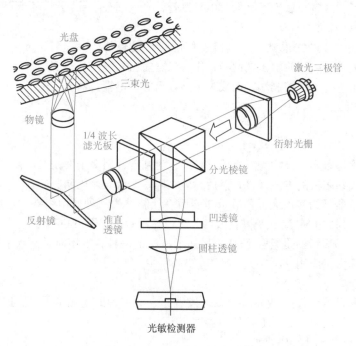

图 10-14 激光头的结构组成

激光发射系统主要由半导体激光二极管和衍射光栅组成。激光二极管能发射出波长、相位一致的激光、其波长为 $0.65 \sim 0.78\mu m$。衍射光栅可以把激光二极管发射出的单束光分裂成三束光，即分成主光束和两支辅助光束共同读取信号。

激光传播系统由起不同作用的光学镜片组成，并形成光路。由图 10-14 可以看出，激光传播系统由分光棱镜、1/4 波长滤光板、准直透镜、物镜等构成光传播路径，将激光二极管发出的激光束入射到光盘面上；由物镜、准直透镜、1/4 波长滤光板、分光棱镜和圆柱透镜等构成反射光路径，把从光盘反射回来的激光引入到光敏检测器的光靶上，把光信号转变成电信号。

2. 光盘

光盘是记录存储音、视频信号的载体，它采用数码信号进行记录和重放。光盘的优点是能够高保真、高速度地记录，寿命长、功能多、体积小。

兼容性好是光盘的特点之一，VCD 不仅能在 VCD 机上播放，还可在安装有 CD-ROM 驱动器和 MPEG1 解码卡的个人计算机上播放，同样光盘也能在装有 MPEG2 解码卡的计算机上播放。

（1）CD/VCD 的结构　CD 的结构尺寸如图 10-15 所示。CD 的直径为 120mm，厚度为 1.2mm，质量为 15g。光盘的中心孔直径为 15mm，节目从内圈直径 50mm 开始到直径为 116mm 处结束。播放时间最长为 74min。

CD 是由透明塑料聚碳酸酯基片制成的，由衬底层、反射层及保护层组成。光盘的信息是通过激光反射原理从信息面通过透明资料来读取的，在反射层中用坑来表示信息。当激光头的激光束照射这些凹凸坑时，产生强弱不同的反射光，再将这些反射光变为大小不同的电流，经解码电路还原成信号。

VCD 的结构与 CD 的结构完全相同。光盘的记录格式由三部分组成，即导入区、数据区、导出区。

VCD 采用 MPEG1 的技术标准的数字压缩技术，以数字形式录制和读取。

（2）DVD 的结构　DVD 是在 CD/VCD 技术的基础上，利用更短的波长和 MPEG2 的压缩技术，在同 CD 尺寸一样的光盘上记录更多信息的数字光盘。

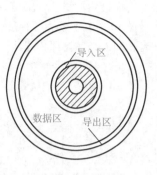

图 10-15　CD 的结构

为了提高 DVD 的记录密度，DVD 的凹坑尺寸比 CD 的尺寸缩小了很多，其坑长为 $0.47\mu m$（CD 光盘为 $0.83\mu m$），坑高为 $0.1\mu m$，坑宽为 $0.3\mu m$，坑与坑的间距为 $0.74\mu m$（CD 为 $1.6\mu m$），CD 与 DVD 信息凹坑的比较如图 10-16 所示。

3. 光驱

光驱的驱动机械部分主要由三个小电动机为中心组成。碟片加载机构由控制进、出盒的电动机组成，主要完成光盘进盒（加载）和出盒（卸载）。激光头进给机构由进给电动机驱动，完成激光头沿光盘的半径方向由内向外或由外向内平滑移动，以快速读取光盘数据。主轴旋转机构主要由主轴电动机驱动完成光盘旋转，即光盘的转轴就是主轴电动机的转轴，光驱的外观结构如图 10-17 所示。

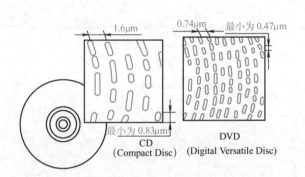

图 10-16　CD 与 DVD 信息凹坑的比较

图 10-17　光驱的外观结构

10.2　光电检测及控制技术

10.2.1　光电检测装置

光电检测装置是利用发光管作为发射器，利用光敏管作为接收器而组成的"开放"式的光电耦合器。它的发光管与接收管是独立存在的，根据发送和接收光线的方式，光电检测装置可以有多种形式。

1. 反射式光电检测装置

反射式光电检测装置的检测原理如图 10-18a 所示。其发光管与接收管在同一边，当有反射物体接近时，利用光线遇到物体反射的原理，接收管会接收到反射回来的光线，从而产生光电流，完成检测功能，发出相应的信号或产生相应的动作。

图 10-18b 所示为一种反射式光电检测装置的实物图。所用发光管为红外发光二极管，发红外光，和硅光敏器件相配用，组成红外检测系统，它具有检测效率高、响应快的特点。

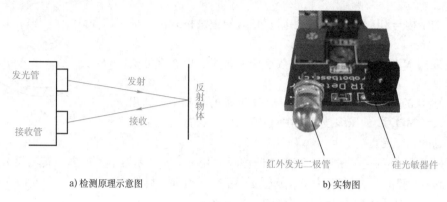

a) 检测原理示意图　　　　　　　　　　b) 实物图

图 10-18　反射式光电检测装置

2. 其他形式的光电检测装置

根据发送和接收光线的方式不同，还有许多其他形式的光电检测装置，图 10-19a 所示为光纤式，它是利用光纤来完成细小物体的检测；图 10-19b 所示为沟道式，它是利用光线发射和接收在一个沟道内，利用光线被遮挡来检测被测物体；图 10-19c 所示为对射式，发射与接收分别在两端，中间通过被检测物体；图 10-19d 所示为聚焦式，它是在光发射器输出端加了聚焦透镜，在一定距离上光线聚焦，在聚焦点位置上检测被测物体。

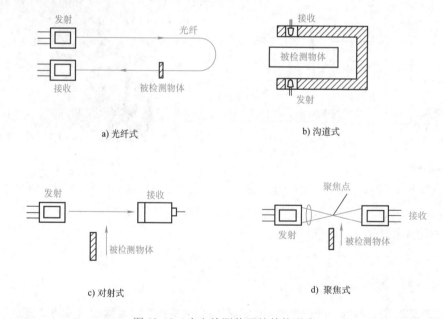

a) 光纤式　　　　　　　　　　　　　　b) 沟道式

c) 对射式　　　　　　　　　　　　　　d) 聚焦式

图 10-19　光电检测装置的其他形式

各种不同类型的光电检测组件，适用于不同类型的检测场合，测试距离从几毫米到几十米，可以完成工作环境极恶劣条件下的检测和控制（例如：高温、高压、强腐蚀等）。光电检测组件根据应用场合可以有多种外形和安装方式，广泛用于机械、电子、化工、印刷、自动包装等各个领域。它是一种光机电一体化新型组件的关键部件。

10.2.2　光电控制技术及应用

1. 光电二极管控制的电器装置

光电二极管控制电器装置的原理图如图 10-20 所示。当有光线照射时，VT_1 导通，同时 VT_2 也导通，继电器 KA 动作，用继电器触头可以控制电器装置的开或关。

2. 光控自动开关电路

图 10-21 所示为路灯自动开关电路。2CR44 是硅光电池，受光照射时，能产生随光照强弱而变化的电动势并提供电流。继电器 KA 是一种流过 6mA 电流就动作的高灵敏继电器，它的常闭触头控制路灯电路的通断。白天，硅光电池受光照产生电流，经 RP 流入晶体管基极成为 I_B，于是集电极中出现大的电流 I_C 流经继电器，使常闭触头断开，路灯熄灭。晚上，硅光电池不受光照不产生电流，晶体管没有基极电流，集电极电流近似为零，继电器常闭触头闭合，路灯电源接通。调整电位器 RP 可以调整基极电流 I_B，也就调整了控制路灯开关的周围环境光的强度。

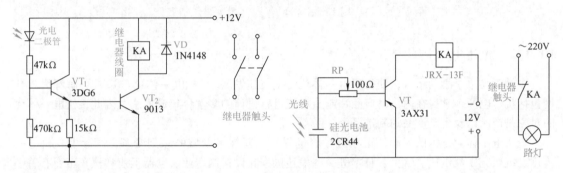

图 10-20　光电二极管控制电器装置的原理图　　　　图 10-21　路灯自动开关电路

类似的电路也可用于机床的安全保护，如果人手伸入了危险部位，挡住了光源，控制电路就马上动作，切断电源，保护操作人员。各种各样的半导体敏感器件配合晶体管的放大作用，就可以构成电工设备中各种各样的控制电路。

10.3　光机电一体化技术

近些年来，光机电一体化技术得到迅猛发展，在工业设备制造领域得到了广泛应用。光机电一体化技术作为光学、微电子学、计算机信息、控制技术与机械技术交叉融合构成的高新技术，是诸多高新技术产业和高新技术装备的基础。它引进了光电子技术，有效地改进传统机电一体化装备的传感系统、动力系统和信息处理系统，使产品实现整体优化。因此，光机电一体化技术成为当今机械工业技术发展的一个主要趋势。

10.3.1　光机电一体化技术的特征

光机电一体化系统主要由动力、机构、执行器、计算机和传感器五个部分组成，相互构成一个功能完善的柔性自动化系统。其中计算机软硬件和传感器是光机电一体化技术的重要组成要素。

光机电一体化产品的研究开发涉及许多学科和专业知识，包括机械工程学、光学、数学、物理学、化学、声学、电子学、电工学、系统工程学、控制理论和计算机科学等。例如人们非常熟悉的数码激光冲印设备（见图 10-22），光机电一体化技术将光电子技术、传感器技术、控制技术与机械技术各自的优势结合起来，衍生出了许多功能更强、性能更好的新一代技术装备和产品，如集复印、打印、传真于一体的多功能一体机（见图10-23）。

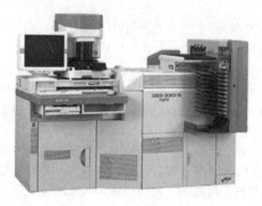

图 10-22　柯达全套激光数码冲印系统设备　　　　图 10-23　兄弟 FAX-2480C 多功能一体机

10.3.2　光机电一体化技术的发展

机械学与电子学的结合，使得机电一体化得到飞速发展。"机电一体化"通常可解释为：利用包括机、电两个学科在内，对产品和制造系统进行设计的多学科集成方法。因此，机电一体化的对象是产品以及生产产品的制造系统。

光机电一体化技术的兴起，正在引导着世界一场新技术领域的深刻变革，国际上光机电一体化系统研究发展迅速。欧美、日本等一些发达国家在设备制造业、电器工业和汽车工业有着坚实的基础，而这些行业与机电一体化技术密切相关。

10.3.3　高端装备制造

光机电一体化技术已经渗透到各个学科领域，成为一种新兴的学科，并逐渐成为一种产业，而这些产业作为新的经济增长点越来越受到高度重视。从世界科学技术的发展情况来看，高端装备制造技术是未来科技发展的热点技术。

情境链接

▶▶▲ 国家战略性新兴产业——高端装备制造业 ▲◀◀

制造业是经济社会发展的物质基础，在国民经济建设中处于支柱和主导地位，高端装备制造产业的振兴是我国实现工业化社会的基础。

高端装备制造产业指装备制造业的高端领域，"高端"主要表现在三个方面：第一，技术含量高，表现为知识、技术密集，体现多学科和多领域高精尖技术的继承；第二，处于价值链高端，具有高附加值的特征；第三，在产业链占据核心部位，其发展水平决定产业链的整体竞争力。

作为战略新兴产业之一的高端装备制造业主要包括航空产业、卫星及应用产业、轨道交通装备业、海洋工程装备以及智能制造装备五个细分领域。中国高端装备制造业将迎来黄金增长，将成为国民经济重要的支柱产业。2015年，中国高端装备制造业销售收入超过6万亿元，在装备制造业中的占比提高到15%；到2020年，高端装备制造产业销售收入在装备制造业中的占比提高到25%，高端装备制造业将培育成为国民经济的支柱产业。

高端制造产业可以理解为：技术高端，表现为知识、技术密集，体现多学科和多领域高、精、尖技术的集成；价值链高端，具有高附加值特征。

高端装备产业包括：

（1）传统产业转型升级的重大成套设备　围绕满足石化、冶金、轻工、煤炭、汽车等行业的转型升级、节能降耗、自动化、智能化需要的装备。

（2）节能、环保与资源开发利用装备　围绕资源开发利用、二氧化碳减排等重大工程所需的成套装备，如新能源、核电、清洁煤燃烧、智能电网、海洋工程装备等。

（3）先进运输设备　包括航空运输、远洋运输、城市轨道交通和新能源汽车等。

（4）智能化的基础制造装备　它包括突破数字化制造技术、高档数控系统、高精度轴承及机床功能部件等关键技术，开发先进工艺技术所需的专用装备。

（5）基础元件及仪器仪表　把通用基础元件（液压、气动）、大型铸锻件、关键特种材料（高档绝缘材料）、控制系统的元器件（包括仪器仪表）、数控机床的功能部件等作为优先发展领域，以改变高档液压元件和控制元件依赖进口的局面。

（6）新兴产业专用装备　围绕生物医药、电子信息、新材料等新兴产业发展所需要的装备。

10.3.4　机器视觉技术

机器视觉是使机器具有像人一样的视觉，从而实现各种检测、判断、识别等功能。一个典型的工业机器视觉系统组成包括（见图10-24）：

（1）图像采集单元　光源、镜头、相机（包括CCD相机和COMS相机）、采集卡等。

（2）图像处理分析单元　工控主机、图像处理软件、图形交互界面等。

（3）执行单元　电力、液压、气压传动。

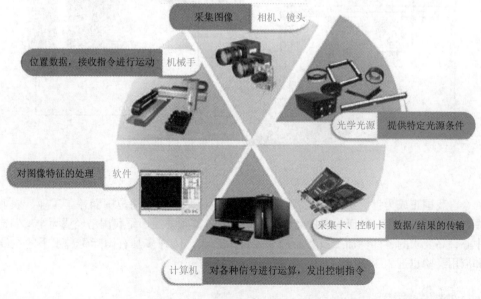

图10-24　机器视觉系统的构成

机器视觉是一项综合技术，包括图像处理、机械工程技术、控制、电光源照明、光学成像、传感器、模拟与数字视频技术、计算机软硬件技术等。机器视觉系统的工作原理示意图如图10-25所示。

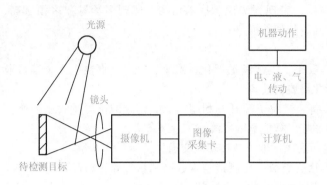

图 10-25　机器视觉系统的工作原理示意图

　　机器视觉系统最基本的特点就是提高生产的灵活性和自动化程度。在一些不适于人工作业的危险工作环境或者人工视觉难以满足要求的场合，常用机器视觉来替代人工视觉。同时，在大批量重复性工业生产过程中，用机器视觉检测方法可以大大提高生产的效率和自动化程度。

　　纺织企业是大型劳动和技术密集型企业，在大批量的布匹检测中，用人工检查产品质量效率低且精度不高，用机器视觉检测方法可以大大提高生产效率和生产的自动化程度。"布匹检测"流水线（见图 10-26）是实时、准确、高效的流水线，在流水线上，所有布匹的颜色、数量都要进行自动确认。采用机器视觉的自动识别技术完成以前由人工来完成的检测工作。

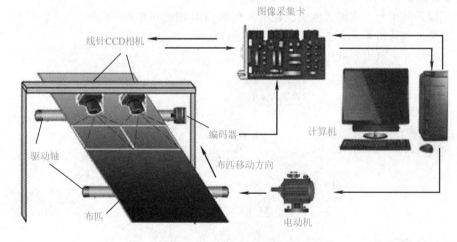

图 10-26　纺织企业"布匹检测"流水线

　　如今，我国正成为世界机器视觉发展最活跃的地区之一，应用范围涵盖了工业、农业、医药、军事、航天、气象、科研等国民经济的各个行业。其重要原因是我国已经成为全球制造业的加工中心，高要求的零部件加工及其相应的先进生产线，使许多具有国际先进水平的机器视觉系统和应用经验也进入了中国。

10.4　现代通信技术

10.4.1　现代通信技术概述

　　现代通信技术的发展经历了三个阶段：第一阶段是语言和文字通信阶段。在这一阶段，通信方式简单，内容单一。第二阶段是电通信阶段。1837 年，莫尔斯发明电报机，并设计莫尔斯电报码。1876 年，贝尔发明电话机。这样，利用电磁波不仅可以传输文字，还可以传输语音，由此大大加快了通信的发展进程。1895 年，马可尼发明无线电设备，从而开创了无线电通信发展的道路。第三阶段是现代电子信息通信阶段。

➤➤ 无线信号的传输与处理 ◀◀

信号包括电信号和非电信号，信号的传输可以分为有线传输和无线传输。

声音、图像、温度、湿度、流量、压力等都属于非电信号，非电信号可以通过电气装置或设备转变成电信号，然后进行传输和处理。

电视节目的发射与接收就是电信号转换、传输和处理的典型应用，其电路框图如图 10-27 所示。

图像、声音等非电信号通过摄像机和传声器转变成了电信号，发射机和发射天线将电信号转变成无线电波，无线电波被接收后又转换为电信号，电信号经过传递和处理，送到显像管和扬声器，将图像、声音、文字等信息再还原出来。

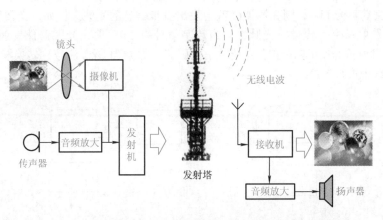

图 10-27 电视节目的发射与接收

在信号传递和处理的过程中，电源或信号源的电压、电流都被称为激励，它是驱动电路工作的原动力。在激励的作用下，电路中各元器件上产生的电压或流过该元器件的电流则被称为响应。激励是表示电源供给电路以能量，响应则表示该元器件对该能量所做出的反应。

通信技术实际上就是通信系统和通信网的技术。通信系统是指点对点通信所需的全部设施，而通信网是由许多通信系统组成的多点之间能相互通信的全部设施。而现代的主要通信技术有数字通信技术、程控交换技术、信息传输技术、通信网络技术、数据通信与数据网、综合业务数字网（ISDN）与异步传输模式（ATM）技术、宽带互联网协议（IP）技术、接入网与接入技术。

信息传输技术主要包括光纤通信、数字微波通信、卫星通信、移动通信以及图像通信等。

光纤是以光波为载频，以光导纤维为传输介质的一种通信方式，其主要特点是频带宽，损耗低，中继距离长；具有抗电磁干扰能力；线径细，重量轻；还有耐腐蚀，不怕高温等优点。

数字微波中继通信是指利用波长为 1mm～1m 范围内的电磁波通过中继站传输信号的一种通信方式。其主要特点为信号可以"再生"、便于数字程控交换机的连接、便于采用大规模集成电路、保密性好、数字微波系统占用频带较宽等。数字微波通信与光纤通信、卫星通信一起被国际公认为最有发展前途的三大传输手段。

卫星通信简而言之就是利用人造地球卫星作为中继站而进行的无线通信。其主要特点是：通信距离远，而投资费用和通信距离无关；工作频带宽，通信容量大，适用于多种业务的传输；通信线路稳定可靠；通信质量高等。

移动通信是进行无线通信的现代化技术，这种技术是电子计算机与移动互联网发展的重要成果之一。移动通信终端是指可以在移动中使用的计算机设备，广义上包括智能手机、笔记本计算机、平板电脑、POS 机甚至包括车载电脑等。但是大部分情况下是指手机或者具有多种应用功能的智能手机以及平板电脑。

在过去的半个世纪中，移动通信的发展对人们的生活、生产、工作、娱乐乃至政治、经济和文化都产生了深刻的影响，30 年前幻想中的无人机、智能家居、网络视频、网上购物等均已实现。移动通信技术经历了模拟传输、数字语音传输、互联网通信、个人通信、新一代无线移动通信五个发展阶段。

10.4.2 数字光纤通信系统的基本组成

数字光纤通信系统基本上由光发射系统、光传输系统和光接收系统组成，如图 10-28 所示。

发射系统的主要任务是把电信号转变成为光信号，即电-光转换。在发射端，电端机把模拟信号（如语音）进行模/数转换，用转换后的数字信号去调制发射机中的光源器件（一般是半导体激光器，英文简称为 LD），则光源器件就会发出携带信息的光波。比如，当数字信号为"1"时，光源器件发射一个"传号"光脉冲；当数字信号为"0"时，光源器件发射一个"空号"（不发光）。光发射机的作用就是把数字化的信息码流（如 PCM 语音信号）转换成光信号脉冲码流并输入到光纤中进行传输。

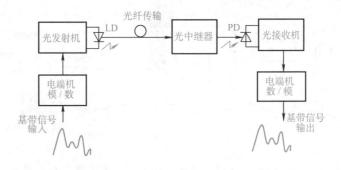

图 10-28　数字光纤通信系统的基本组成

光纤的主要功能是传输光信号，光波经光纤传输后到达接收端。

在接收端，光接收机把数字信号从光波中检测出来送给电端机，而电端机再进行数/模转换，恢复成原来的模拟信号，完成一次通信的全过程。

光信号在光纤中传输一段距离后，其幅度将被衰减，波形也产生失真。为了使光信号能长距离传送，每隔一段距离即设置光中继器。光中继器的主要作用为：对光信号进行放大，补偿光信号的衰减；对失真的信号波形进行整形。

10.4.3 光纤的结构与光的传输原理

1. 光纤的结构

光通信中使用的光纤是横截面积很小的可挠曲透明长丝，光纤具有长距离束缚和传输光的功能。

图 10-29 是光纤的基本结构图。可以看出，光纤主要是由纤芯、包层和涂覆层构成。纤芯是由高度透明的材料制成的；包层的折射率略小于纤芯，从而造成一种光波导效应，使大部分的光波被束缚在纤芯中传输；涂覆层的作用是保护光纤不受水汽的侵蚀和机械的擦伤，同时又增加光纤的柔韧性，在涂覆层外有塑料外套。

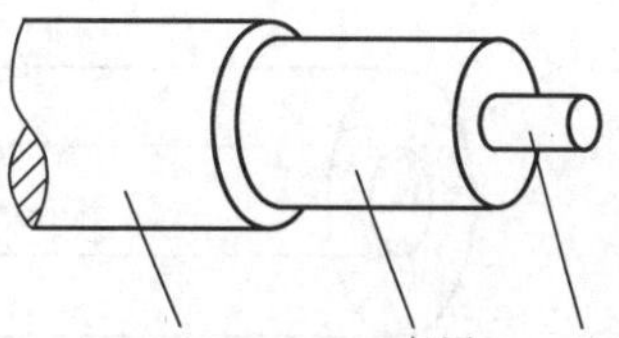

为了便于工程上安装和敷设，常常将若干根光纤组合成光缆。光缆的结构繁多，图 10-30 所示的是我国普遍采用的层绞式和骨架式光缆。光缆中有钢质加强芯，可以提高其抵抗张力的能力，由于钢质加强芯的膨胀系数小于塑料，能抵制塑料的伸缩，从而使光缆的温度特性有所改善。

图 10-29 光纤的基本结构

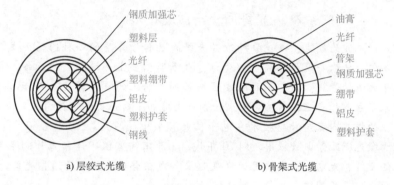

a) 层绞式光缆　　　　b) 骨架式光缆

图 10-30 光缆的结构

2. 光纤的分类及应用

（1）石英系光纤　纤芯和包层都由高纯的 SiO_2 掺适量（约百分之几）其他物质制成。石英系光纤损耗小，强度和可靠性较高，适合于大容量、长距离光纤通信系统使用，目前应用最广泛。缺点是成本高，与光源耦合困难。

（2）全塑料光纤　这种光纤的纤芯和包层都由塑料制成。它的损耗大，可靠性不高，但机械性能好、价廉，适用于室内短距离的光纤通信场合。

（3）多组分玻璃光纤　这种光纤的主要成分为钠玻璃（$SiO_2 \cdot Na_2O \cdot CaO$）。其特点是损耗较低，但可靠性也较低。

（4）石英芯、塑料包层光纤　这种光纤的纤芯由石英制成，包层用硅树脂。其特点是价廉、容易耦合，适用于短距离（数百米）通信或组网。

3. 光的传输原理

光在空间中是沿着直线传播的。在光纤中，光的传输限制在光纤内部，随着光纤能够传送到很远的距离，光的传输是基于光的全内反射原理。光在光纤内部以一定的角度反复逐次反射，直至传播到另一端面。

光在光纤中传播的轨迹如图 10-31 所示。

由于光纤传输具有极低的衰减系数（目前已达 0.19dB/km 以下），若配以适当的光发射、光接收设备以及放大器，可使中继距离达到数百至数千千米，这是传统的电缆（1.5km）、微波（50km）等传输方式无法与之相比拟的。

另外，光波的传输只在光纤的芯区进行，基本上没有光泄漏出去，因此其信息传输的保密性能极好。

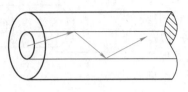

a) 光传播示意图

b) 微观摄影照片

图 10-31　光纤中的光传播轨迹

▶▲ 光纤通信与激光技术 ◀◀

　　光纤通信是以光波为载波、以光导纤维（光纤）为传输介质的一种通信方式。用光纤代替电缆进行通信不仅是传输手段和形式上的变化，也是通信史上一场深刻的革命。它不仅为通信网络提供了几乎无限的带宽资源，而且触发了一系列观念上的重大转变，光纤通信已经为世界电信的面貌带来了巨大的变化，它将对未来世界产生更加深刻而长远的影响。

　　光电子技术的核心内容是激光技术在电子信息领域中的应用。20 世纪 60 年代激光问世以来，最初应用于激光测距等少数应用，到 70 年代，由于有了室温下连续工作的半导体激光器和传输损耗很低的光纤，光电子技术才迅速发展起来。现在全世界敷设的通信光纤总长超过 1000 万公里，主要用于建设宽带综合业务数字通信网。

10.4.4　光纤通信技术的特点与应用

　　1. 光纤通信技术的特点

　　1）通信容量大。从理论上讲，一根仅有头发丝粗细的光纤可以同时传输 100 亿个话路。虽然目前远未达到如此高的传输容量，但用一根光纤同时传输 50 万个话路的试验已经取得成功，它比传统的同轴电缆、微波等的传输容量要高出几千甚至几十万倍。一根光纤的传输容量如此巨大，而一根光缆中包括几十至上千根光纤，如果再加上波分复用技术把一根光纤当作几十根、几百根光纤使用，其通信容量之大就更加惊人了。

　　2）适应能力强。其有抗外界强电磁场的干扰、耐腐蚀、可挠性强（弯曲半径大于 250mm 时其性能不受影响）等特点。

　　3）中继距离长、保密性能好。

　　4）体积小、重量轻、便于施工和维护。光缆的敷设方式方便灵活，既可以直埋、管道敷设，又可以水底或架空敷设。

　　5）原材料来源丰富。制造石英光纤的最基本原材料是二氧化硅（SiO_2），而二氧化硅在大自然界中几乎是取之不尽、用之不竭的，因此其潜在价格是十分低廉的。

　　2. 光纤通信技术的应用

　　人类社会现在已发展到了信息社会，声音、图像和数据等信息的交流量非常大。过去的通信手段已经不能满足时代的需要，而光纤通信以其信息容量大、保密性好、重量轻、体积小、中继距离长等优点得到了广泛的应用。光纤通信的应用遍及工农业生产、通信、医疗、教育、航空航天等各个领域，并正在向更广更深的层次发展。

　　光纤通信技术是当今世界上发展最快的技术，光及光纤的应用给人类社会带来了深刻的影响与变革。

➤➤ 全球移动通信技术主导者——中国"5G" ◄◄

移动通信是进行无线通信的现代化技术，这种技术是电子计算机与移动互联网发展的重要成果之一。通信设备产业是指利用现代通信技术获取、传递、处理和应用信息的系统和装置，是信息化的基础性产业。我国通信设备产业技术和产业能力已进入世界强国行列，形成较为完整的产业体系和创新体系，成为第五代移动通信5G国际标准、技术和产业的主导者。无线移动通信系统设备产业保持国际第一阵营，移动终端产业进入国际第一阵营。

5G移动通信技术是改变世界的主要技术之一。为实现我国在5G无线移动通信技术、标准、产业、服务与应用方面的全球领先目标，以及5G技术在公网、专网、国防等多市场的应用与融合，由5G标准主导单位、5G设备制造商、电信运营商、应用单位等联合实施，部署5G预商用示范网络工程。应用我国自主创新5G技术优势与系统能力，支持10Gbit/s峰值速率、频谱效率提升3倍以上、端到端传输试验达1ms和5Tbit/(s·km^2)以上的流量密度，测试和验证5G射频、基带等核心芯片和终端、测试仪表、系统设备等。

无线移动通信关键技术包括大规模天线阵列技术、超密集组网技术新型多址接入技术、高频段通信技术、信道编码、终端间通信技术、新型核心网架构技术、5G增强型技术（100Gbit/s，以用户为中心和具有高感知的接入网与核心网）等关键技术。

第五代移动通信技术的应用如图10-32所示。5G给人们带来物联网（IoT）和人工智能（AI）等领域全新的体验。在基础级技术领域，5G将提供比4G更快的数据速度，更高的数据容量，更好的覆盖范围，更低的延迟或更快的响应时间。这些优势的组合将超越提高智能手机使用体验，5G的诞生，将进一步改变我们的生活。

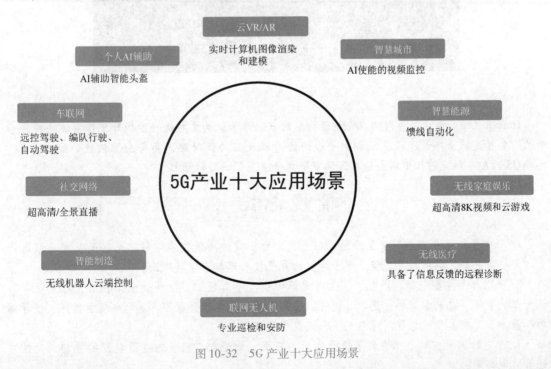

图10-32 5G产业十大应用场景

 情境链接

➤➤▲ 信息时代　万物互联——"HarmonyOS" ◀▲

2021年6月2日，华为正式发布了一个世界级的操作系统：鸿蒙系统（HarmonyOS）。HarmonyOS是一款全新的面向全场景的分布式操作系统，创造一个超级虚拟终端互联的世界，将人、设备、场景有机地联系在一起，将消费者在全场景生活中接触的多种智能终端实现极速发现、极速连接、硬件互助、资源共享，用最合适的设备提供最佳的场景体验。

HarmonyOS是华为开发并面向多智能终端、全场景的分布式操作系统，可以连接手机和其他智能家居设备，实现华为鸿蒙战略：万物互联。

HarmonyOS就是不同设备的统一语言。用同一个系统适配不同的硬件，是全世界2700多万开发者梦寐以求的事，而HarmonyOS做到了这一点。自发布以来，华为一直在强调HarmonyOS是一款全新的基于微内核的面向全场景的分布式操作系统（见图10-33）。也就是说，智能手机仅仅是HarmonyOS的一个关键场景之一。

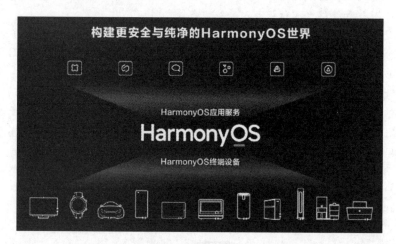

图 10-33　构建更安全与纯净的 HarmonyOS 世界

HarmonyOS的诞生，是因为在全场景智慧时代，华为认为需要进一步提升操作系统的跨平台能力，包括支持全场景、跨多设备和平台的能力以及应对低时延、高安全性挑战的能力。HarmonyOS的发布和完善让中国企业在国际市场竞争中多了一份话语权。

情境总结

1. 光电子技术是多学科相互渗透、相互交叉而形成的高新技术学科。光电子技术是信息产业的支柱与基础，内容涉及光学、电子学、计算机技术等前沿学科理论。

2. 光电器件主要包括以下几类。①发光器件：发光二极管、红外发光二极管、红光半导体激光二极管等。②光敏器件：光电二极管、硅光电池、光电耦合器等。③光电显示器件：半导体数码显示器、液晶显示器等。④激光头、光盘和光驱等。

3. 光电检测及控制技术得到了极为广泛的应用，如光电二极管对电器装置的控制、光控自动开关电路等。

4. 光机电一体化系统主要由动力、机构、执行器、计算机和传感器五个部分组成，相互构

成一个功能完善的柔性自动化系统。其中计算机软硬件和传感器是光机电一体化技术的重要组成要素。

5. 机器视觉是一项综合技术，包括图像处理、机械工程技术、控制、电光源照明、光学成像、传感器、模拟与数字视频技术、计算机软硬件技术等。

6. 现代通信技术主要包括光纤通信、数字微波通信、卫星通信、移动通信等。数字光纤通信系统基本上由光发射系统、光传输系统和光接收系统组成。光纤主要有四种类型：石英系光纤，全塑料光纤，多组分玻璃光纤和石英芯、塑料包层光纤。光纤通信技术有通信容量大、中继距离长、保密性能好、适应能力强、原材料来源丰富等特点。

习题与思考题

10-1 简述现代光电子技术的特征及应用领域。

10-2 发光二极管（LED）的主要功能是什么？它的颜色是由什么决定的？

10-3 红光半导体激光二极管的工作条件是什么？主要应用在哪些领域？

10-4 比较光电二极管和发光二极管结构及功能上的差别。

10-5 简述硅光电池的工作原理。

10-6 激光头是由哪几部分组成的？

10-7 设计一裁纸机的安全保护电路。选择合理的光电检测装置，当人手伸入危险部位挡住光源时，控制电路就立刻切断电源，保护操作人员安全。

10-8 光机电一体化系统一般有哪些组成部分？其产品研发涉及哪些学科和专业知识？

10-9 简述数字光纤通信系统的发射、传输和接收过程。

10-10 光纤有哪几种类型？各应用于什么场合？

第2篇

岗课赛证技能训练篇

项目1　半导体器件基础

实训工单1　二极管的识别与检测

任务描述

本次实训任务要求学生使用万用表对二极管的管脚极性、质量好坏及其材质进行判断，并能使用万用表对二极管的伏安特性进行测试。

任务目标

1）会查阅半导体器件手册，熟悉二极管的类别、型号、规格及主要性能。
2）会使用万用表对二极管进行检测，并对其管脚极性、质量好坏、材质做出判断。
3）掌握二极管伏安特性的测试方法。
4）树立安全操作意识，培养良好的职业道德和职业习惯。

任务调研

二极管具有单向导电性，可用于整流、检波、稳压及混频等电路中，二极管的外壳上一般都印有规格和型号，以便选用。二极管实物如实训图1-1所示。

根据现有的学习材料和网络学习互动平台，通过观看微课视频或者学生自己从网上、教材、课外辅导书或其他媒体收集项目资料，小组共同讨论，做出工作计划，并对任务实施进行决策。

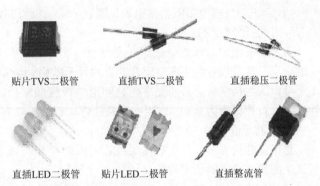

贴片TVS二极管　　直插TVS二极管　　直插稳压二极管
直插LED二极管　　贴片LED二极管　　直插整流管

实训图1-1　二极管实物图

『引导问题1』如何从二极管的外观来辨别其正负极？
『引导问题2』了解二极管的型号命名方法。

器材准备

根据实训表1-1清点元器件，并将元器件的主要用途填入表内。

实训表1-1　元器件清单

主要元器件	型号/规格	数量	主要用途
二极管	1N4007	1	
二极管	不限	若干	
电阻	1kΩ	1	
电位器	1kΩ	1	
其他	半导体器件手册		
仪器仪表	直流稳压电源，万用表，电流表10mA×1、±100μA×1		

☑ 工作原理

二极管由一个 PN 结构成，具有单向导电作用。加正向电压时，二极管导通，呈现很小的电阻，称为正向电阻；加反向电压时，二极管截止，呈现高阻，称为反向电阻。

1. 二极管管脚极性判断

1）用指针式万用表判断时，可用其电阻档，通常选用 $R \times 100$ 或 $R \times 1k$ 档。用万用表的两根表笔分别接触二极管的两只管脚，如果显示电阻很小，说明与黑表笔相接的一端是正极，另一端是负极；相反，如果显示阻值很大，则与红表笔相接的一端是正极，另一端就是负极。

2）用数字式万用表判断时，同样用电阻档，只是数字式万用表的表笔与内部电池的连接恰好与指针式万用表相反，所以当测出的电阻较小时，与红表笔相接的一端为二极管的正极；当测出的电阻很大时，与红表笔相接的一端为二极管的负极。

2. 二极管质量判别

1）若正、反向电阻值均为无穷大，则表示该二极管已经断路，不能使用。

2）若正、反向电阻值都很小，则表示该二极管内部短路已被击穿，不能使用。

3）若正、反向电阻值接近，则表示该二极管为劣质管。

4）若正、反向电阻值相差很大，则表示该二极管完好。

3. 二极管材质的判别

若不知被测的二极管是硅管还是锗管，可根据硅管和锗管的导通压降不同的原理来判别。一般来说，硅二极管的正向电阻在几百到几千欧姆，锗管小于 $1k\Omega$，因此如果正向电阻较小，基本上可以认为是锗管，若要更准确地知道二极管的材质，可将二极管接入正偏电路中测其导通管压降，若管压降为 $0.6 \sim 0.7V$，则是硅管；若管压降为 $0.2 \sim 0.3V$，则是锗管。

4. 二极管的伏安特性

二极管的伏安特性是指加在二极管两端的电压与流过二极管的电流之间的关系。可用逐点测试法测量二极管的伏安特性。

📝 任务实施

1. 观察样品

熟悉各种二极管的外形、结构和标志。查阅半导体器件手册，在实训表 1-2 中列出所给二极管的类型、型号。

2. 判断所给二极管的管脚极性及其质量的好坏

1）将万用表置于 $R \times 1k(R \times 100)$ 档，调零。

2）取二极管，用万用表测其电阻，并记录数据。

3）二极管不动，调换万用表的红、黑表笔的位置，再测二极管的电阻，记下所测数值。

4）根据两次测量的数据，判断二极管的管脚极性及其质量的好坏。

3. 判别硅管和锗管

在直流稳压电源（1.5V）的一端串联一个电阻（$1k\Omega$），同时按极性与二极管相接，使二极管正向导通，这时用万用表电压档测量二极管两端的管压降，并将所测数据填入实训表 1-2，根据管压降的数值来判断该二极管是硅管还是锗管。

实训表 1-2 二极管识别与测量

二极管型号	二极管类型	正向电阻	反向电阻	正向管压降	质量判断（好坏）	材质

4. 二极管的正向特性测试

1）按实训图 1-2 正确连接电路，图中二极管选用硅管 1N4007，电位器 RP 是 1kΩ。电流表的量程是 10mA。

2）调节直流稳压电源，使其输出为 5V，加在电路的输入端。

3）调节 RP 使二极管两端电压 U_D（用万用表测量）按实训表 1-3 的数值变化，每调一个电压，观察电路中电流表示数的变化，并将电流表的数据记录在实训表 1-3 中。

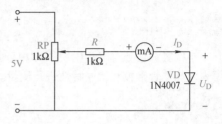

实训图 1-2 二极管的正向特性测试图

实训表 1-3 二极管的正向特性测试

U_D/V	0	0.1	0.2	0.3	0.4	0.5	0.6	0.65	0.7
I_D/mA									

5. 二极管的反向特性测试

1）按实训图 1-3 正确连接电路，注意二极管要反接，电流表的量程是 ±100μA。

2）调节直流稳压电源，使其输出为 20V，加在电路的输入端。

3）调节 RP 使二极管两端电压 U_D（用万用表测量）按实训表 1-4 的数值变化，每调一个电压，观察电路中电流表示数的变化，并将电流表的数据记录在实训表 1-4 中。

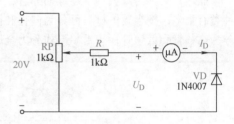

实训图 1-3 二极管的反向特性测试图

实训表 1-4 二极管的反向特性测试

U_D/V	0	1	2	4	6	8	15
I_D/μA							

6. 绘制伏安特性曲线

根据实训表 1-3 和实训表 1-4 测得的数据，利用描点法在同一坐标系（见实训图 1-4）中画出二极管的正、反向伏安特性曲线。

『引导问题 3』在测量时，什么是内接法？什么是外接法？什么情况下采用内接法？什么情况下采用外接法？

 问题思考

『思考问题 1』在任务实施过程中出现了哪些问题？

实训图 1-4 二极管的伏安特性曲线

是如何解决的？

『思考问题2』二极管的主要特征是什么？其主要参数有哪些？

『思考问题3』二极管的伏安特性曲线上共分为哪几个区？各工作区的特点是什么？

『思考问题4』半导体二极管工作在反向击穿区，是否一定被损坏？为什么？

实训工单2　晶体管的识别与检测

任务描述

本次实训任务要求学生使用万用表对晶体管的管脚、类型及其材质进行判断，并能使用万用表对晶体管参数和伏安特性进行测量。

任务目标

1）会查阅半导体器件手册，熟悉晶体管的类型、型号及主要参数。

2）会使用万用表对晶体管进行检测，能对晶体管的三个电极、类型、材质做出判断。

3）掌握晶体管伏安特性的测试方法。

4）树立安全操作意识，培养良好的职业道德和职业习惯。

任务调研

晶体管又称为双极型半导体晶体管，它有两大类型，即PNP型和NPN型。实际应用时它的种类有很多，按半导体材料可分为硅管和锗管；按功率大小分为大、中、小功率管；按工作频率分为高频管和低频管；按封装形式分为金属封装和塑料封装等。实物如实训图1-5所示。

(1) (2) (3) (4) (5) (6) (7) (8) (9)

实训图1-5　晶体管实物图

根据现有的学习材料和网络学习互动平台，通过观看微课视频或者学生自己从网上、教材、课外辅导书或其他媒体收集项目资料，小组共同讨论，做出工作计划，并对任务实施进行决策。

『引导问题1』如何根据晶体管的外形特点来判别管脚极性？

『引导问题2』了解晶体管的型号命名方法，如何根据晶体管外壳上的型号来判断其类型？

器材准备

根据实训表1-5清点元器件，并将元器件的主要用途填入表内。

实训表 1-5　元器件清单

主要元器件	型号/规格	数量	主要用途
晶体管	3DG6	1	
晶体管	不限	若干	
电阻	100kΩ	1	
电阻	1kΩ	1	
电位器	10kΩ	2	
其他	半导体器件手册		
仪器仪表	直流稳压电源，万用表，电流表 10mA×1、±100μA×1		

✅ 工作原理

晶体管实质上是两个 PN 结。为了方便理解，可以将它近似地看成两个反向串联的二极管，由此可以用万用表来判断晶体管的极性和类型。

实验所用万用表的黑表笔对应表内电池的正极，红表笔对应表内电池的负极。

1. 判断基极 B 和晶体管类型

将万用表拨到 $R×100$ 或 $R×1k$ 档，这时，若将黑表笔接到某一假定基极 B 管脚上，红表笔先后接到另两个管脚上，如果两次测得的电阻都很大（或都很小），而对换表笔后，测得的电阻都很小（或都很大），可确定所做的假设是正确的。如果两次测得的电阻值为一大一小，则可确定所做的假设是错误的。这时，再重新假定一脚为基极 B，重复上述的测试。

基极确定后，将黑表笔接基极，红表笔分别接其他两极，如果测得的电阻值较小，则此晶体管是 NPN 型的；反之为 PNP 型的。

2. 判断集电极 C 和发射极 E

在判断出管型和基极 B 的基础上，在剩余的两只管脚中，任意假定一个电极为 E 极，另一个为 C 极，在假定的集电极与基极之间连接一只大电阻（100kΩ 左右），或者用手同时捏住晶体管的 B、C 极，对于 PNP 型管，万用表置于 $R×1k$ 档，将红表笔接假定的 C 极，黑表笔接假定的 E 极，注意不要将两电极直接相碰，此时注意观察万用表指针向右摇动的幅度，然后使假设的 E、C 极对调，再次进行测量。

比较这两次万用表指针的摆动幅度，万用表指针偏转大的（即测得电阻小）假设正确。对于 NPN 型管，方法与 PNP 型管相似，只是万用表的表笔接法不同：把假设的集电极接黑表笔，假设的发射极接红表笔。

3. 晶体管材质的判别

对于 NPN 型管，黑表笔接 B 极，红表笔接 C 极或 E 极，若表针位置在表盘中间偏右一点的地方，则所测管为硅管；若表针位置在电阻档刻度线零偏左一点的地方，则为锗管。对于 PNP 型管，红表笔接 B 极，黑表笔接 C 或 E 极，表针位置在表盘中间偏右一点的地方，则所测管为硅管；若表针位置在电阻档刻度线零位偏右一点的地方，则为锗管。

4. 检测穿透电流 I_{CEO} 的大小

可用万用表的电阻档来进行检测，将基极 B 开路，对于 NPN 型晶体管，黑表笔接 C 极，红表笔接 E 极；对于 PNP 型晶体管，红表笔接 C 极，黑表笔接 E 极来测量。如果测得 C、E 两极间的电阻值越大，说明 I_{CEO} 越小，晶体管的性能越好。对硅管来说，测得的电阻值应在几百千欧以上，表针一般不动；对锗管来说，测得的电阻值应在几十千欧以上。如果测得的电阻值太小，表

明 I_{CEO} 很大；如果测得的电阻值接近于零，则表明晶体管已击穿，不能再用。

5. 检测电流放大系数 β 的大小

在 B、C 极之间接入人体电阻或 100kΩ 电阻，对于 NPN 型晶体管，黑表笔接 C 极，红表笔接 E 极（对于 PNP 型晶体管，红表笔接 C 极，黑表笔接 E 极），测 C、E 极间的电阻值，若人体电阻或 100kΩ 电阻接前、后两次测得的电阻相差越大，则 β 越大。这种方法一般适用于检测小功率管的 β 值。

6. 晶体管的伏安特性

晶体管的伏安特性有输入特性和输出特性。

输入特性研究的是当 u_{CE} 不变时，i_B 和 u_{CE} 之间的关系，即

$$i_B = f(u_{BE})\big|_{u_{CE}=常数}$$

输出特性研究的是当 i_B 不变时，i_C 和 u_{CE} 之间的关系，即

$$i_C = f(u_{CE})\big|_{i_B=常数}$$

 **任务实施**

1. 观察样品

通过查阅半导体器件手册熟悉晶体管的类型、型号及主要参数，并将晶体管的型号、类型记录在实训表 1-6 中。

2. 判断所给晶体管的好坏和三个管脚极性

用万用表判断，将晶体管质量好坏的判断记录在实训表 1-6 中，并把管脚极性示意图画在实训表 1-6 中。

3. 判别硅管和锗管

将晶体管材质记录在实训表 1-6 中。

4. 检测穿透电流 I_{CEO} 的大小

将 I_{CEO} 数值记录在实训表 1-6 中。

5. 检测电流放大系数 β 的大小

将 β 数值记录在实训表 1-6 中。

实训表 1-6　晶体管识别与测量

晶体管型号	晶体管类型	质量判断（好坏）	管脚极性示意图	材质	I_{CEO}	β

6. 晶体管的输入特性测试

1）按实训图 1-6 正确连接电路，图中晶体管为 3DG6，两个电位器为 10kΩ，电流表量程分别为 10mA 和 ±100μA。

2）调节直流稳压电源，使其输出为 12V，加在电路中。

3）调节 RP_1 使 U_{BE} 按实训表 1-7 中的数值变化，调节 RP_2 使 $U_{CE}=1V$ 不变。观察不同的 U_{BE} 对应的 I_B 的大小，将结果填入实训表 1-7 中。

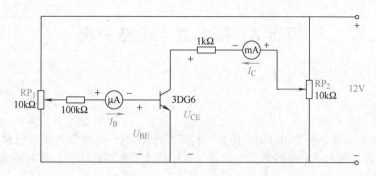

实训图 1-6 晶体管伏安特性测试电路图

实训表 1-7 晶体管的输入特性测试

U_{BE}/V	0	0.1	0.2	0.3	0.4	0.5	0.6	0.65	0.7
I_B/μA									

4）根据测量结果在实训图 1-7 中画出晶体管的输入特性曲线。

7. 晶体管的输出特性测试

1）在步骤 6 的基础上，电路不变，调节 RP$_1$ 使 I_B 按表 1-8 所给的数值变化，然后再调节 RP$_2$ 改变 U_{CE}，测出对应的 I_C，结果填入实训表 1-8 中。

实训表 1-8 晶体管的输出特性测试

I_C/mA		U_{CE}/V								
		0	0.2	0.4	0.5	0.6	0.7	1	2	4	6
I_B/μA	0										
	20										
	40										
	60										

2）根据测量结果在实训图 1-8 中画出晶体管的输出特性曲线。

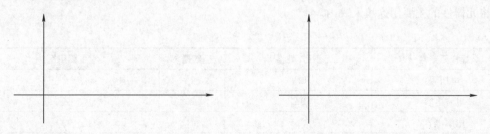

实训图 1-7 晶体管的输入特性曲线   实训图 1-8 晶体管的输出特性曲线

『引导问题 3』 如何从晶体管的输出特性曲线来计算晶体管的电流放大系数 β 的大小？

⚠ **问题思考**

『思考问题 1』 在任务实施过程中出现了哪些问题？是如何解决的？

『思考问题 2』 如何用万用表来判断晶体管的好坏及三个管脚的极性？

『思考问题 3』 晶体管的输出特性曲线共分为哪几个区？各工作区的特点是什么？

项目 2　基本放大电路分析

实训工单 1　单管共发射极放大电路仿真实验

任务描述

本次实训任务要求学生在 Multisim 仿真软件工作平台上创建单管共发射极放大电路并利用 Multisim 虚拟仪器仪表对该电路的静态工作点、电压放大倍数进行测量，并对输入电压和输出电压的波形进行分析。

任务目标

1）熟悉掌握 Multisim 仿真软件的使用方法。

2）会在 Multisim 仿真软件工作平台上测试单管共发射极放大电路的静态工作点、电压放大倍数。

3）会测试单管共发射极放大电路的输入电压和输出电压的波形。

4）培养严谨求实、认真负责的工程素养和科学精神。

任务调研

Multisim 是以 Windows 为基础的仿真工具，适用于板级的模拟/数字电路板的设计工作。它包含了电路原理图的图形输入、电路硬件描述语言输入方式，具有丰富的仿真分析能力。

根据现有的学习材料和网络学习互动平台，通过观看微课视频或者学生自己从网上、教材、课外辅导书或其他媒体收集项目资料，小组共同讨论，做出工作计划，并对任务实施进行决策。

『引导问题 1』熟悉 Multisim 仿真软件的窗口界面和菜单命令。

『引导问题 2』如何在 Multisim 仿真工作平台上创建电路原理图并设置参数？

『引导问题 3』如何对电路进行仿真分析？

器材准备

本次实训任务使用 Multisim 仿真工作平台，用到的虚拟元器件见实训表 2-1，学生分析电路图，将元器件的主要用途填入表内。

实训表 2-1　元器件清单

虚拟元器件	型号/规格	数量	主要用途
电压源	12V	1	
电解电容	10μF	2	
电解电容	50μF	1	
晶体管	2N2222A	1	
其他	接地、电阻若干		
仪器仪表	电压表、电流表、函数发生器、示波器		

工作原理

1. 单管共发射极放大电路的静态工作点

测试单管共发射极放大电路的静态工作点仿真电路如实训图 2-1 所示，静态工作点可用下式估算：

$$I_E = \frac{U_B - U_{BE}}{R_E} \approx I_C \quad U_B \approx \frac{R_{B1}}{R_{B1} + R_{B2}} U_{CC} \quad U_{CE} = U_{CC} - I_C R_C - I_E R_E$$

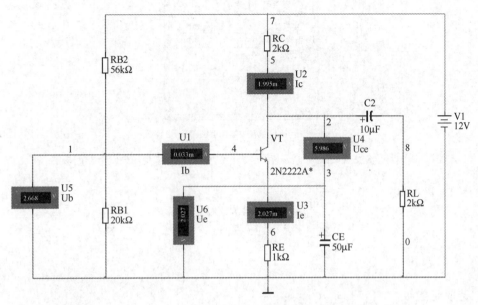

实训图 2-1　单管共发射极放大电路的静态工作点仿真电路

2. 单管共发射极放大电路的电压放大倍数

测试单管共发射极放大电路电压放大倍数的仿真电路及函数发生器面板图如图 2-2a、b 所示。

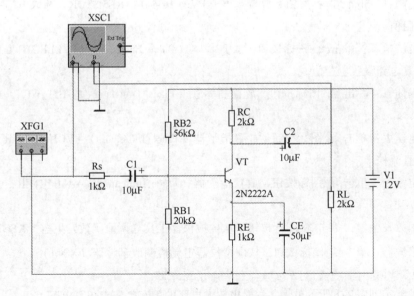

a) 单管共发射极放大电路电压放大倍数的仿真电路

实训图 2-2　单管共发射极放大电路电压放大倍数的仿真电路及函数发生器面板图

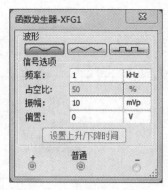

b) 函数发生器面板图

实训图 2-2　单管共发射极放大电路电压放大倍数的仿真电路及函数发生器面板图（续）

电压放大倍数为

$$A_u = -\beta \frac{R_C // R_L}{r_{be}}$$

📝 **任务实施**

1. 选取元器件

1）电压源：单击 ➕ 图标按钮，放置源（Place Source）→POWER_SOURCES→DC_POWER，选取直流电压源并设置电压为 12V。

2）接地：单击 ➕ 图标按钮，放置源（Place Source）→POWER_SOURCES→GROUND，选取电路中的接地。

3）电阻：单击 ⚊ 图标按钮，放置基本（Place Basic）→RESISTOR，选取电阻并根据仿真电路设置电阻值。

4）电解电容：单击 ⚊ 图标按钮，放置基本（Place Basic）→CAP_ELECTROLIT，选取电容并根据仿真电路设置电容值。

5）晶体管：单击 ⚄ 图标按钮，放置晶体管（Place Transistors）→BJT_NPN，选取 2N2222A 型晶体管。

6）电压表：单击 ▦ 图标按钮，放置指示器（Place Indicators）→VOLTMETER，选取电压表并设置为直流档。

7）电流表：单击 ▦ 图标按钮，放置指示器（Place Indicators）→AMMETER，选取电流表并设置为直流档。

8）函数发生器：单击 ▦ 图标按钮，从虚拟仪器工具栏调取函数发生器（XFG1）。

9）示波器：单击 ▦ 图标按钮，从虚拟仪器工具栏调取示波器（XSC1）。

2. 单管共发射极放大电路的静态工作点仿真电路

1）搭建实训图 2-1 所示单管共发射极放大电路的静态工作点仿真电路。

2）双击图中各电压表、电流表图标，打开其属性对话框后进行设置。

3）按下仿真开关，激活电路，记录集电极电流 I_C、发射极电流 I_E、基极电流 I_B、集电极–发射极电压 U_{CE}、发射极电压 U_E 和基极电压 U_B 的测量值于实训表 2-2 中。

实训表 2-2　单管共发射极放大电路的静态工作点仿真数据

项目	I_C/mA	I_E/mA	I_B/mA	U_{CE}/V	U_E/V	U_B/V
理论计算值						
仿真测量值						

3. 单管共发射极放大电路电压放大倍数仿真电路

1）搭建实训图 2-2a 所示单管共发射极放大电路电压放大倍数仿真电路。

2）双击图中各函数发生器、示波器图标，打开其面板对话框后进行设置。在放大电路输入端加入频率 f = 1kHz，幅值 U_i = 10mV 的正弦信号。函数发生器面板图如实训图 2-2b 所示。

3）按下仿真开关，激活电路，单管共发射极放大电路输入输出电压波形如实训图 2-3 所示，观察示波器显示的输入电压峰值 U_{IM} 与输出电压峰值 U_{OM}，将数值记录在实训表 2-3 中，并计算电压放大倍数 A_u。

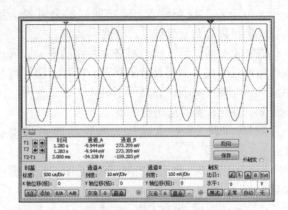

实训图 2-3　单管共发射极放大电路输入输出电压波形

实训表 2-3　单管共发射极放大电路电压放大倍数仿真数据

项目	U_{IM}/V	U_{OM}/V	电压放大倍数 A_u
理论计算值			
仿真测量值			

『引导问题4』 如何根据仿真数据来估算单管共发射极放大电路的电流放大系数 β？

⚠ 问题思考

『思考问题1』 在任务实施过程中出现了哪些问题？是如何解决的？

『思考问题2』 在 Multisim 仿真软件中，如何用示波器来测量波形参数？

『思考问题3』 单管共发射极放大电路的输出波形和输入波形之间的相位关系如何？

『思考问题4』 在 Multisim 仿真软件中，如何测量单管共发射极放大电路的输入电阻和输出电阻？

实训工单 2　单管共发射极放大电路的测量

🔘 任务描述

本次实训任务要求学生在电子试验箱内搭建单管共发射极放大电路，并对放大电路的静态工作点进行调试，利用函数信号发生器、示波器、万用表来测量放大电路的静态工作点、电压放大倍数并分析静态工作点对输出波形失真的影响。

🎤 任务目标

1）掌握放大电路的静态工作点调试方法，分析静态工作点对放大器性能的影响。

2）会测量静态工作点、电压放大倍数、输入电阻、输出电阻。

3）熟悉常用仪器仪表的使用方法。

4）树立安全操作意识，培养良好的职业道德和职业习惯。

任务调研

电阻分压式单管共发射极放大电路如实训图 2-4 所示，由于发射极是输入、输出回路的公共端，因此，该电路称为共发射极放大电路。

根据现有的学习材料和网络学习互动平台，通过观看微课视频或者学生自己从网上、教材、课外辅导书或其他媒体收集项目资料，小组共同讨论，做出工作计划，并对任务实施进行决策。

『引导问题 1』什么是放大电路的静态和动态工作？

『引导问题 2』放大电路的静态工作点包括哪些参数？

『引导问题 3』静态工作点的选择对输出波形失真有什么影响？

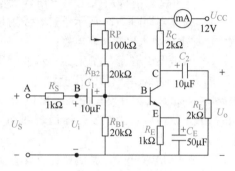

实训图 2-4　电阻分压式单管共发射极放大电路

器材准备

根据实训表 2-4 清点元器件，并将元器件的主要用途填入表内。

实训表 2-4　元器件清单

主要元器件	型号/规格	数量	主要用途
电阻	1kΩ、2kΩ、20kΩ	各 2	
电位器	100kΩ	1	
电解电容	10μF	2	
电解电容	50μF	1	
晶体管	2N2222A	1	
其他	模拟电路试验箱、导线若干		
仪器仪表	函数信号发生器、示波器、万用表、直流稳压电源、交流毫伏表		

工作原理

实训图 2-4 为电阻分压式单管共发射极放大电路。它的偏置电路采用 R_{B1} 和 R_{B2} 组成的分压电路，并在发射极中接有电阻 R_E，以稳定放大器的静态工作点。当在放大电路的输入端加入输入信号 U_i 后，在放大电路的输出端便可得到一个与 U_i 相位相反，幅值被放大了的输出信号 U_o，从而实现了电压放大。在实训图 2-4 所示电路中，静态工作点可用下式估算：

$$I_E = \frac{U_B - U_{BE}}{R_E} \approx I_C \qquad U_B \approx \frac{R_{B1}}{R_{B1} + R_{B2}}U_{CC} \qquad U_{CE} = U_{CC} - I_C R_C - I_E R_E$$

电压放大倍数为

$$A_u = -\beta \frac{R_C // R_L}{r_{be}}$$

1. 放大电路静态工作点的测量与调试

（1）静态工作点的测量　测量放大电路的静态工作点，应在输入信号 $U_i = 0$ 的情况下进行，即将放大电路输入端与地短接，然后用数字万用表选择适当的直流电流档和直流电压档，分别测量晶体管的集电极电流 I_C 以及各极对地的电位 U_B、U_C 和 U_E。

（2）静态工作点的调试　放大电路静态工作点的调试是指对晶体管集电极电流 I_C（或 U_{CE}）的调整与测试。静态工作点是否合适，对放大电路的性能和输出波形都有很大影响。如工作点偏高，放大电路在加入交流信号以后易产生饱和失真，此时 U_o 的负半周将被削底。

改变电路参数 U_{CC}、R_C、R_B（R_{B1}、R_{B2}）都会引起静态工作点的变化。

2. 电压放大倍数的测量

调整放大电路到合适的静态工作点，然后加入输入电压 U_i，在输出电压不失真的情况下，用示波器测出输入电压和输出电压的峰峰值 U_{ip-p} 和 U_{op-p}，则

$$A_u = U_{op-p} / U_{ip-p}$$

任务实施

1. 测量静态工作点

1）按照实训图 2-4 所示的电阻分压式单管共发射极放大电路的实验原理图接好线路，接通电源前，先将 RP 调至最大，函数信号发生器"幅值旋钮"转至到零，即 $U_i = 0$。直流稳压电源调整输出 +12V 接到放大电路的直流电源端，为电路提供 $U_{CC} = 12V$ 的稳定电压。

2）调节 RP，使 $I_C = 2\text{mA}$（即 $U_E = 2V$），允许存在少量偏差，用万用表直流电压档分别测量 U_B、U_E、U_C，用万用表电阻档测量 R_{B2} 值，记入实训表 2-5 中。

实训表 2-5　静态工作点的测量数据

测量值				计算值		
U_B/V	U_E/V	U_C/V	$R_{B2}/k\Omega$	U_{BE}/V	U_{CE}/V	I_C/mA

2. 测量电压放大倍数

1）实验电路图如实训图 2-4 所示，调整好合适的静态工作点，将函数信号发生器的输出信号调整为 $f = 1\text{kHz}$，$U_i = 10\text{mV}$ 的正弦交流信号，将该信号接入实验电路的输入端。

2）用示波器观测放大电路输入信号 u_i 和输出信号 u_o 的波形，在波形不失真的条件下计算实训表 2-6 三种情况下的 U_o 值和 A_u 值，记入实训表 2-6 中。

实训表 2-6　电压放大倍数测量数据

$R_C/k\Omega$	$R_L/k\Omega$	U_o/V	A_u	记录一组 u_i 和 u_o 的波形
2	∞			
1	∞			
2	2			

3. 观察静态工作点对输出波形失真的影响

置 $R_C = 2\text{k}\Omega$，$R_L = 2\text{k}\Omega$，$U_i = 0$，调节 RP，使 $I_C = 2\text{mA}$，测出 U_{CE} 值，再逐步加大输入信号，使输出电压 U_o 足够大但波形不失真。然后保持输入信号不变，分别增大和减小 RP 使波形出现失真，绘出 u_o 的波形，并测出失真情况下的 I_C 和 U_{CE} 的值，记入实训表 2-7 中。

实训表 2-7　波形失真测量数据

I_C/mA	U_{CE}/V	U_o/V	u_o波形	失真情况	晶体管工作状态

4. 测量输入电阻 r_i 和输出电阻 r_o

1）在实训图 2-4 所示的实验电路图中，置 $R_C = 2k\Omega$，$R_L = 2k\Omega$；按照前述的方法，调节 RP 获得合适的静态工作点（$I_C = 2mA$）；函数信号发生器的输出信号调整为 $f = 1kHz$，$U_i = 10mV$ 的正弦交流信号，将该信号接入放大电路输入端，用示波器观察放大电路输出电压 u_o 的波形不发生失真现象。

2）用交流毫伏表分别测量信号源两端电压 U_S 和 B 点对地电压 U_i，以及断开负载电阻 R_L 时的输出电压 U_o 和接入负载电阻 R_L 后的输出电压 U_{oL}，数据记录在实训表 2-8 中。

实训表 2-8　输入电阻和输出电阻的测量

测量值				计算值		理论值	
U_S/mV	U_i/mV	U_{oL}/V	U_o/V	r_i/kΩ	r_o/kΩ	r_i/kΩ	r_o/kΩ

3）根据测出的 U_S 和 U_i 的数值，运用公式 $r_i = \dfrac{U_i}{I_i} = \dfrac{U_i}{U_R/R} = \dfrac{U_i}{U_S - U_i}R$，计算出输入电阻 r_i，将计算结果填入实训表 2-8 的"计算值"中相应的位置。

4）运用理论公式计算输入电阻 r_i，将计算结果填入实训表 2-8 的"理论值"中相应的位置，并与"计算值"中的 r_i 对比。

5）根据测出的 U_o 和 U_{oL} 的数值，由公式 $U_{oL} = \dfrac{R_L}{R_L + r_o}U_o$ 可知，输出电阻 $r_o = \left(\dfrac{U_o}{U_{oL}} - 1\right)R_L$，将结果填入实训表 2-8 "计算值"中相应的位置。

6）运用理论公式计算输出电阻 r_o，将计算结果填入实训表 2-8 的"理论值"中相应的位置，并与"计算值"中的 r_o 对比。

『引导问题 4』简述电路中 C_1、C_2 的作用。

⚠ 问题思考

『思考问题 1』在任务实施过程中出现了哪些问题？是如何解决的？

『思考问题 2』如何判断输出波形是截止失真还是饱和失真？

实训工单 3　恒流源差分放大电路仿真实验

ⓘ 任务描述

本次实训任务要求学生在 Multisim 仿真软件工作平台上创建恒流源差分放大电路，学会测量差模电压放大倍数和共模电压放大倍数。

任务目标

1）理解恒流源差分放大电路的工作原理及特点。
2）了解零点漂移产生的原因与抑制零漂的方式。
3）会用仿真软件测量差模电压放大倍数和共模电压放大倍数。
4）培养严谨求实、认真负责的工程素养和科学精神。

任务调研

实训图 2-5 为典型的差分放大电路，它的输出电压与两个输入电压之差成正比，由此而得名。由于它在电路和性能方面具有很多优点，因而广泛应用于集成电路。差分放大电路依靠其电路的对称性，并采用特性相同的管子，使它们的温漂相互抵消。

根据现有的学习材料和网络学习互动平台，通过观看微课视频或者学生自己从网上、教材、课外辅导书或其他媒体收集项目资料，小组共同讨论，做出工作计划，并对任务实施进行决策。

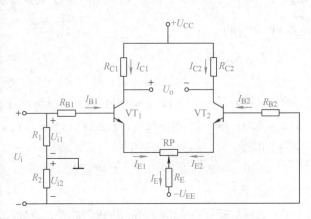

实训图 2-5 典型的差分放大电路

『引导问题1』理解差分放大电路的工作原理。

『引导问题2』什么是共模信号、差模信号？

『引导问题3』什么是零点漂移？产生零点漂移的原因有哪些？

器材准备

本次实训任务用到的虚拟元器件见实训表 2-9，学生分析电路图将元器件的主要用途填入表内。

实训表 2-9 元器件清单

虚拟元器件	型号/规格	数量	主要用途
直流电压源	12V	2	
晶体管	2N2222A	3	
稳压二极管	05AZ2.2	1	
滑动变阻器	1kΩ	1	
其他	接地、电阻若干		
仪器仪表	示波器		

工作原理

差分放大电路在直流放大中零点漂移很小，它常用作多级直流放大电路的前置级，用以放大微弱的直流信号或交流信号。差分放大电路有四种工作方式：单端输入单端输出、单端输入双端输出、双端输入单端输出和双端输入双端输出。

对于差分放大电路来说，两个输入端输入极性相反、幅值相同的输入信号，称为差模信号，也就是要放大的有用信号；同时输入一对极性相同、幅值相同的输入信号，称为共模信号，如零点漂移、工频电源干扰就是共模信号。

实训图 2-5 中，差分放大电路两边对称，两晶体管型号、特性一致，各对应电阻阻值相同，R_E 为公共的发射极电阻，静态时，$U_i = 0$，由于电路对称，双端输出电压为 0。差模输入时，$U_{i1} = -U_{i2}$，$U_{id} = U_{i1} - U_{i2}$。若采用双端输出，则差模放大倍数 A_{ud} 与单管放大倍数 A_{ud1}、A_{ud2} 相同，即 $A_{ud} = A_{ud1} = A_{ud2}$；若采用单端输出，则 $A_{ud} = A_{ud1}/2$。共模输入时，$U_{ic} = U_{i1} = U_{i2}$，$U_{c1} = U_{c2}$，双端输出时输出电压为 0，共模放大倍数 $A_{uc} = 0$，共模抑制比 $K_{CMR} = \infty$。

任务实施

1. 选取元器件

1）电压源：单击 ⊕ 图标按钮，放置源（Place Source）→POWER_SOURCES→DC_POWER（直流电压源）/AC_POWER（交流电压源），选取电压源并根据仿真图要求设置参数。

2）接地：单击 ⊕ 图标按钮，放置源（Place Source）→POWER_SOURCES→GROUND，选取电路中的接地。

3）电阻：单击 ⌁ 图标按钮，放置基本（Place Basic）→RESISTOR，选取电阻并根据仿真电路设置电阻值。

4）稳压二极管：单击 ⇥ 图标按钮，放置二极管（Place Diodes）→ZENER，选取 05AZ2.2 型稳压二极管。

5）滑动变阻器：单击 ⌁ 图标按钮，放置基本（Place Basic）→POTENTIOMETER，选取滑动变阻器并根据仿真电路设置电阻值。

6）晶体管：单击 ⌁ 图标按钮，放置晶体管（Place Transistors）→BJT_NPN，选取 2N2222A 型晶体管。

7）示波器：单击 🖳 图标按钮，从虚拟仪器工具栏调取示波器（XSC1）。

2. 绘制电路

在 Multisim 仿真软件工作平台上绘制差模输入信号的恒流源差分放大仿真电路，如实训图 2-6 所示。

3. 测量差模电压放大倍数

在实训图 2-6 中，将双端输入信号 U_{id} 设置为有效值为 0.1V，频率为 1kHz 的正弦波，单端输出分别为 U_{od1}（VT1 管集电极输出）或 U_{od2}（VT2 管集电极输出），此时电路为差模输入信号。

（1）测量双端输入单端输出电压放大倍数 A_{ud} 如实训图 2-6 所示，将示波器的 A 通道输入端接输入信号 U_{id} 的正极，A 通道接地端接输入信号 U_{id} 的负极，B 通道输入端接 U_{od1}。双击示波器图标，在弹出的示波器面板上调节示波器的工作方式为"Y/T"，启动仿真按钮，从示波器中观察到的输入输出波形如实训图 2-7 所示。由示波器测量输出电压 U_{od1} 的幅值，并计算出双端输入单端输出时差模电压放大倍数 A_{ud}，将数据记录在实训表 2-10 中。

实训表 2-10　双端输入单端输出仿真数据

项目	U_{id}/V	U_{od1}/V	A_{ud}
仿真测量值/计算值			

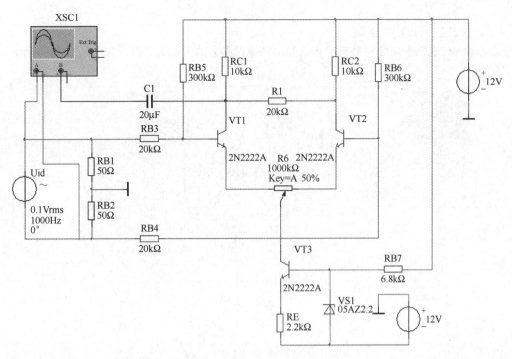

实训图 2-6　差模输入信号的恒流源差分放大仿真电路

（2）测量双端输入双端输出电压放大倍数 A_{ud}　在实训图 2-6 中，示波器的 A 通道的接线不变，B 通道输入端接 U_{od1}，B 通道接地端接 U_{od2}。双击示波器图标，在弹出的示波器面板上调节示波器的工作方式为"Y/T"，启动仿真按钮，从示波器中观察到的输入输出波形如实训图 2-8 所示。由示波器测量输出电压 U_{od} 的幅值，并计算出双端输入双端输出时差模电压放大倍数 A_{ud}，将数据记录在实训表 2-11 中。

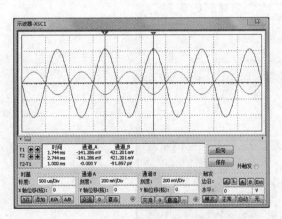

实训图 2-7　双端输入单端输出时差动电路的
输入/输出波形

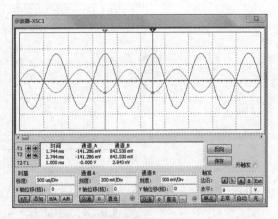

实训图 2-8　双端输入双端输出时差动电路的
输入/输出波形

实训表 2-11　双端输入双端输出仿真数据

项目	U_{id}/V	U_{od}/V	A_{ud}
仿真测量值/计算值			

4. 测量共模电压放大倍数

在 Multisim 电路窗口绘制共模输入信号的恒流源差分放大仿真电路，如实训图 2-9 所示。

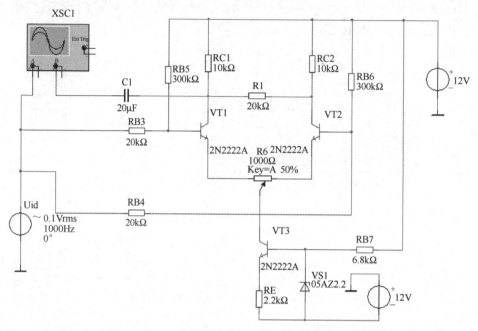

实训图 2-9　共模输入信号的恒流源差分放大仿真电路

双击示波器图标，在弹出的示波器面板上调节示波器的工作方式为"Y/T"，启动仿真按钮，从示波器中观察到的输入输出波形如实训图 2-10 所示。由示波器测量输出电压 U_{od1} 的幅值，并计算出单端输出时共模电压放大倍数 A_{ud}，将数据记录在实训表 2-12 中。

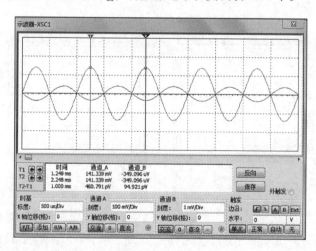

实训图 2-10　共模输入信号下的输入输出波形

实训表 2-12　共模输入信号下仿真数据

项目	U_{id}/V	U_{od1}/V	A_{ud}
仿真测量值/计算值			

『引导问题4』 在差模输入信号下的差分放大电路，双端输入单端输出与双端输入双端输出时电压放大倍数做比较，可以得出什么结论？

『引导问题5』 将差模电压放大倍数和共模电压放大倍数做比较，可以得出什么结论？

⚠ 问题思考

『思考问题1』 在任务实施过程中出现了哪些问题？是如何解决的？

『思考问题2』 如何建立单端输入的差分放大电路？

『思考问题3』 单端输入单端输出与双端输入单端输出的电压放大倍数有什么关系？

『思考问题4』 差分放大电路中发射极所接滑动变阻器的作用是什么？

项目3　集成运算放大器

实训工单1　比例运算放大电路的制作与测试

ℹ 任务描述

本次实训任务要求学生完成比例运算放大电路的制作，会用示波器对比例运算放大电路进行测试。

🎤 任务目标

1）能借助资料识读集成运放的型号，明确各引脚的功能。

2）掌握比例运算放大电路的工作原理和使用方法。

3）掌握比例运算放大电路的测试方法。

4）树立安全操作意识，培养良好的职业道德和职业习惯。

🔍 任务调研

本实训采用的集成运放型号为LM358，其实物和内部结构图如实训图3-1所示。

根据现有的学习材料和网络学习互动平台，通过观看微课视频或者学生自己从网上、教材、课外辅导书或其他媒体收集项目资料，小组共同讨论，做出工作计划，并对任务实施进行决策。

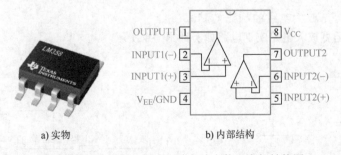

a) 实物　　　　　　　　　　b) 内部结构

实训图3-1　LM358集成电路芯片实物和内部结构图

『引导问题1』 如何从集成电路芯片LM358的外观来判断其引脚顺序？

『引导问题2』 了解集成电路芯片LM358的引脚功能。

器材准备

根据实训表 3-1 清点元器件，并将元器件的主要用途填入表内。

实训表 3-1　元器件清单

主要元器件	型号/规格	数量	主要用途
集成电路芯片	LM358	1	
电阻	10kΩ	2	
电阻	100kΩ	1	
其他		导线若干	
仪器仪表		直流稳压电源、函数信号发生器、数字万用表、双踪数字示波器	

工作原理

1. 反相比例运算放大电路

反相比例运算放大电路如实训图 3-2 所示，对于理想运算放大器，该电路的输出电压与输入电压之间的关系为

$$u_o = -\frac{R_f}{R_1}u_i$$

为了减小输入级偏置电流引起的运算误差，在同相输入端应接入平衡电阻 $R_2 = R_1 /\!/ R_f$。在实际应用中，为了保证运算放大电路符合理想运算放大器的条件，在选择电阻 R_1 和 R_f 时不宜过大，一般在几百欧到几百千欧之间。

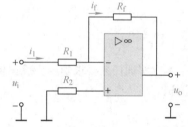

实训图 3-2　反相比例运算放大电路

2. 同相比例运算放大电路

同相比例运算放大电路如实训图 3-3 所示，对于理想运算放大器，该电路的输出电压与输入电压之间的关系为

$$u_o = \left(1 + \frac{R_f}{R_1}\right)u_i$$

为了减小输入级偏置电流引起的运算误差，在同相输入端应接入平衡电阻 $R_2 = R_1 /\!/ R_f$。

任务实施

1. 反相比例运算放大电路的制作与测试

1）反相比例运算放大电路实训电路如实训图 3-4 所示。

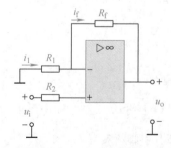

实训图 3-3　同相比例运算放大电路

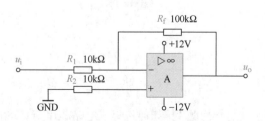

实训图 3-4　反相比例运算放大电路实训电路

2）按照实训图 3-4 所示的实训电路图连接好电路，其中集成运放用的是 LM358。

3）使双路直流稳压电源输出 ±12V，12V 接到集成运放的引脚 8，−12V 接到集成运放的引脚 4。

4）将函数信号发生器的输出信号调整为 $f=1\text{kHz}$，幅值满足实训表 3-2 中的数值要求的正弦交流信号，将该信号接入实验电路的输入端。用示波器分别测量输入和输出波形，把测量的有效值记录到实训表 3-2 中，并把两组输入、输出波形分别记录到实训图 3-5 中。

实训表 3-2　反相比例运算放大电路测量表（$f=1\text{kHz}$）

U_i/V	0.1	0.3	0.5	1.0	1.5
U_o/V					
A_u					

2. 同相比例运算放大电路的制作与测试

1）同相比例运算放大电路实训电路如实训图 3-6 所示。

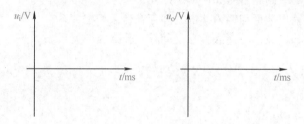

a) U_i=0.1V时的输入、输出波形图

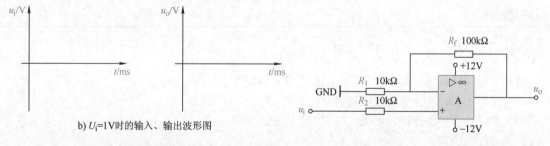

b) U_i=1V时的输入、输出波形图

实训图 3-5　反相比例运算放大电路的输入、
　　　　　输出波形图

实训图 3-6　同相比例运算放大电路
　　　　　实训电路

2）按照实训图 3-6 所示的实训电路图连接好电路，其中集成运放用的是 LM358。

3）使双路直流稳压电源输出 ±12V，12V 接到集成运放的引脚 8，−12V 接到集成运放的引脚 4。

4）将函数信号发生器的输出信号调整为 $f=1\text{kHz}$，幅值满足实训表 3-3 中的数值要求的正弦交流信号，将该信号接入实验电路的输入端。用示波器分别测量输入和输出波形，把测量的有效值记录到实训表 3-3 中，并把两组输入、输出波形分别记录到实训图 3-7 中。

实训表 3-3　反相比例运算放大电路测量表（$f=1\text{kHz}$）

U_i/V	0.1	0.3	0.5	1.0	1.5
U_o/V					
A_u					

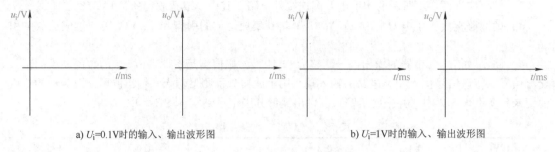

a) U_i=0.1V时的输入、输出波形图   b) U_i=1V时的输入、输出波形图

实训图 3-7   同相比例运算放大电路的输入、输出波形图

『引导问题3』将理论计算结果和实测结果进行比较，分析产生误差和失真的原因。

问题思考

『思考问题1』在任务实施过程中出现了哪些问题？是如何解决的？

『思考问题2』反相比例运算放大电路的输出波形与输入波形之间存在什么相位关系？

『思考问题3』同相比例运算放大电路的输出波形与输入波形之间存在什么相位关系？

实训工单2   加、减法运算放大电路的制作与测试

任务描述

本次实训任务要求学生完成加、减法运算放大电路的制作，会用万用表对加、减法运算放大电路进行测试。

任务目标

1）掌握加、减法运算放大电路的工作原理和使用方法。

2）掌握加、减法运算放大电路的测试方法。

3）树立安全操作意识，培养良好的职业道德和职业习惯。

任务调研

本次实训任务采用的集成运放型号为 μA741，其实物和内部结构图如实训图 3-8 所示。

根据现有的学习材料和网络学习互动平台，通过观看微课视频或者学生自己从网上、教材、课外辅导书或其他媒体收集项目资料，小组共同讨论，做出工作计划，并对任务实施进行决策。

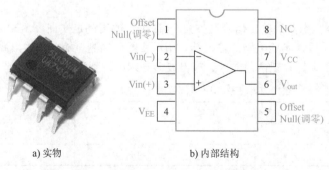

a) 实物   b) 内部结构

实训图 3-8   μA741 集成电路芯片实物和内部结构图

『引导问题1』 如何从集成电路芯片 μA741 的外观来判断其引脚顺序？

『引导问题2』 了解集成电路芯片 μA741 的引脚功能。

器材准备

根据实训表 3-4 清点元器件，并将元器件的主要用途填入表内。

实训表 3-4　元器件清单

主要元器件	型号/规格	数量	主要用途
集成电路芯片	μA741	1	
电位器	1kΩ	2	
其他			电阻若干、导线若干
仪器仪表			直流稳压电源、数字万用表

工作原理

1. 反相加法运算放大电路

反相加法运算放大电路如实训图 3-9 所示，对于理想运算放大器，该电路的输出电压与输入电压之间的关系为

$$u_o = -R_f\left(\frac{u_{i1}}{R_1} + \frac{u_{i2}}{R_2}\right)$$

为了减小输入级偏置电流引起的运算误差，在同相输入端应接入平衡电阻 $R_3 = R_1 // R_2 // R_f$。

2. 减法运算放大电路

减法运算放大电路如实训图 3-10 所示，对于理想运放，当 $R_1 = R_2$、$R_3 = R_f$ 时，该电路的输出电压与输入电压之间的关系为

$$u_o = \frac{R_f}{R_1}(u_{i2} - u_{i1})$$

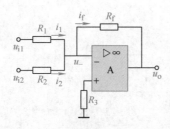
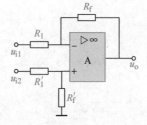

实训图 3-9　反相加法运算放大电路　　　实训图 3-10　减法运算放大电路

任务实施

1. 反相加法运算放大电路的制作与测试

1）反相加法运算放大电路实训电路如实训图 3-11 所示。

2）按照实训图 3-11 所示的实训电路图连接好电路，其中集成运放用的是 μA741。

3）使双路直流稳压电源输出 ±12V，12V 接到集成运放的引脚 7， -12V 接到集成运放的引脚 4。

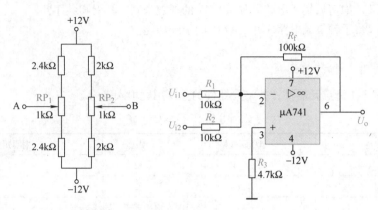

实训图 3-11　反相加法运算放大电路实训电路

4）由两个 2kΩ 电阻、两个 2.4kΩ 电阻、两个 1kΩ 的电位器 RP_1 和 RP_2、±12V 电源组成两路简易信号源。调节 RP_1 可以改变 A 点对地电位的大小，调节 RP_2 可以改变 B 点对地电位的大小，没有做实验之前，先使 A、B 点对地电压小一些。

5）运放的输入端 U_{i1} 接到 A 点，U_{i2} 接到 B 点，分别调节 RP_1、RP_2，使输入信号满足实训表 3-5 中的数值要求（要用万用表分别在路监测），然后再用万用表测出不同输入时对应的输出电压，填入实训表 3-5 中。将理论计算数据也填入表中。

实训表 3-5　反向加法运算电路测量表

测量数据	U_{i1}/V	+0.1	+0.2	−0.3
	U_{i2}/V	+0.3	−0.5	+0.2
	U_o/V			
理论计算数据	U_o'/V			

2. 减法运算放大电路的制作与测试

1）减法运算放大电路实训电路如实训图 3-12 所示。

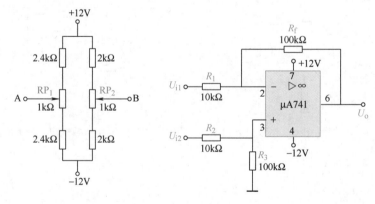

实训图 3-12　减法运算放大电路实训电路

2）按照实训图 3-12 所示的实训电路图连接好电路，其中集成运放用的是 μA741。

3）使双路直流稳压电源输出 ±12V，12V 接到集成运放的引脚 7，−12V 接到集成运放的引脚 4。

4）分别调节 RP$_1$、RP$_2$先使 A、B 两点对地电压小一些。

5）运放的输入端 U_{i1} 接到 A 点，U_{i2} 接到 B 点，分别调节 RP$_1$、RP$_2$，使输入信号满足实训表 3-6中的数值要求（要用万用表分别在路监测），然后再用万用表测出不同输入时对应的输出电压，填入实训表 3-6 中。将理论计算数据也填入表中。

实训表 3-6　减法运算电路测量表

测量数据	U_{i1}/V	+ 0.1	+ 0.2	− 0.3
	U_{i2}/V	+ 0.3	− 0.5	− 0.2
	U_o/V			
理论计算数据	U'_o/V			

『引导问题 3』将理论计算结果与实测结果进行比较，若存在误差，分析误差产生的可能原因。

⚠ 问题思考

『思考问题』在任务实施过程中出现了哪些问题？是如何解决的？

实训工单 3　文氏电桥振荡器仿真实验

ⓘ 任务描述

本次实训任务要求学生在 Multisim 仿真软件工作平台上创建文氏电桥振荡器仿真电路并利用 Multisim 虚拟仪器仪表对该电路的振荡频率进行测量。

🎤 任务目标

1）了解文氏电桥振荡器的组成。
2）通过仿真学会测量文氏电桥振荡器的振荡频率。
3）掌握文氏电桥振荡器的振荡频率与选频元件的关系。
4）培养严谨求实、认真负责的工程素养和科学精神。

🔍 任务调研

RC 桥式振荡器也称文氏电桥振荡器，其电路图如实训图 3-13 所示。其组成如下：

1）放大及稳幅环节：集成运放 A。
2）选频网络：RC 谐振电路。
3）反馈环节：RC 串并联网络是正反馈网络，R_f 和 R_1 为负反馈网络。

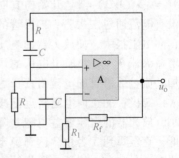

实训图 3-13　文氏电桥振荡器电路

根据现有的学习材料和网络学习互动平台，通过观看微课视频或者学生自己从网上、教材、课外辅导书或其他媒体收集项目资料，小组共同讨论，做出工作计划，并对任务实施进行决策。

『引导问题 1』理解文氏电桥振荡器的工作原理。

『引导问题 2』如何在 Multisim 仿真工作平台上创建文氏电桥振荡器仿真电路并设置参数？

『引导问题3』如何测量文氏电桥振荡器的振荡频率？

器材准备

本次实训任务用到的虚拟元器件见实训表3-7，学生分析电路图，将元器件的主要用途填入表内。

实训表3-7　元器件清单

虚拟元器件	型号/规格	数量	主要用途
集成运算放大器	OPAMP_3T_VIRTUAL	1	
电容	10nF	2	
二极管	1N914	2	
其他			接地、电阻
仪器仪表			示波器

工作原理

文氏电桥振荡器仿真电路如实训图3-14所示，是一种具有正反馈网络的选频放大器。谐振时振荡器从输出端反馈回输入端的信号与原输入信号的相位相同。谐振频率由正反馈网络的有关参数决定。为了维持振荡，在谐振频率上环路增益必须等于1，即

$$AF = 1$$

式中，A 为放大器的电压增益，F 为反馈系数。开始振荡时，为了容易起振，环路增益 AF 应该略大于1。

对于实训图3-14所示的文氏电桥振荡电路，放大器为同相比例运算放大器，正反馈选频网络为 RC 串联网络。正常工作时，放大器的闭环电压增益 A 等于3，正反馈系数为 $1/3$，环路增益 $AF = 3 \times (1/3) = 1$。开始仿真时没有电流通过二极管，二极管的正向电阻很大，使放大器的电压增益大于3。随着输出电压的增加，流过二极管的电流将逐步增大，二极管的正向电阻将逐渐减小，放大器的电压增益也随之降低，直至降到3为止。达到稳定状态后，文氏电桥振荡器将输出幅度一定的正弦波。如果放大器

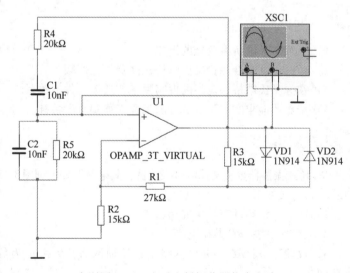

实训图3-14　文氏电桥振荡器仿真电路

的电压增益过高，集成运算放大器就可能进入饱和状态，这时输出的不再是正弦波，而是方波。

构成实训图3-14所示的文氏电桥振荡器的基本放大电路为同相比例放大器。其电压增益为

$$A = \frac{U_{OP}}{U_{IP}} = 1 + \frac{R_f}{R_2}$$

式中，R_f 为反馈电阻，等于二极管正向电阻与 R_3 的并联值加上 R_1 的阻值。因此，文氏电桥振荡器的起振条件为

$$1 + \frac{R_f}{R_2} \geqslant 3$$

谐振频率为

$$f_0 = \frac{1}{2\pi RC}$$

式中，R 的单位为 Ω，C 的单位为 F，f_0 的单位为 Hz。

周期 T 为频率 f 的倒数，谐振时周期为

$$T = 1/f_0 = 2\pi RC = 2 \times 3.14 \times 20 \times 10^3 \times 10 \times 10^{-9}\,\text{s} \approx 1.3\,\text{ms}$$

📝 任务实施

1. 选取元器件

1）接地：单击 ⏚ 图标按钮，放置源（Place Source）→POWER_SOURCES→GROUND，选取电路中的接地。

2）电阻：单击 ∿ 图标按钮，放置基本（Place Basic）→RESISTOR，选取电阻并根据仿真电路设置电阻值。

3）集成运算放大器：单击 ▷ 图标按钮，放置模拟（Place Analog）→ANALOG_VIRTUAL，选择 OPAMP_3T_VIRTUAL 型集成运算放大器。

4）电容：单击 ∿ 图标按钮，放置基本（Place Basic）→CAPACITOR，选取电容并根据仿真电路设置电容值。

5）二极管：单击 ⊅ 图标按钮，放置二极管（Place Diodes）→DIODE，选取 1N914 型二极管。

6）示波器：单击 ▨ 图标按钮，从虚拟仪器工具栏调取示波器（XSCl）。

2. 文氏电桥振荡器仿真

1）搭建实训图 3-14 所示的文氏电桥振荡器仿真电路。

2）单击仿真开关，激活电路，双击示波器图标打开其面板，面板显示屏上将出现文氏电桥振荡器输入/输出电压波形，如实训图 3-15 所示。

3）测量正弦波的周期 T、频率 f、集成运算放大器的输出峰值电压 U_{OP} 及输入峰值电压 U_{IP}，并记录在实训表 3-8 中。

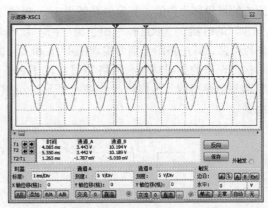

实训图 3-15　文氏电桥振荡器输入/输出电压波形

实训表 3-8　文氏电桥振荡器电路仿真数据

项目	U_{IP}/V	U_{OP}/V	T/ms	f/Hz
仿真测量值				

『**引导问题 4**』如何用示波器来测量正弦波的周期 T、频率 f、峰值电压 U_{OP}？

⚠ **问题思考**

『**思考问题 1**』 根据文氏电桥振荡器的元件值，计算周期 T，并与仿真测量值比较。

『**思考问题 2**』 根据峰值输出电压 U_{OP} 和峰值输入电压 U_{IP} 的仿真测量值，估算电压增益。

项目 4　直流稳压电源

实训工单 1　整流滤波仿真实验

ⓘ **任务描述**

　　本次任务要求学生在 Multisim 仿真软件工作平台上创建单相半波整流电路、单相桥式整流电路和单相桥式整流滤波电路。利用 Multisim 虚拟仪器仪表对电路的输出电压数值进行测量，并对输入电压和输出电压的波形进行分析。

🎤 **任务目标**

1）熟悉掌握 Multisim 仿真软件的使用方法。

2）会测量整流电路的输出电压。

3）测试滤波电容接与不接对输出电压波形的影响，了解滤波电容的作用。

4）培养严谨求实、认真负责的工程素养和科学精神。

🔍 **任务调研**

　　利用二极管的单向导电性，将大小和方向都随时间变化的工频交流电变换成单方向的脉动直流电的过程称为整流。整流电路通常有三相整流电路和单相整流电路，当功率比较小（不大于 1kW）的时候，一般选择单相整流电路。常用的单相整流电路有单相半波整流电路和单相桥式整流电路，其电路图分别为实训图 4-1a 和实训图 4-1b。

　　根据现有的学习材料和网络学习互动平台，通过观看微课视频或者学生自己从网上、教材、课外辅导书或其他媒体收集项目资料，小组共同讨论，做出工作计划，并对任务实施进行决策。

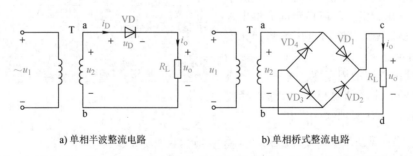

a) 单相半波整流电路　　　　　　　　b) 单相桥式整流电路

实训图 4-1　单相整流电路

『**引导问题 1**』 单相半波整流电路输出电压与输入电压之间的关系式是什么？

『**引导问题 2**』 单相桥式整流电路输出电压与输入电压之间的关系式是什么？

器材准备

本次实训任务用到的虚拟元器件见实训表4-1，学生分析电路图，将元器件的主要用途填入表内。

实训表4-1 元器件清单

虚拟元器件	型号/规格	数量	主要用途
电压源	AC 10V，50Hz	1	
电解电容	100μF	2	
二极管	1N4001	1	
整流桥	MDA2501	1	
其他		接地、电阻	
仪器仪表		电压表、示波器	

工作原理

1. 单相半波整流电路

单相半波整流电路如实训图4-1a 所示。正半周：VD 正偏导通，二极管和负载上有电流流过，忽略二极管正向压降，则负载电压 $u_o = u_2$。负半周：VD 反偏截止，负载上没有电压。电阻性负载输出电压平均值 U_o 与交流电压有效值 U_2 的关系为

$$U_o = 0.45U_2$$

2. 单相桥式整流电路

单相桥式整流电路如实训图4-1b 所示，正半周：VD_1、VD_3 正偏导通，VD_2、VD_4 反偏截止，忽略二极管正向压降，则负载电压 $u_o = u_2$。负半周：VD_2、VD_4 正偏导通，VD_1、VD_3 反偏截止，忽略二极管正向压降，则负载电压 $u_o = -u_2$。电阻性负载输出电压平均值 U_o 与交流电压有效值 U_2 的关系为

$$U_o = 0.9U_2$$

3. 桥式整流电容滤波电路

桥式整流电容滤波电路如实训图4-2 所示，它是一种并联滤波，滤波电容与负载电阻直接并联，负载两端的电压等于电容 C 两端电压。电容的充放电在电源电压的半个周期内重复一次，因此，输出的直流电压波形更为平滑。

在小电流输出的情况下，桥式整流电容滤波电路的直流输出电压可估算为交流电压有效值的1.2 倍，即 $U_o \approx 1.2U_2$。

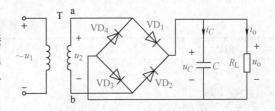

实训图4-2 桥式整流电容滤波电路

任务实施

1. 选取元器件

1）交流电压源：单击 ✛ 图标按钮，放置源（Place Source）→POWER_SOURCES→AC_POW-ER，选取交流电压源并设置电压有效值为10V，频率为50Hz。

2）接地：单击 ÷ 图标按钮，放置源（Place Source）→POWER_SOURCES→GROUND，选取电路中的接地。

3）电阻：单击 ∿ 图标按钮，放置基本（Place Basic）→RESISTOR，选取阻值为 $1k\Omega$ 的电阻。

4）整流桥：单击 ⊬ 图标按钮，放置二极管（Place Diodes）→FWB，选取 MDA2501 型整流桥。

5）电容：单击 ∿ 图标按钮，放置基本（Place Basic）→CAPACITOR，选取电容并根据仿真电路设置电容值。

6）电压表：单击 图 图标按钮，放置指示器（Place Indicators）→VOLTMETER，选取电压表并设置为直流档。

7）示波器：单击 ▦ 图标按钮，从虚拟仪器工具栏调取示波器（XSCl）。

2. 单相半波整流电路仿真

1）搭建实训图 4-3 所示的单相半波整流仿真电路。

2）单击仿真开关，并双击示波器图标打开其面板，从示波器中观察到的输入输出电压波形如实训图 4-4 所示，将输入电压的有效值 U_i、输出电压的平均值 U_o 记录在实训表 4-2 中。

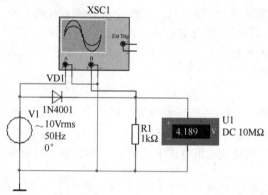

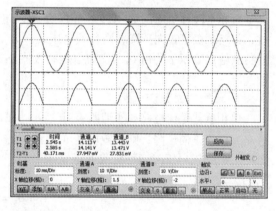

实训图 4-3　单相半波整流仿真电路　　　实训图 4-4　单相半波整流电路输入输出电压波形

实训表 4-2　单相半波整流电路仿真数据

项目	U_i/V	U_o/V	记录 u_i 和 u_o 的波形
理论计算值			
仿真测量值			

3. 单相桥式整流电路仿真

1）搭建实训图 4-5 所示的单相桥式整流仿真电路。

2）单击仿真开关，并双击示波器图标打开其面板，从示波器中观察到的输入输出电压波形如实训图 4-6 所示，将输入电压的有效值 U_i、输出电压的平均值 U_o 记录在实训表 4-3 中。

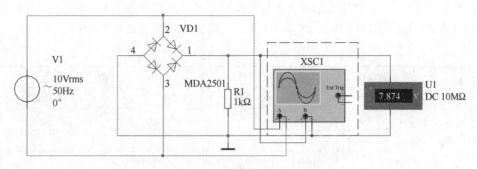

实训图 4-5　单相桥式整流仿真电路

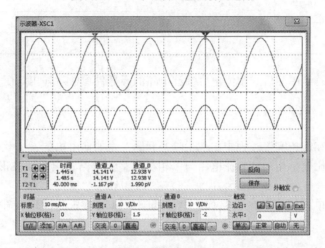

实训图 4-6　单相桥式整流电路输入输出电压波形

实训表 4-3　单相桥式整流电路仿真数据

项目	U_i/V	U_o/V	记录 u_i 和 u_o 的波形
理论计算值			
仿真测量值			

4. 单相桥式整流滤波电路仿真

1）搭建实训图 4-7 所示的单相桥式整流滤波仿真电路。

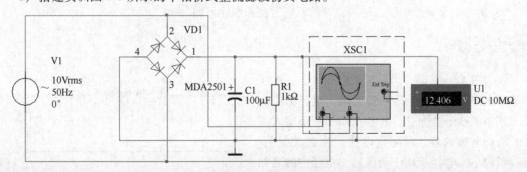

实训图 4-7　单相桥式整流滤波仿真电路

2）在实训图 4-7 中依次接入不同的滤波电容和电阻（见实训表 4-4）进行测试（调试时输入电压 U_i 始终保持有效值为 10V），将输出电压的平均值 U_o 填入实训表 4-4 中。

实训表 4-4　单相桥式整流滤波电路仿真数据

测量条件		输出	
C_1	R_1	U_o/V	U_o 波形
100μF	0.1kΩ		
	1kΩ		
	10kΩ		
1000μF	1kΩ		
10μF			

『引导问题 3』 总结单相桥式整流电容滤波电路的元器件参数对输出电压平均值的影响。

⚠ **问题思考**

『思考问题 1』 在任务实施过程中出现了哪些问题？是如何解决的？

『思考问题 2』 比较单相半波整流电路与单相桥式整流电路输出电压波形，观察二者之间存在什么关系。

『思考问题 3』 单相桥式整流电路加上电容滤波后输出电压的波形、直流平均值各有什么变化？

实训工单 2　集成直流稳压电源的组装与测试

🔻 **任务描述**

本次实训任务要求学生搭建集成直流稳压电源电路，并对电路进行调整与测试。

🎤 **任务目标**

1）加深对直流稳压电源工作原理的理解。

2）熟悉三端固定输出集成稳压器的型号、参数及其应用。

3）能使用示波器和万用表检测直流稳压电源的各级输出。

4）能正确连接稳压电路，并完成电路的性能测试。

5）树立安全操作意识，培养良好的职业道德和职业习惯。

🔍 **任务调研**

实训图 4-8 是 CW7800 作为输出固定正电压的典型电路图，输出电压和最大输出电流由所选的三端集成稳压器决定。电容 C_i 用于抵消输入线较长时的电感效应，以防止电路产生自激振荡，其容量较小。电容 C_o 用于消除输出电压中的高频噪声，可取几微法或几十微法，以便输出较大的

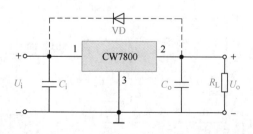

实训图 4-8　固定输出集成稳压电源应用电路图

脉冲电流。在稳压器的输入端和输出端之间跨接一个二极管起保护作用。

根据现有的学习材料和网络学习互动平台，通过观看微课视频或者学生自己从网上、教材、课外辅导书或其他媒体收集项目资料，小组共同讨论，做出工作计划，并对任务实施进行决策。

『引导问题1』三端集成稳压器78系列和79系列有什么区别？

『引导问题2』三端集成稳压器具有什么特点？其主要性能指标有哪些？

器材准备

根据实训表4-5清点元器件，并将元器件的主要用途填入表内。

实训表4-5 元器件清单

主要元器件	型号/规格	数量	主要用途
单相交流电源	220V，50Hz	1	
自耦变压器	220V/6V	1	
二极管	1N4007	4	
电位器	470Ω	2	
电容器	220μF、470μF	各1	
三端集成稳压器	CW7805	1	
其他		电阻、导线若干	
仪器仪表		示波器、数字万用表	

工作原理

将220V的单相正弦交流电变成电子系统所需要的直流电，一般需要经过实训图4-9所示的四个步骤：变压、整流、滤波、稳压。

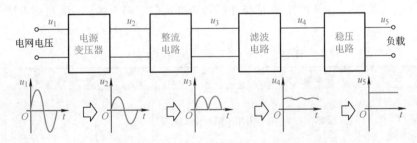

实训图4-9 直流稳压电源的结构框图及波形变换图

本实验采用CW7805来组成一个直流稳压电源，其电路图如实训图4-10所示。电源输出电压为 $U_o = 5V$，输出电流 $I_{omax} \leqslant 100mA$。

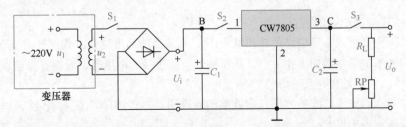

实训图4-10 固定输出集成稳压电源电路

图中，变压器把"220V，50Hz"的正弦变化的交流电 u_1 变成"6V，50Hz"的交流电 u_2。整流电路把"6V，50Hz"的交流电 u_2 变成脉动变化的电压 U_i。电容 C_1 滤除 U_i 中的交流分量，保留直流分量，得到变化较小的直流电压。CW7805 把 6V 的直流电压稳压成 5V 的直流电压。C_2 为输出滤波电容，滤除直流电压中的高频分量。图中的电阻 R_L 和 RP 模拟可变负载。

任务实施

1. 搭建电路

按实训图 4-10 搭接好实验电路。

2. 空载检查测试

1）将 S_1 断开，接通 220V 交流电压，调整电源变压器的二次抽头，用万用表交流电压档测量变压器二次交流电压值，使其有效值 U_2 约为 6V。

2）将 S_1 合上，S_2 断开，并接通 220V 交流电压，用万用表直流电压档测整流滤波电路输出的直流电压 U_i，其值应约为 $1.4U_2$。

3）将 S_3 断开，S_2 合上，并接通 220V 交流电压，测量集成稳压器的输出端 C 点的电压 U_C，其值应为 5V。最后检查稳压器输入、输出端的电压差，其值应大于最小电压差。

上述检查符合要求之后，稳压电路工作基本正常。此时合上 S_3，进行加载检查测试。

3. 加载检查测试

1）用示波器观测变压器输出信号波形。测量方法：

将同轴电缆的红色夹子与实训图 4-10 中所示的变压器输出 u_2 的"＋"端连接，黑色夹子与 u_2 的"－"端连接，示波器通道耦合方式选择"交流耦合"，通道测量物理量和倍率选择"电压 ×1"，按下"自动"按钮，等待示波器波形稳定后，仔细观察示波器上的波形，并将波形记录在实训表 4-4 中的相应位置。在波形上标注最大电压值、周期等参数。

2）用数字万用表测量电压有效值。测量方法：

数字万用表选择交流电压档位，表笔与变压器输出 u_2 的两端连接，将测量结果填入实训表 4-6 中。

实训表 4-6　变压器输出波形测量值

测量值			记录 u_2 的波形
电压最大值/V	周期/ms	万用表测量有效/V	u_2 波形坐标图

4. 单相桥式整流电路的测试

利用示波器观测桥式整流电路的输出波形 U_i，示波器的通道耦合方式选择"直流耦合"，将测得的数据和波形记录在实训表 4-7 中，并在波形上标注最大电压值、周期等参数。

5. 单相桥式整流滤波电路的测试

利用示波器观测整流滤波的波形，示波器的通道耦合方式选择"直流耦合"，将测得的数据与波形记录在实训表 4-8 中。

实训表 4-7 桥式整流电路输出波形测量值

测量值			记录 U_i 的波形
电压最大值/V	周期/ms	电压平均值/V	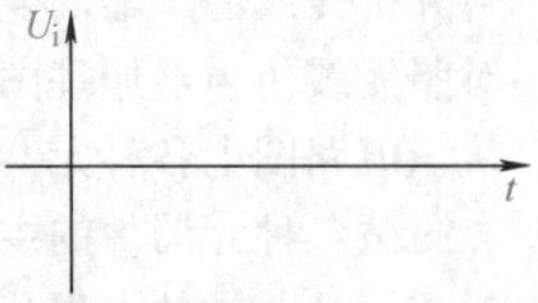 U_i 坐标图 t

实训表 4-8 桥式整流滤波电路输出波形测量值

测量值					桥式整流滤波电路输出波形
电压最大值/V	电压最小值/V	电容充电时间/ms	电容放电时间/ms	周期/ms	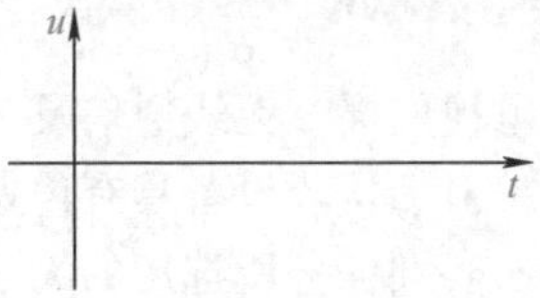 u 坐标图 t

6. CW7805 稳压电路的测试

1）利用示波器观测 U_o 波形，示波器的通道耦合方式选择直流，将测得的数据和波形记录在实训表 4-9 中。

2）用数字万用表测量 U_o。测量方法：

将数字万用表调至直流电压档，测量 U_o 两端的电压，将测量结果记录在实训表 4-9 中。

实训表 4-9 三端稳压器稳压电路输出波形测量值

测量值		记录 U_o 的波形
示波器测量电压值/V	万用表测量电压值/V	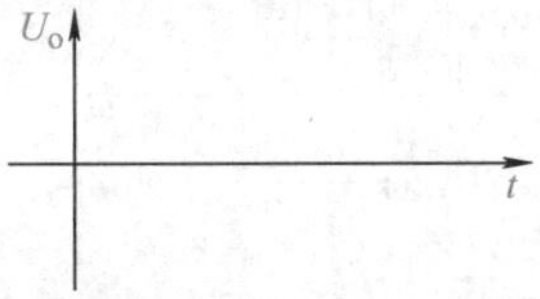 U_o 坐标图 t

『引导问题3』理解直流稳压电源电路的组成及工作原理。

⚠ 问题思考

『思考问题1』在任务实施过程中出现了哪些问题？是如何解决的？

『思考问题2』什么是稳压电路？它有哪些类型？

项目5 电子产品整机装配基础

实训工单 1 无线传声器的分析与制作

ℹ 任务描述

本次实训任务要求学生理解和掌握振荡概念及常见的正弦波振荡电路的组成和分析，能按工艺要求独立进行电路装配、测试和调试，并能独立排除装配、调试过程中出现的故障。

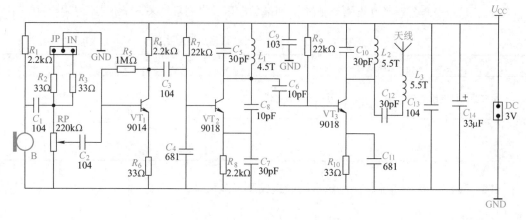

任务目标

1）会分析无线传声器的电路图。

2）对照无线传声器原理图能看懂印制电路板图和接线图。

3）认识电路图上各种元器件的符号，并与实物相对照。

4）会测试各种元器件的主要参数。

5）能按工艺要求独立进行电路装配、测试和调试。

6）能独立排除装配、调试过程中出现的故障。

7）树立安全操作意识，培养严谨求实、认真负责的工程素养和科学精神。

任务调研

在电视广播、无线通信及工业数据的传输设备中，经常要用到无线发射、接收电路。采用这些无线发射、接收设备具有传送距离远、成本低、保密性强等优点。

本次实训任务所选用的无线传声器电路，就是无线发射设备的一个典型应用。无线传声器电路如实训图 5-1 所示，该无线传声器发射的信号可通过调频收音机接收，发射距离可达十几米远。通过该电路的分析和制作，可使学生掌握无线发射设备的基本工作原理，为今后分析和制作无线发射接收设备打下坚实的基础。

根据现有的学习材料和网络学习互动平台，通过观看微课视频或者学生自己从网上、教材、课外辅导书或其他媒体收集项目资料，小组共同讨论，做出工作计划，并对任务实施进行决策。

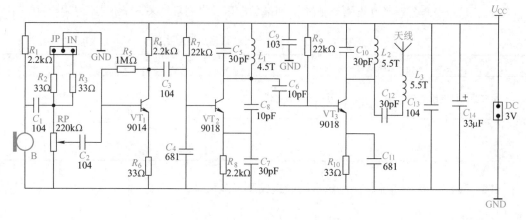

实训图 5-1　无线传声器电路

『引导问题 1』根据无线传声器电路图，试分析其工作原理。

器材准备

根据实训表 5-1、实训表 5-2 清点元器件，并将元器件的主要用途填入实训表 5-1。

实训表 5-1　元器件清单

主要元器件	型号/规格	数量	主要用途
无线传声器套件		1 套/组	
直流电源	3V	1 个/组	
其他		焊接工具	
仪器仪表		万用表	

☑ 工作原理

本次实训任务中的无线传声器电路由三部分组成，其结构框图如实训图 5-2 所示。

实训图 5-2　无线传声器电路组成框图

如实训图 5-1 所示，传声器 B 先将自然界的声音信号转换成音频电信号，经 C_1、C_2 耦合给由 VT_1 构成的前置放大器。电阻 R_1 为传声器的偏置电阻，其阻值的大小决定着传声器的灵敏度，取值一般为 $2 \sim 5.6k\Omega$。电位器 RP 用于调节送到前置放大器音频信号的大小，调节 RP 可改变音量的大小。另外，通过 JP 或 IN 插头也可输入由其他音频设备提供的音频信号。

前置放大器由晶体管 VT_1 构成，电阻 R_4、R_5、R_6 构成偏置电路，为 VT_1 提供合适的静态值。R_5 引入电压并联负反馈，可稳定本级放大器的静态值和输出的音频电压信号。放大后的音频信号经 C_3 耦合送至高频振荡器进行频率调制（FM）。

高频振荡器由 VT_2、C_4、C_5、C_7、C_8、L_1 构成，其接法为电容三点式，R_7 为其偏置电阻。C_4 对高频振荡信号相当于短路。电路的振荡频率由 C_5、C_7、C_8、L_1 及晶体管的结电容决定。当音频信号经 C_3 耦合至 VT_2 的基极上时，VT_2 的基极和发射极之间的结电容会随着音频信号的大小发生同步变化，因而使电路振荡频率随音频信号的变化而发生频率偏移，从而实现频率的调制。调制后的载波信号经 C_6 耦合至功率放大级。

晶体管 VT_3、C_{10}、C_{11}、L_2、R_9、R_{10} 构成调谐功率放大电路，其中 R_9 为偏置电阻。C_{10} 和 L_2 构成选频回路，为了实现对载波信号尽可能地放大，其选频频率应调至载波频率的中点附近。放大后的载波信号经 C_{12}、L_3 和天线发射出去。

✎ 任务实施

1. 核对元器件数量

根据无线传声器的材料清单，核对元器件数量。该无线传声器的材料清单见实训表 5-2。

实训表 5-2　元器件和材料清单

符号	规格/型号	名称	符号	规格/型号	名称
R_1	$2.2k\Omega$、1/6W	电阻	C_9	103	瓷片电容
R_2	33Ω、1/6W	电阻	C_{10}	30pF	瓷片电容
R_3	33Ω、1/6W	电阻	C_{11}	681	瓷片电容
R_4	$2.2k\Omega$、1/6W	电阻	C_{12}	30pF	瓷片电容
R_5	$1M\Omega$、1/6W	电阻	C_{13}	104	瓷片电容
R_6	33Ω、1/6W	电阻	C_{14}	$33\mu F$	电解电容
R_7	$22k\Omega$、1/6W	电阻	VT_1	9014	晶体管
R_8	$2.2k\Omega$、1/6W	电阻	VT_2	9018	晶体管
R_9	$22k\Omega$、1/6W	电阻	VT_3	9018	晶体管
R_{10}	33Ω、1/6W	电阻	L_1	4.5T	自制线圈
C_1	104	瓷片电容	L_2	5.5T	自制线圈
C_2	104	瓷片电容	L_3	5.5T	自制线圈
C_3	104	瓷片电容	RP	$220k\Omega$	电位器
C_4	681	瓷片电容		2 针	插针
C_5	30pF	瓷片电容		3 针	插针
C_6	10pF	瓷片电容		50cm 导线	天线
C_7	30pF	瓷片电容	B		传声器
C_8	10pF	瓷片电容			印制电路板

2. 电子元器件的检测与筛选

1）外观质量检查。电子元器件应完整无损，各种型号、规格、标志应清晰、牢固，标志符号不能模糊不清或脱落。

2）用万用表检测电阻、电容的标称值，并用万用表检查电解电容、晶体管的引脚极性。

3）驻极体传声器的识别与测试：驻极体传声器具有体积小、频率范围宽、高保真、成本低和不需额外电源等特点，目前，已在通信设备、家用电器等电子产品中得到广泛应用。

驻极体传声器由驻极体材料、场效应晶体管、二极管等构成，其电路原理如实训图 5-3a 所示。驻极体是一种永久极化的电介质，利用驻极体高分子材料制作振膜（或后极板），因为本身带有半永久性的表面电荷，受振动时，表面电荷极化，产生电压信号，该信号由低噪声的场效应晶体管放大后，输出音频信号。其外形如实训图 5-3b、c 所示。

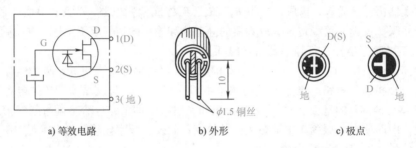

a) 等效电路   b) 外形   c) 极点

实训图 5-3　驻极体传声器

目前通用的驻极体传声器输出方式分为漏极和源极输出，输出的接点形式为两接点或三接点。因此在使用驻极体传声器前必须先进行极性判断。由驻极体传声器的等效电路可知，驻极体传声器是由驻极体材料和场效应晶体管组成，并在场效应晶体管的栅极和源极间接有一只二极管。故可用测量二极管正反向电阻的特性来判断驻极体传声器的漏极和源极。具体方法是：将万用表拨至 $R \times 1k$ 档，黑表笔接传声器的任意一点，红表笔接另一点，记下测得的数值；再交换两表笔的接点，比较两次测得的结果，阻值小的一次，黑表笔接的点为源极，红表笔接触的点为漏极。

极性判断后，将万用表拨至 $R \times 100$ 档，黑表笔接传声器的漏极，红表笔接传声器的源极和外壳，然后用嘴对着驻极体传声器吹气，观察万用表的指针，若指针无摆动，说明传声器已失效；若指针有摆动，说明该传声器完好，指针摆动越大，传声器的灵敏度越高。

3. 检查印制电路板的铜箔线条是否完好

无线传声器的印制电路板图如实训图 5-4 所示。要特别注意检查印制电路板上的铜箔线条有无断线及短路的情况，还要特别注意印制电路板的边缘是否完好。

4. 插装和焊接元器件

插装和焊接元器件时应注意的事项如下：

1）电阻和瓷片电容无极性之分，但插装时一定要注意电阻值和电容量，不能插错。

2）电解电容有正负极性之分，插装时要看清极性。

3）传声器有正负极性之分，一般和铝

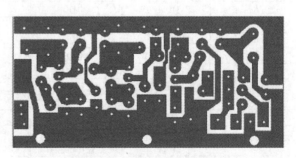

实训图 5-4　参考印制电路板

外壳相连的一极为负极，另一极为正极。不能区分时，可借助万用表来判断。

4）插装晶体管时要注意型号和管脚。

5）电路中的线圈可自制，可用 $\phi0.5mm$ 的漆包线在 $\phi3mm$ 的骨架上按实训表 5-2 中要求的匝数绕制，绕制完成后抽去骨架成为空心线圈，并适当拉长即可，如实训图 5-5 所示。在装配和调试时，不要把线圈的绝缘漆碰掉。

6）元器件焊接顺序：应先焊水平放置的元器件，后焊垂直放置的或体积较大的元器件。

7）元器件焊接时间最好控制在 $2 \sim 3s$。

8）元器件的安装力求到位，并且美观。

装配完成后的印制电路板如实训图 5-6 所示。

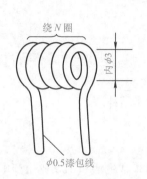

实训图 5-5　绕制好的线圈

实训图 5-6　装配完成后的印制电路板

5. 电路的调试

调试前，先仔细检查已焊接好的印制电路板，确保装接无误。然后，用万用表电阻档测量正负电源之间有无短路和开路现象，若不正常，应排除故障后再调试。

调试步骤如下：

1）给印制电路板加上 3V 直流电源。

2）打开收音机并置于 FM 频段。

3）一边对着传声器讲话，一边调收台旋钮（或选频键），直到收音机中传出自己的声音为止。

4）如果在整个 FM 频段（即 $88 \sim 108MHz$）不能收到自己的声音，则应调节振荡线圈 L_1 的稀疏（线圈匝间距离变近，发射频率变低；相反，发射频率变高）。

5）若调整线圈的稀疏后仍不奏效，则应将 L_1 增加一匝或者减少一匝（因电子元器件参数的影响），重新焊上后继续上述调整。

6）当收音机收到自己的声音后，再慢慢拉开传声器和收音机的距离，同时调节收音机（或印制电路板）的音量旋钮，直到声音最清晰、距离最远为止。

7）将调好的线圈用熔化的蜡烛固定。

在上述调试中，建议将发射频率调至 88MHz、98MHz 或 108MHz 附近，因为在这些频点附近，即使无线传声器发射频率存在较大偏差，收音机往往也能收到。

『引导问题 2』无线传声器元器件的焊接顺序是什么？

 问题思考

『思考问题 1』在任务实施过程中出现了哪些问题？是如何解决的？

『思考问题 2』印制电路板如何区分正反面？

实训工单2　红外线报警器的分析与制作

任务描述

本次实训任务要求学生理解和掌握集成运算放大器的基本知识和基本应用电路，能按工艺要求独立进行电路装配、测试和调试，并能独立排除装配、调试过程中出现的故障。

任务目标

1）会分析红外线报警器的电路图。

2）对照红外线报警器原理图能看懂印制电路板图和接线图。

3）认识电路图上各种元器件的符号，并与实物相对照。

4）会测试各种元器件的主要参数。

5）能按工艺要求独立进行电路装配、测试和调试。

6）能独立排除装配、调试过程中出现的故障。

7）树立安全操作意识，培养严谨求实、认真负责的工程素养和科学精神。

任务调研

随着电子技术的飞速发展和日益普及，电子报警器已经在人们的日常生活和工农业生产中得到广泛的应用，如防盗报警器、各种监测报警器等。这些报警器的使用不仅可提高监测的精度、增加安全系数，而且还可以降低人的劳动强度，对提高企业的生产效率、减轻工人的繁重劳动及保障人们日常生活的安全有很大的帮助。

电子报警器的种类很多，本次任务从红外线报警器出发，分析报警器的工作原理及制作方法。红外线报警器电路如实训图5-7所示，该报警器可监视几到几十米范围内运动的人体，当有人在该范围内走动时，给出报警信号。

根据现有的学习材料和网络学习互动平台，通过观看微课视频或者学生自己从网上、教材、课外辅导书或其他媒体收集项目资料，小组共同讨论，做出工作计划，并对任务实施进行决策。

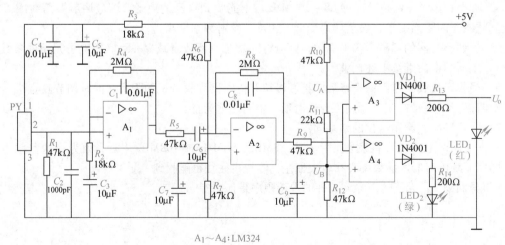

实训图5-7　红外线报警器电路

『引导问题1』根据红外线报警器电路，试分析其工作原理。

器材准备

根据实训表5-3、实训表5-4清点元器件，并将元器件的主要用途填入实训表5-3。

实训表5-3　元器件清单

主要元器件	型号/规格	数量	主要用途
红外线报警器套件		1套/组	
直流电源	5V	1个/组	
其他		焊接工具	
仪器仪表		万用表	

工作原理

本任务电路的组成框图如实训图5-8所示。

本任务电路中采用SD02型热释电人体红外传感器，当人体进入该传感器的监视范围时，传感器就会产生一个交流电压（幅度约为1mV），该电压的频率与人体移动的速度有关。在正常行走速度下，其频率为6Hz左右。

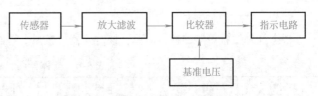

实训图5-8　红外线报警器电路的组成框图

在实训图5-7所示电路中，R_3、C_4、C_5构成退耦电路，R_1为传感器的负载，C_2为滤波电容，以滤掉高频干扰信号。传感器的输出信号加到运算放大器A_1的同相输入端，A_1构成同相输入式放大电路，其放大倍数取决于R_4和R_2，其大小为

$$A_{uf1} = 1 + \frac{R_4}{R_2} = 1 + \frac{2000k\Omega}{18k\Omega} \approx 112$$

A_1放大后的信号经电容C_6耦合至放大器A_2反相输入端，A_2构成反相输入式放大电路，电阻R_6、R_7将A_2同相端偏置于电源电压的一半，A_2的增益取决于R_8和R_5，其大小为

$$A_{uf2} = -\frac{R_8}{R_5} = -\frac{2000k\Omega}{47k\Omega} \approx -43$$

因此，传感器信号经两级运放总共放大了$A_{uf1}A_{uf2} = 112 \times (-43) = -4816$倍，当传感器产生一个幅度为1mV交流信号时，$A_2$的理论输出值为$-4.816$V。

A_3和A_4构成双限电压比较器，A_3的参考电位为

$$U_A = \frac{22k\Omega + 47k\Omega}{47k\Omega + 22k\Omega + 47k\Omega} \times 5V \approx 3V$$

A_4的参考电位为

$$U_B = \frac{47k\Omega}{47k\Omega + 22k\Omega + 47k\Omega} \times 5V \approx 2V$$

在传感器无信号输出时，A_1静态输出电压为0.4～1V；A_2在静态时，由于同相端电位为2.5V，其直流输出电平为2.5V。由于$U_B < 2.5V < U_A$，故A_3输出低电平，A_4输出低电平。因此，在静态时，LED_1和LED_2均不发光。

当人体进入监视范围时，双限比较器的输入发生变化，波形如实训图5-9所示。当人体进入

时 $U_{o2} > 3V$，因此 A_3 输出高电平，LED_1 亮；当人体退出时，$U_{o2} < 2V$，因此 A_4 输出高电平，LED_2 亮。当人体在监视范围内走动时，LED_1 和 LED_2 交替闪烁。

电路中，C_7、C_9 为退耦电容；C_1、C_3、C_8 用于保证电路对高频干扰信号有较强的衰减作用，对低频信号有较强的放大作用，当按图中取值时，在 $0.1 \sim 8Hz$ 的频段内具有较好的频率响应曲线，以满足对热释电传感器输出信号的放大要求。

另外，若利用 U_o 信号去控制报警器，还可实现音响报警；若利用 U_o 信号去控制继电器或电磁阀，还可实现自动门、自动水龙头的自动控制。

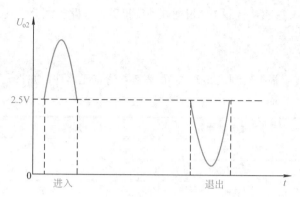

实训图 5-9　双限比较器的输入波形

📝 任务实施

1. 核对元器件数量

根据红外线报警器的材料清单，核对元器件数量。该红外线报警器的材料清单见实训表 5-4。

实训表 5-4　元器件和材料清单

符号	规格/型号	名称	符号	规格/型号	名称
R_1	47kΩ、1/8W	电阻器	C_1	0.01μF	涤纶或瓷介电容器
R_2	18kΩ、1/8W	电阻器	C_2	1000pF	涤纶或瓷介电容器
R_3	18kΩ、1/8W	电阻器	C_3	10μF/16V	电解电容器
R_4	2MΩ、1/8W	电阻器	C_4	0.01μF	涤纶或瓷介电容器
R_5	47kΩ、1/8W	电阻器	C_5	10μF/16V	电解电容器
R_6	47kΩ、1/8W	电阻器	C_6	10μF/16V	电解电容器
R_7	47kΩ、1/8W	电阻器	C_7	10μF/16V	电解电容器
R_8	2MΩ、1/8W	电阻器	C_8	0.01μF	涤纶或瓷介电容器
R_9	47kΩ、1/8W	电阻器	C_9	10μF/16V	电解电容器
R_{10}	47kΩ、1/8W	电阻器	LED_1	红色	发光二极管
R_{11}	22kΩ、1/8W	电阻器	LED_2	绿色	发光二极管
R_{12}	47kΩ、1/8W	电阻器	PY	SD02	热释电人体红外传感器
R_{13}	200Ω、1/8W	电阻器	$A_1 \sim A_4$	LM324	集成运算放大器
R_{14}	200Ω、1/8W	电阻器			印制电路板
VD_1、VD_2	1N4001	二极管			

2. 元器件的检测

1）外观质量检查：电子元器件应完整无损，各种型号、规格、标志应清晰、牢固，标志符号不能模糊不清或脱落。

2）元器件的测试与筛选：用万用表分别检测电阻、二极管、电容和集成电路。

3. 检查印制电路板的铜箔线条是否完好

红外线报警器的印制电路板图如实训图 5-10 所示。要特别注意检查印制电路板上的铜箔线条有无断线及短路的情况，还要特别注意印制电路板的边缘是否完好。

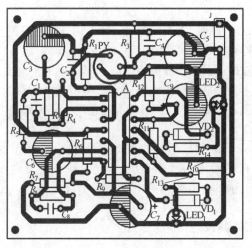

a) PCB 图

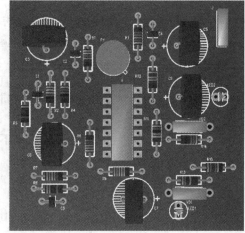

b) 3D 预览图

实训图 5-10　用 Protel 设计的印制电路板图

4. 元器件的引线成形及插装

按技术要求和焊盘间距对元器件进行引线成形。在印制电路板上插装元器件，插装时应注意以下事项：

1）电阻和涤纶电容无极性之分，但插装时一定要注意电阻值和电容量，不能插错。

2）电解电容和发光二极管有正负极性之分，插装时要看清极性。

3）插装集成电路和传感器时要注意引脚顺序是否正确。集成运算放大器 LM324 的引脚排列如实训图 5-11 所示。

4）元器件的安装力求到位，并且美观。

5. 元器件的焊接

元器件焊接时，应先焊水平放置的元器件，后焊垂直放置的或体积较大的元器件。元器件焊接时间最好控制在 2~3s。焊接完成后，剪掉多余的引脚。元器件焊接实物如实训图 5-12 所示。

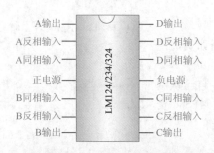

实训图 5-11　LM324 集成运算
　　放大器的引脚排列

实训图 5-12　元器件焊接实物图

6. 电路的调试

通电前，先仔细检查已焊接好的印制电路板，确保装接无误。然后，用万用表电阻档测量正负电源之间有无短路和开路现象，若不正常，应排除故障后再通电。

本电路无可调试元器件，只要元器件无损，连接无误，一般都能正常工作。

在实验室试验时，可不必加菲涅耳透镜，直接用 SD02 检测人体运动。将传感器背对人体，用手臂在传感器前移动（注意传感器的预热时间），观察发光二极管的亮暗情况，即可知道电路的工作情况。

如电路不工作，在供电电压正常的前提下，可由前至后逐级测量各级输出端有无变化的电压信号，以判断电路及各级工作状态。在传感器无信号输出时，A_1 的静态输出电压为 $0.4 \sim 1V$，A_2 的静态输出电压为 $2.5V$，A_3、A_4 静态输出均为低电平。哪一级有问题，排除该级的故障。

『引导问题2』红外线报警器元器件的焊接顺序是什么？

问题思考

『思考问题1』在任务实施过程中出现了哪些问题？是如何解决的？

『思考问题2』手工焊接需要注意哪些问题？

项目6　数字电路基础

实训工单1　测试逻辑门电路功能

ⓘ 任务描述

本次实训任务要求学生进一步掌握 2 输入与非门、2 输入或非门、非门、2 输入异或门的逻辑功能和集成逻辑门芯片 74LS00、74LS02、74LS04、74LS86 的外形、引脚及其应用。

🎤 任务目标

1）掌握逻辑门电路的逻辑功能、逻辑表达式、逻辑符号。

2）学会使用数字电路实验箱及逻辑门电路芯片。

3）初步掌握 TTL 中、小规模集成电路的外形和引脚。

4）学会测试逻辑门电路的方法。

5）培养严谨求实、认真负责的工程素养和科学精神。

🔍 任务调研

74LS00 为四 2 输入与非门（正逻辑），其引脚排列图如实训图 6-1 所示。

根据现有的学习材料和网络学习互动平台，通过学生自己从网上、教材、课外辅导书或其他媒体收集 74LS02、74LS04、74LS86 资料，小组共同讨论，做出工作计划，并对任务实施进行决策。

『引导问题1』了解并描述 74LS00 各引脚的含义。

实训图 6-1　四 2 输入与非门
74LS00 引脚排列图

器材准备

根据实训表6-1清点元器件，并将元器件的主要用途填入表内。

实训表6-1　元器件清单

主要元器件	型号/规格	数量	主要用途
四2输入与非门	74LS00	1	
四2输入或非门	74LS02	1	
六反相器（非门）	74LS04	1	
四2输入异或门	74LS86	1	
其他		数字电路实验箱	
仪表工具		IC起拔器、数字万用表等	

工作原理

门电路逻辑功能验证：

输入端："1"为接高电平，"0"为接低电平。

输出端：发光二极管亮为"1"，不亮为"0"。

若实验箱上无门电路集成元器件，可把相应型号的集成电路芯片插入实验箱的空插座上，再接上电源正、负极。各基本门电路的图形符号如实训图6-2所示。

与非运算：$\overline{0 \cdot 0} = 1$，$\overline{0 \cdot 1} = 1$，$\overline{1 \cdot 0} = 1$，$\overline{1 \cdot 1} = 0$。

或非运算：$\overline{0 + 0} = 1$，$\overline{0 + 1} = 0$，$\overline{1 + 0} = 0$，$\overline{1 + 1} = 0$。

非运算：$\overline{0} = 1$，$\overline{1} = 0$。

异或运算：$0 \oplus 0 = 0$，$0 \oplus 1 = 1$，$1 \oplus 0 = 1$，$1 \oplus 1 = 0$。

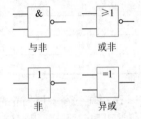

实训图6-2　各基本门电路的图形符号

任务实施

1. 2输入与非门逻辑功能测试

选用四2输入与非门74LS00一片，插入实验箱的空插座上，再根据其引脚排列（见实训图6-1）将端子14接电源正极、端子7接电源负极；输入端子1、2分别接逻辑开关输出插口，以提供"H"与"L"电平信号，开关向上输出"H"电平信号，向下输出"L"电平信号；输出端子3接由发光二极管（LED）组成的逻辑电平显示器的显示插口，LED亮为逻辑"H"，不亮为逻辑"L"；检查无误后接通电源。

当输入端子按照实训表6-2的情况取值时，分别测出输出端子的LED逻辑状态及电压，并将测出的结果记录在实训表6-2中。

剩余三组与非门逻辑功能测试重复上述过程，测试完毕后断开电源。

实训表6-2　74LS00功能测试

输入端子		输出端子	
1（1A）	2（1B）	3（1Y）	电压/V
L	L		
L	H		
H	L		
H	H		

2. 2 输入或非门逻辑功能测试

『引导问题 2』根据资料查出四 2 输入或非门 74LS02 的引脚排列图，将其引脚排列图画入下框。

与 2 输入与非门逻辑功能测试一样，选用四 2 输入或非门 74LS02 一片，插入实验箱的空插座上，再根据其引脚排列图，完成电源、输入、输出端子连接，检查无误后接通电源。

当输入端子按照实训表 6-3 的情况取值时，分别测出输出端子的 LED 逻辑状态及电压，并将测出的结果记录在实训表 6-3 中。

剩余三组或非门逻辑功能测试重复上述过程，测试完毕后断开电源。

实训表 6-3　74LS02 功能测试

输入端子		输出端子	
2（1A）	3（1B）	1（1Y）	电压/V
L	L		
L	H		
H	L		
H	H		

3. 非门逻辑功能测试

『引导问题 3』根据资料查出六反相器 74LS04 的引脚排列图，将其引脚排列图画入下框。

与 2 输入与非门逻辑功能测试一样，选用六反相器 74LS04 一片，插入实验箱的空插座上，再根据其引脚排列图，完成电源、输入、输出端子连接，检查无误后接通电源。

当输入端子按照实训表 6-4 的情况取值时，分别测出输出端子的 LED 逻辑状态及电压，并将测出的结果记录在实训表 6-4 中。

剩余五组非门逻辑功能测试重复上述过程，测试完毕后断开电源。

实训表 6-4　74LS04 功能测试

输入端子	输出端子	
1（1A）	2（1Y）	电压/V
L		
H		

4.2 输入异或门逻辑功能测试

『**引导问题 4**』 根据资料查出四 2 输入异或门 74LS86 的引脚排列图，将其引脚排列图画入下框。

与 2 输入与非门逻辑功能测试一样，选用四 2 输入异或门 74LS86 一片，插入实验箱的空插座上，再根据其引脚排列图，完成电源、输入、输出端子连接，检查无误后接通电源。

当输入端子按照实训表 6-5 的情况取值时，分别测出输出端子的 LED 逻辑状态及电压，并将测出的结果记录在实训表 6-5 中。

剩余三组异或门逻辑功能测试重复上述过程，测试完毕后断开电源。

实训表 6-5　74LS86 功能测试

输入端子		输出端子	
1（1A）	2（1B）	3（1Y）	电压/V
L	L		
L	H		
H	L		
H	H		

观察分析

通过 74LS00、74LS02、74LS04、74LS86 各门电路芯片的逻辑功能测试，并根据实测结果分析，填写实训表 6-6。

实训表 6-6　2 输入与非门、2 输入或非门、非门、2 输入异或门真值表

输入		输出			
		与非门	或非门	非门	异或门
A	B	$Y=\overline{AB}$	$Y=\overline{A+B}$	$Y=\overline{A}$	$Y=A\oplus B$
0	0				
0	1				
1	0				
1	1				

情境链接

我们知道计算机只能读懂 1 和 0，但为什么计算机只能读懂 1 和 0 呢，它是怎么读懂的？读懂后，又是怎样进行工作的呢？最基本的工作原理是什么呢？

最基本的工作原理甚至都和电无关，是数学原理——布尔代数。任何可以改变状态传递信息的技术都可以拿来实现布尔逻辑，而实现了布尔逻辑，就离计算机不远了。

起初，科学家创造计算机，就表示要先有逻辑门，然后就用真空二极管实现了逻辑门。

电子计算机的原理就是利用通电、断电（或称高电平、低电平）这两个状态来表示布尔代数中的逻辑真和逻辑假从而实现布尔运算，由于这个原因，设逻辑真为1和逻辑假为0，这样就可以用计算机表示二进制的数字了。

实际上，任何两种不同的东西经过一定的组合都可以代表任何种类的信息，摩尔斯密码的"点、划"与布尔代数的"0、1"没有本质上的区别。

⚠ 问题思考

『思考问题1』怎样判断门电路逻辑功能是否正常？

『思考问题2』与非门的一个输入端子接连续脉冲，其余端子什么状态时允许连续脉冲通过？什么状态时禁止连续脉冲通过？

实训工单2 用与非门组成异或门

ℹ 任务描述

本次实训任务要求学生用2输入与非门组成两输入异或门电路，写出设计方法，画出逻辑功能验证实训原理图，并在实验箱上接线进行测试。

🔆 学习目标

1）熟悉集成门电路的应用。

2）学会用集成门电路组成其他门电路。

3）培养严谨求实、认真负责的工程素养和科学精神。

🔍 任务调研

2输入异或门逻辑表达式 $Y = A\overline{B} + \overline{A}B$，运用摩根定律（即反演律），有 $Y = A\overline{B} + \overline{A}B = \overline{\overline{A\overline{B}} \cdot \overline{\overline{A}B}}$，由表达式得知，有输入反变量存在。依据现有的学习材料和网络学习互动平台，通过学生自己从网上、教材、课外辅导书或其他媒体收集资料，小组共同讨论，做出工作计划，并对任务实施进行决策。

『引导问题1』将 $A\overline{B}$ 和 $\overline{A}B$ 中输入反变量消掉，如何进行转换？

⚙ 器材准备

根据实训表6-7清点元器件，并将元器件的主要用途填入表内。

实训表6-7 元器件清单

主要元器件	型号/规格	数量	主要用途
四2输入与非门	74LS00	1	
其他	数字电路实验箱		
仪表工具	IC起拔器、数字万用表等		

任务实施

1. 写出用 2 输入与非门组成两输入异或门的逻辑表达式。

_____

_____

_____

_____

2. 画出逻辑功能验证实训原理图

根据步骤 1 中设计出的逻辑表达式，将 2 输入与非门组成 2 输入异或门电路的逻辑功能验证实训原理图画入下框。

3. 按原理图接线

按步骤 2 中原理图接线，检查无误后接通电源。

4. 2 输入与非门组成两输入异或门逻辑功能测试

当输入 A、B 按照实训表 6-8 的情况取值时，分别测出输出 Y 的 LED 逻辑状态及电压，并将测出的结果记录在实训表 6-8 中，测试完毕后断开电源。

实训表 6-8　2 输入与非门组成两输入异或门逻辑功能测试

输入		输出	
A	B	Y	电压/V
L	L		
L	H		
H	L		
H	H		

观察分析

根据 2 输入与非门组成两输入异或门的逻辑功能测试结果，填写实训表 6-9，验证是否满足异或门逻辑功能。

实训表 6-9　2 输入异或门真值表

A	B	$Y = A \oplus B$
0	0	
0	1	
1	0	
1	1	

⚠️ **问题思考**

『思考问题1』怎样用2输入与非门组成非门电路？

『思考问题2』怎样用2输入与非门组成两输入或门电路？

实训工单3 仿真测试基本门电路

ℹ️ **任务描述**

本次实训任务要求学生在 Multisim 仿真软件工作平台上创建与非门，用与非门组成或门，用与非门组成异或门，用与非门组成同或门电路，并利用 Multisim 虚拟仪器仪表对它们的逻辑功能进行测试。

💡 **学习目标**

1）熟悉掌握 Multisim 仿真软件的基本操作。

2）掌握使用 Multisim 仿真软件构建仿真数字电路的基本方法。

3）学会使用与非门组成其他门电路。

4）培养严谨求实、认真负责的工程素养和科学精神。

🔍 **任务调研**

Multisim 是以 Windows 为基础的仿真工具，适用于板级的模拟/数字电路板的设计工作。它包含了电路原理图的图形输入、电路硬件描述语言输入方式，具有丰富的仿真分析能力。

根据现有的学习材料和网络学习互动平台，通过观看微课视频或者学生自己从网上、教材、课外辅导书或其他媒体收集项目资料，小组共同讨论，做出工作计划，并对任务实施进行决策。

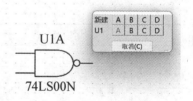

实训图6-3 放置74LS00N后对话框

『引导问题1』在 Multisim 仿真软件工具栏中单击 TTL 图标，选择74LS系列下的74LS00N，将元器件放置在电路窗口上，出现如实训图6-3所示的对话框，对话框中 A、B、C、D 分别代表什么意思？

『引导问题2』Multisim 仿真软件中，元器件如何旋转方向？

⚙️ **器材准备**

本次实训任务用到的虚拟元器件见实训表6-10，学生分析电路图，将元器件的主要用途填入表内。

实训表6-10 元器件清单

虚拟元器件	型号/规格	数量	主要用途
电压源	12V	1	
2输入与非门	74LS00N	5	
红色指示灯	φ2.5mm	1	
开关	单刀双掷	2	
其他	接地		
虚拟仪器仪表	万用表		

工作原理

利用 Multisim 仿真软件测试门电路的逻辑功能：

输入：单刀双掷开关闭合为接高电平"1"，单刀双掷开关断开为接低电平"0"。

输出：指示灯亮为"1"，指示灯不亮为"0"。

任务实施

1. 仿真测试与非门的逻辑功能

（1）选取元器件

1）电压源：单击 ✛ 图标按钮，放置源（Place Source）→POWER_SOURCES→VCC，选取电压源并根据仿真图要求设置参数。

2）接地：单击 ✛ 图标按钮，放置源（Place Source）→POWER_SOURCES→GROUND，选取电路中的接地。

3）74LS00N：单击 🕭 图标按钮，放置 TTL（Place TTL）→74LS 系列→74LS00N，选取 74LS00N 放置在电路窗口上。

4）单刀双掷开关：单击 〰 图标按钮，放置基本（Place Basic）→SWITCH→SPDT，选取两个单刀双掷开关放置在电路窗口上。分别双击"S1"和"S2"图标，将弹出的对话框的"切换键"分别设置成"A"和"B"，最后单击对话框下方"确认"按钮退出。

5）单击 Multisim 基本界面右侧虚拟仪器工具条"Multimeter"按钮，调出虚拟万用表"XMM1"放置在电路窗口上，如实训图 6-4 所示。

（2）基本门电路仿真

1）将所有元器件和仪器连成与非门测试仿真电路，如实训图 6-5 所示。

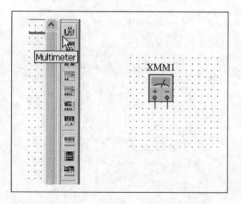

实训图 6-4　虚拟万用表的调用

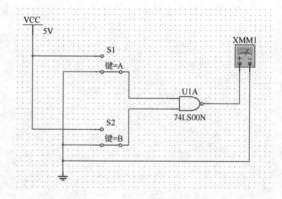

实训图 6-5　与非门测试仿真电路

2）双击虚拟万用表图标"XMM1"，将出现它的放大面板，按下放大面板上的"电压"和"直流"两个按钮，用它来测量直流电压，如实训图 6-6 所示。

3）打开仿真开关，使单刀双掷开关 A、B 分别按照实训表 6-11 所示的四种情况进行取值，从虚拟万用表的放大面板上读出每一种情况下输出的电位，将它们填入表内，并将电位转换成逻辑状态填入实训表 6-11 内。

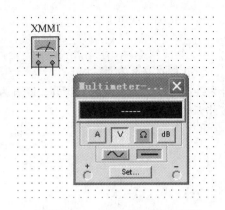

实训图 6-6　虚拟万用表放大面板

实训表 6-11　与非门逻辑功能测试表

输入		输出	
A	*B*	电位/V	逻辑状态
0	0		
0	1		
1	0		
1	1		

2. 用与非门组成其他功能门电路

（1）用与非门组成或门

『**引导问题 3**』根据摩根定律，写出用三个与非门构成或门的逻辑函数表达式。

1）从元件库中调出三个与非门 74LS00N，两个单刀双掷开关，电源和接地；单击 ▣ 图标按钮，Place Indicators（放置指示器）→PROBE→PROBE_RED 调出一个红色指示灯。

2）将以上所选元器件连成或门仿真电路，如实训图 6-7 所示。

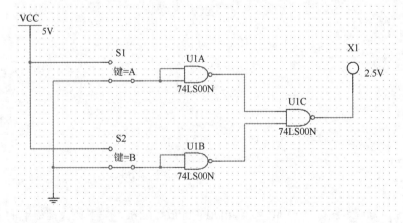

实训图 6-7　用与非门组成或门的仿真电路

3）打开仿真开关，使单刀双掷开关 A、B 分别按照实训表 6-12 所示的四种情况进行取值，观察并记录每一种情况下的指示灯状态，将指示灯状态转换成逻辑状态填入实训表 6-12 中，并判断实训表 6-12 是否与或门电路的真值表相符。

实训表 6-12　用与非门组成或门的逻辑功能测试表

输入		输出	
A	B	指示灯状态	逻辑状态
0	0		
0	1		
1	0		
1	1		

（2）用与非门组成异或门

1）从元件库中调出元器件并组成实训图 6-8 所示的异或门仿真电路。

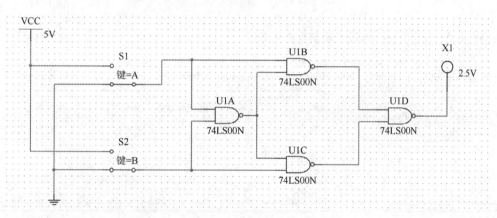

实训图 6-8　用与非门组成异或门的仿真电路

2）打开仿真开关，使单刀双掷开关 A、B 分别按照实训表 6-13 所示的四种情况进行取值，观察并记录每一种情况下的指示灯状态，将指示灯状态转换成逻辑状态填入实训表 6-13 中，并判断实训表 6-13 是否与异或门电路的真值表相符。

实训表 6-13　用与非门组成异或门的逻辑功能测试表

输入		输出	
A	B	指示灯状态	逻辑状态
0	0		
0	1		
1	0		
1	1		

『引导问题 4』写出实训图 6-8 中各个与非门输出端的逻辑函数式，最终是否与异或门的逻辑函数式相符。

（3）用与非门组成同或门

1）从元件库中调出元件并组成实训图 6-9 所示的同或门仿真电路。

2）打开仿真开关，使单刀双掷开关 A、B 分别按照实训表 6-14 所示的四种情况进行取值，观察并记录每一种情况下的指示灯状态，将指示灯状态转换成逻辑状态填入实训表 6-14 中，并

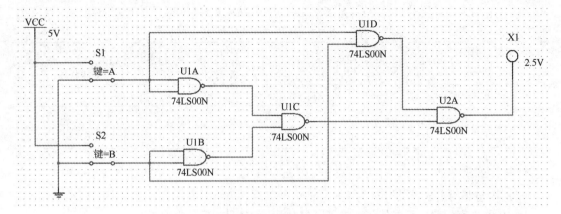

实训图 6-9 用与非门组成同或门的仿真电路

判断实训表 6-14 是否与同或门电路的真值表相符。

实训表 6-14 用与非门组成同或门的逻辑功能测试表

输入		输出	
A	**B**	指示灯状态	逻辑状态
0	0		
0	1		
1	0		
1	1		

『**引导问题 5**』写出实训图 6-9 中各个与非门输出端的逻辑函数式，最终是否与同或门的逻辑函数式相符。

⚠ **问题思考**

『**思考问题 1**』在 Multisim 仿真软件中，如何进行 2 输入与非门动态测试？

『**思考问题 2**』TTL 与非门输入端悬空为什么可以当作输入为"1"？

『**思考问题 2**』讨论 TTL 或非门闲置输入端的处置方法。

项目 7 组合逻辑电路分析

实训工单 1 用译码器实现全加器电路

🔵 **任务描述**

本次任务实训要求学生选择合适的译码器芯片和逻辑门实现全加器逻辑电路。

💡 **学习目标**

1）熟悉译码器的逻辑功能。

2）掌握用译码器和逻辑门构成组合逻辑电路的方法。

3）能够根据具体任务情况选择合适的译码器芯片。

4）培养严谨求实、认真负责的工程素养和科学精神。

任务调研

当译码器输出低电平有效时，多选用译码器和与非门实现逻辑函数；当译码器输出高电平有效时，多选用译码器和或门实现逻辑函数。

完成两个 1 位二进制数和来自相邻低位的进位数相加的逻辑电路称为全加器。若两个 1 位二进制数 A_i 和 B_i，来自相邻低位的进位数 C_{i-1}，本位和为 S_i，本位向高位的进位为 C_i，全加器的逻辑函数表达式为

$$S_i = \overline{A_i}\,\overline{B_i}C_{i-1} + \overline{A_i}B_i\overline{C_{i-1}} + A_i\overline{B_i}\,\overline{C_{i-1}} + A_iB_iC_{i-1}$$

$$C_i = \overline{A_i}B_iC_{i-1} + A_i\overline{B_i}C_{i-1} + A_iB_i\overline{C_{i-1}} + A_iB_iC_{i-1}$$

根据现有的学习材料和网络学习互动平台，通过学生自己从网上、教材、课外辅导书或其他媒体收集译码器芯片与逻辑门芯片资料，小组共同讨论，做出工作计划，并对任务实施进行决策。

『引导问题1』根据全加器逻辑函数表达式中逻辑变量的个数，译码器应选择什么型号的芯片？请将所选译码器芯片的引脚排列图画在下框中。

器材准备

根据实训表 7-1 清点元器件，并将元器件的主要用途填入表内。

实训表 7-1　元器件清单

主要元器件	型号/规格	数量	主要用途
译码器芯片	74LS138	1	
二 4 输入与非门	74LS20	1	
其他	数字电路实验箱		
仪表工具	IC 起拔器、数字万用表等		

工作原理

译码器的地址输入端可以表示输入变量的状态，若有 n 个输入变量，则有 2^n 个不同组合状态，即有 2^n 个不同的输出端，而每一个输出端所代表的函数对应这 n 个输入变量的最小项。

『引导问题2』写出全加器逻辑函数的最小项表达式。

『引导问题3』将所选译码器芯片的功能表写在下框中。

任务实施

1）写出全加器输出端 S_i、C_i 与译码器各输出端相互关系的函数表达式。

2）在下框中画出译码器实现全加器电路的连线图。

3）根据2）选择所需要的门电路芯片并将其引脚排列图画在下框中。

4）在实验箱上搭接电路。依据译码器实现全加器电路的连线图，将相应译码器芯片和逻辑门芯片，插入实验箱的空插座上，完成电源、输入端子、输出端子连接，检查无误后接通电源。

5）译码器实现全加器电路逻辑功能测试。当译码器的输入端按照实训表7-2的情况取值时，分别测出输出端子的 LED 逻辑状态，并将测出的结果记录在实训表7-2中，测试完毕后断开电源。

实训表 7-2   译码器实现全加器电路的功能测试

输入			输出	
A_i	B_i	C_{i-1}	C_i	S_i
L	L	L		
L	L	H		
L	H	L		

（续）

输入			输出	
A_i	B_i	C_{i-1}	C_i	S_i
L	H	H		
H	L	L		
H	L	H		
H	H	L		
H	H	H		

观察分析

根据实训表 7-2 所示译码器实现全加器电路的功能测试的结果，填写全加器电路真值实训表 7-3。

实训表 7-3 全加器电路真值表

输入			输出	
A_i	B_i	C_{i-1}	C_i	S_i
0	0	0		
0	0	1		
0	1	0		
0	1	1		
1	0	0		
1	0	1		
1	1	0		
1	1	1		

情境链接

加法器是一种用于执行加法运算的数字电路器件，是构成电子计算机核心微处理器中算术逻辑单元的基础。在这些电子系统中，加法器主要负责算术逻辑运算、执行逻辑操作、移位与指令调用等数据。除此之外，加法器也是其他一些硬件，例如，二进制数乘法器的重要组成部分。加法器有两种基本的类型：半加器和全加器。半加器是加数和被加数为输入，和数与进位为输出的装置。

问题思考

『思考问题』译码器实际上也是负脉冲输出的脉冲分配器，以 74LS138 为例，如何接线实现脉冲分配器功能？

实训工单 2 用数据选择器实现全加器电路

任务描述

数据选择器能够将多路信号进行选择，逐个传输，即在多个输入数据中选择其中所需要的一个数据输出，是一种多输入单输出的组合逻辑电路，相当于单刀多掷开关。

数据选择器除了能够传送数据外，还能实现组合逻辑函数，是目前逻辑设计中应用十分广泛的逻辑部件。

本次实训任务要求学生选择合适的数据选择器芯片实现全加器逻辑电路。

学习目标

1）熟悉数据选择器的逻辑功能。

2）掌握用数据选择器构成组合逻辑电路的方法。

3）学会根据具体任务情况选择合适的数据选择器芯片。

4）培养严谨求实、认真负责的工程素养和科学精神。

任务调研

完成两个 1 位二进制数和来自相邻低位的进位数相加的逻辑电路称为全加器。若两个 1 位二进制数为 A_i 和 B_i，来自相邻低位的进位数为 C_{i-1}，本位和为 S_i，本位向高位的进位为 C_i，则全加器的逻辑函数表达式为

$$S_i = \overline{A_i}\,\overline{B_i}C_{i-1} + \overline{A_i}B_i\overline{C_{i-1}} + A_i\overline{B_i}\,\overline{C_{i-1}} + A_iB_iC_{i-1}$$

$$C_i = \overline{A_i}B_iC_{i-1} + A_i\overline{B_i}C_{i-1} + A_iB_i\overline{C_{i-1}} + A_iB_iC_{i-1}$$

根据现有的学习材料和网络学习互动平台，通过学生自己从网上、教材、课外辅导书或其他媒体收集数据选择器芯片资料，小组共同讨论，做出工作计划，并对任务实施进行决策。

『引导问题 1』根据全加器逻辑函数表达式中逻辑变量的个数，数据选择器应选择什么型号的芯片？并将所选数据选择器芯片的引脚排列图画在下框中。

器材准备

根据实训表 7-4 清点元器件，并将元器件的主要用途填入表内。

实训表 7-4 元器件清单

主要元器件	型号/规格	数量	主要用途
数据选择器芯片	74LS151	2	
其他	数字电路实验箱		
仪表工具	IC 起拔器、数字万用表等		

工作原理

一个具有 n 个选择输入端（地址码控制端）的数据选择器能对 2^n 个输入数据进行选择。因

此，选用 n 选一的数据选择器可以实现任意 n 输入变量的组合逻辑函数。

『引导问题2』写出全加器逻辑函数的最小项表达式 S_i 和 C_i。

『引导问题3』请将所选数据选择器芯片的功能表填入下框中。

任务实施

1）写出数据选择器实现全加器电路的数据选择器输出 W_1 和 W_2 表达式。

2）分别比较 S_i 和 C_i 与 W_1 和 W_2 中的对应关系，得出对应数据取值。

3）在下框中画出数据选择器实现全加器电路的连线图。

4）在实验箱上搭接电路。

依据数据选择器实现全加器电路的连线图，将相应数据选择器芯片，插入实验箱的空插座上，完成电源、输入端子、输出端子连接，检查无误后接通电源。

5）数据选择器实现全加器逻辑功能测试。

当数据选择器的输入端按照实训表7-5的情况取值时，分别测出输出端子的 LED 逻辑状态，并将测出的结果记录在实训表7-5中，测试完毕后断开电源。

实训表7-5　数据选择器实现全加器电路的功能测试

输入			输出	
A_i	B_i	C_{i-1}	C_i	S_i
L	L	L		
L	L	H		

（续）

输入			输出	
A_i	B_i	C_{i-1}	C_i	S_i
L	H	L		
L	H	H		
H	L	L		
H	L	H		
H	H	L		
H	H	H		

观察分析

根据实训表7-5所示数据选择器实现全加器电路的功能测试的结果，填写全加器电路真值实训表7-6。

实训表7-6　全加器电路真值表

输入			输出	
A_i	B_i	C_{i-1}	C_i	S_i
0	0	0		
0	0	1		
0	1	0		
0	1	1		
1	0	0		
1	0	1		
1	1	0		
1	1	1		

实训工单3　设计一个三人抢答逻辑电路

任务描述

本次实训任务为设计一个三人抢答逻辑电路。具体要求如下：

1）每个参赛者控制一个按钮，按动按钮发出抢答信号。

2）竞赛主持人另有一个按钮，用于将电路复位。

3）竞赛开始后，先按动按钮者对应的数码管显示其座位号，此时其他两人按动按钮对电路不起作用。

学习目标

1）进一步掌握逻辑门电路芯片的应用。

2）掌握组合逻辑电路的设计方法。

3）学会根据具体任务情况选择合适的逻辑芯片。

4）培养严谨求实、认真负责的工程素养和科学精神。

任务调研

在知识竞赛、文体娱乐活动（抢答赛活动）中，抢答器能准确、公正、直观地判断出抢答者的座位号，更好地激发团体的竞争意识，让选手们体验到战场般的压力感。

根据现有的学习材料和网络学习互动平台，通过学生自己从网上、教材、课外辅导书或其他媒体收集三人抢答逻辑电路设计资料，小组共同讨论，做出工作计划，并对任务实施进行决策。

『**引导问题 1**』本次实训任务要求完成组合逻辑电路设计，写出组合逻辑电路设计步骤。

器材准备

根据实训表 7-7 清点元器件，并将元器件的主要用途填入表内。

实训表 7-7　元器件清单

主要元器件	型号/规格	数量	主要用途
四 2 输入异或门	74LS86	1	
三 3 输入与门	74LS11	1	
译码器	74LS48	1	
其他	数字电路实验箱		
仪表工具	IC 起拔器、数字万用表等		

说明：可根据实验室元器件情况将表中主要元器件替换。

工作原理

本次实训任务设计的抢答逻辑电路工作流程如下：

1）抢答开始前，处于复位状态，此时，数码管显示为 0。

2）当开始抢答时，选手按下抢答逻辑电路按键，数码管显示其座位号（如第一组选手对应的数码管显示其座位号为 1），同时电路要求只有第一个按下抢答按键的选手获得答题权。

3）等到进入下一抢答环节，主持人按下复位键，抢答器处于复位状态，可抢答。

任务实施

1）根据任务要求确定输入变量和输出变量，并对输入变量和输出变量进行状态赋值。

_____

_____

_____

2）根据输入、输出之间的逻辑关系在下框中建立真值表。

3）写出逻辑表达式并化简。

_____

_____

_____

_____

4）根据化简后的逻辑表达式在下框中画出逻辑电路图。

5）根据步骤3）、4）选择相应的芯片，并将所选芯片的引脚排列图画在下框中。

6）在实验箱上搭接电路。

依据步骤4）画出的逻辑电路图，将相应逻辑门芯片，插入实验箱的空插座上，完成电源、输入端子、输出端子连接，检查无误后接通电源。

7）对三人抢答逻辑电路进行功能测试，并将测出的结果记录在下框，测试完毕后断开电源。

情境链接

无线抢答器主要由无线编码发射电路和无线（解码）接收电路、控制部分、显示电路、讯响电路组成。编码和解码芯片可分别采用 PT2262 和 PT2272－M4，发射和接收地址编码设置必须完全一致才能配对使用。无线发射电路将编码后的地址码、数据码（区分抢答人）、同步码随同315MHz 无线载波一起发射出去；接收电路接收到有效信号，经过解码、处理后变成所需的电信号（当接收到发送过来的信号时，解码芯片 PT2272 的 VT 脚输出一个正脉冲，与此同时，相应的数据引脚输出高电平），通过控制电路实现抢答并显示出抢答号，蜂鸣器发出响声。

⚠ 问题思考

『**思考问题**』有一火灾报警系统，设有烟感、温感和紫外光感三种不同类型的火灾探测器。为了防止误报警，只有当其中有两种或两种以上的探测器发出火灾探测信号时，报警系统才产生报警控制信号，试设计产生报警控制信号的电路。

项目8　时序逻辑电路分析

实训工单1　认识触发器

🛈 任务描述

本次实训任务包含以下三方面内容：

1）用 74LS00 构成一个基本 RS 触发器，并测试其功能。

2）测试双 D 触发器 74LS74 中一个 D 触发器的功能。

3）测试双 JK 触发器 74LS112 中一个 JK 触发器的功能。

💡 学习目标

1）掌握 RS 触发器、D 触发器、JK 触发器的工作原理。

2）学会正确使用 RS 触发器、D 触发器、JK 触发器。

3）培养严谨求实、认真负责的工程素养和科学精神。

🔍 任务调研

基本 RS 触发器是由两个与非门交叉耦合构成，如实训图 8-1 所示。它是无时钟控制低电平直接触发的触发器。基本 RS 触发器具有置"0"、置"1"和"保持"三种功能。通常称 $\bar{S}$ 为置"1"端，因为 $\bar{S}=0$（$\bar{R}=1$）时触发器被置"1"；$\bar{R}$ 为置"0"端，因为 $\bar{R}=0$（$\bar{S}=1$）时触发器被置"0"，当 $\bar{S}=\bar{R}=1$ 时状态保持；当 $\bar{S}=\bar{R}=0$ 时，触发器状态不定，应避免此种情况发生。

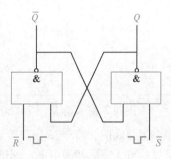

实训图 8-1　基本 RS 触发器

根据现有的学习材料和网络学习互动平台，通过学生自己从网上、教材、课外辅导书或其他媒体收集 74LS00、74LS74、74LS112 资料，小组共同讨论，做出工作计划，并对任务实施进行决策。

『**引导问题1**』根据任务调研，将基本 RS 触发器的功能表画入下框。

器材准备

根据实训表 8-1 清点元器件，并将元器件的主要用途填入表内。

实训表 8-1　元器件清单

主要元器件	型号/规格	数量	主要用途
四 2 输入与非门	74LS00	1	
D 触发器	74LS74	1	
JK 触发器	74LS112	1	
其他	数字电路实验箱		
仪表工具	IC 起拔器、数字万用表等		

工作原理

D 触发器的状态方程为 $Q^{n+1} = D$。

JK 触发器的状态方程为 $Q^{n+1} = J\,\overline{Q^n} + \overline{K}Q^n$。

任务实施

1）用 74LS00 构成一个基本 RS 触发器，并测试其功能。

『引导问题 2』根据四 2 输入或非门 74LS00 的引脚排列图及实训图 8-1，将由 74LS00 构成的基本 RS 触发器接线图画入下框。

选用四 2 输入与非门 74LS00 一片，插入实验箱的空插座上，再根据由 74LS00 构成基本 RS 触发器接线图，将 $\overline{S}$ 与 $\overline{R}$ 分别接到试验箱的逻辑开关输出插口；Q^{n+1} 与 $\overline{Q}^{n+1}$ 接电平显示发光二极管，检查无误后接通电源。测试完毕后断开电源。

当 $\overline{S}$ 与 $\overline{R}$ 按照实训表 8-2 的情况取值时，分别测出输出 Q^{n+1} 与 $\overline{Q}^{n+1}$ 的 LED 逻辑状态，并将结果记录在实训表 8-2 中。

实训表 8-2　基本 RS 触发器功能测试

输入		输出	
$\overline{S}$	$\overline{R}$	Q^{n+1}	$\overline{Q}^{n+1}$
L	L		
L	H		
H	L		
H	H		

2）测试双 D 触发器 74LS74 中一个 D 触发器的功能。

『引导问题 3』根据资料查出双 D 触发器 74LS74 的引脚排列图，将其引脚排列图画入下框。

与其他芯片逻辑功能测试一样，选用双 D 触发器 74LS74 中的一片，插入实验箱的空插座上，再根据其引脚排列图，完成电源、输入端子、输出端子连接，检查无误后接通电源。测试双 D 触发器 74LS74 中一个 D 触发器的逻辑功能，并将测试结果填入实训表 8-3 中，测试完毕后断开电源。

实训表 8-3　双 D 触发器 74LS74 中一个 D 触发器的功能测试

输入				输出	
$\overline{S}_\mathrm{D}$	$\overline{R}_\mathrm{D}$	CP	D	Q^{n+1}	$\overline{Q}^{n+1}$
L	L	×	×		
L	H	×	×		
H	L	×	×		
H	H	↑	H		
H	H	↑	L		

3）测试双 JK 触发器 74LS112 中一个 JK 触发器的功能。

『引导问题 4』根据资料查出双 JK 触发器 74LS112 的引脚排列图，将其引脚排列图画入下框。

与其他芯片逻辑功能测试一样，选用双 JK 触发器 74LS112 中的一片，插入实验箱的空插座上，再根据其引脚排列图，完成电源、输入端子、输出端子连接，检查无误后接通电源。测试双 JK 触发器 74LS112 中一个 JK 触发器的逻辑功能，并将测试结果填入实训表 8-4 中，测试完毕后断开电源。

实训表 8-4　双 JK 触发器 74LS112 中一个 JK 触发器的功能测试

输入					输出	
$\overline{S}_D$	$\overline{R}_D$	CP	J	K	Q^{n+1}	$\overline{Q}^{n+1}$
L	L	×	×	×		
L	H	×	×	×		
H	L	×	×	×		
H	H	↓	L	L		
H	H	↓	L	H		
H	H	↓	H	L		
H	H	↓	H	H		

观察分析

根据基本 RS 触发器、74LS74、74LS112 的逻辑功能测试表，将基本 RS 触发器、D 触发器及 JK 触发器的真值表填入下框中。

情境链接

在输入信号为单端的情况下，D 触发器用起来最为方便，其状态方程为 $Q^{n+1}=D$，其输出状态的更新发生在 CP 脉冲的上升沿，故又称为上升沿触发的边沿触发器，触发器的状态只取决于时钟到来前 D 端的状态，D 触发器的应用很广，可用作数字信号的寄存、移位寄存、分频和波形发生器等。有多种型号可供选择，如双 D 触发器 74LS74、四 D 触发器 74LS175、六 D 触发器 74LS174 等。

在输入信号为双端的情况下，JK 触发器是功能完善、使用灵活和通用性较强的一种触发器。

问题思考

『思考问题 1』怎样用两个或非门组成基本 RS 触发器？

『思考问题 2』怎样将 D 触发器转换成 JK 触发器？

『思考问题 3』怎样将 JK 触发器转换成 D 触发器？

实训工单 2　设计 N 进制计数器

任务描述

本次实训任务选用 74LS163 作为器件，要求完成以下任务。

1）采用反馈清零法设计一个六进制计数器，并用数码管显示。

2）采用反馈置数法设计一个六进制计数器，并用数码管显示。

3）设计一个十二进制计数器，并用数码管显示。

学习目标

1）掌握计数器 74LS163 的功能。

2）掌握计数器的级联方法。

3）熟悉任意进制计数器的构成方法。

4）熟悉数码管的使用。

5）培养严谨求实、认真负责的工程素养和科学精神。

任务调研

74LS163 是中规模集成 4 位同步二进制加法计数器，具有二进制加法计数、保持、预置、同步清零功能。

依据现有的学习材料和网络学习互动平台，通过观看微课视频或者学生自己从网上、教材、课外辅导书或其他媒体收集资料，小组共同讨论，做出工作计划，并对任务实施进行决策。

『引导问题 1』根据资料查出 74LS163 的引脚排列图，将其引脚排列图画入下框。

『引导问题 2』根据资料查出 74LS163 的功能表，将其功能表填入下框。

器材准备

根据实训表 8-5 清点元器件，并将元器件的主要用途填入表内。

实训表 8-5　元器件清单

主要元器件	型号/规格	数量	主要用途
计数器	74LS163	1	
四 2 输入与非门	74LS00	1	
二 4 输入与非门	74LS20	1	
其他	数字电路实验箱		
仪表工具	IC 起拔器、数字万用表等		

工作原理

在实际中，除了有二进制计数和十进制计数外，还有其他进制的计数方法，如时钟的小时是十二进制，分、秒是六十进制。任意进制计数器又称 N 进制计数器，除了二进制计数器外，其他的计数器都可以称为任意计数器，即十进制计数器也是任意计数器中的一种。

目前市场上能买到的集成计数器大部分是二进制和 8421BCD 码十进制计数器，但常用到其他任意进制计数，可利用现有的计数器，采用反馈清零法和反馈置数法来实现其他任意进制计数。

1. 反馈清零法

利用计数器清零端的清零作用，在到达计数过程中的某一个中间状态时迫使计数器返回零，重新开始计数，从而去除一些状态，得到所需的 N 进制。

计数器的清零信号分异步清零和同步清零两种。因此，反馈清零法也分为两种情况。设产生清零信号的状态为反馈识别码 N_x。若要实现 N 进制：当芯片为异步清零方式时，反馈识别码为状态 N，即 $N_x = N$；当芯片为同步清零方式时，反馈识别码为状态 $N-1$，即 $N_x = N-1$。

2. 反馈置数法

利用计数器的置数作用，截取从 N_x 到 N_Y 之间的有效状态，构成 N 进制。即 N_Y 为反馈识别码，计数到达 N_Y 后置数信号有效，计数器返回状态 N_x，重新开始计数，得到所需 N 进制。计数器的置数信号分异步置数和同步置数两种。因此，反馈置数法也分为两种情况。若要实现 N 进制：当芯片为异步置数方式时，反馈识别码为 $N_Y = N_x + N$；当芯片为同步置数方式时，反馈识别码为 $N_Y = N_x + N - 1$。

任务实施

1）采用反馈清零法将 74LS163 设计成一个六进制计数器，写出其设计原理。

_____

_____

_____

_____

2）根据步骤 1）中的设计原理，将设计出的六进制计数器的电路图画入下框。

3）将所需要的芯片插到试验箱上，按步骤 2）中的电路图进行接线，并用数码管显示，检查无误后接通电源。

4）对采用反馈清零法设计的六进制计数器进行逻辑功能测试，并将测出的结果以状态图的形式画入下框，测试完毕后断开电源。

　　5）采用反馈置数法将74LS163设计成一个六进制计数器，写出其设计原理。

　　6）根据步骤5）中的设计原理，将设计出的六进制计数器的电路图画入下框。

　　7）将所需要的芯片插到试验箱上，按步骤6）中的电路图进行接线，并用数码管显示，检查无误后接通电源。

　　8）对采用反馈置数法设计的六进制计数器进行逻辑功能测试，并将测出的结果以状态图的形式画入下框，测试完毕后断开电源。

　　9）将74LS163设计成一个十二进制计数器，写出其设计原理（反馈清零法、反馈置数法均可）。

　　10）根据步骤9）中的设计原理，将设计出的十二进制计数器的电路图画入下框。

11）将所需要的芯片插到试验箱上，按步骤 10）中的电路图进行接线，并用数码管显示，检查无误后接通电源。

12）对设计的十二进制计数器进行逻辑功能测试，并将测出的结果以状态图的形式画入下框，测试完毕后断开电源。

问题思考

『思考问题 1』试用 74LS161 设计一个六进制计数器。
『思考问题 2』试用 74LS160 设计一个六进制计数器。

项目 9　555 电路应用分析

实训工单 1　555 定时器应用电路搭接与功能测试

任务描述

本次实训任务包含以下三方面内容：
1）用 555 定时器构成单稳态触发器，并测试其功能。
2）用 555 定时器构成多谐振荡器，并测试其功能。
3）用 555 定时器构成施密特触发器，并测试其功能。

学习目标

1）熟悉 555 型集成时基电路的电路结构、工作原理及其特点。
2）掌握 555 型集成时基电路的基本应用。
3）培养严谨求实、认真负责的工程素养和科学精神。

任务调研

555 时基集成电路也叫集成定时器，是一种数字、模拟混合型的中规模集成电路，其应用十分广泛。该电路使用灵活、方便，只需外接少量的阻容元件就可以构成单稳、多谐和施密特触发器，因而广泛用于信号的产生、变换、控制与检测。它的内部电压标准使用了 3 个 5kΩ 的电阻，故取名 555 电路。其电路类型有双极型和 CMOS 型两大类，两者的工作原理和结构相似。几乎所有的双极型产品型号最后的 3 位数码都是 555 或 556；所有的 CMOS 产品型号最后 4 位数码都是 7555 或 7556，两者的逻辑功能和引脚排列完全相同，易于互换。555 和 7555 是单定时器，556 和 7556 是双定时器。双极型的电压是 +5 ~ +15V，输出的最大电流可达 200mA，CMOS 型的电源电压是 +3 ~ +18V。

根据现有的学习材料和网络学习互动平台，通过学生自己从网上、教材、课外辅导书或其他媒体收集项目资料，小组共同讨论，做出工作计划，并对任务实施进行决策。

『引导问题1』根据任务调研，将555定时器的引脚排列图画入下框。

『引导问题2』根据任务调研，将555定时器的功能表画入下框。

 器材准备

根据实训表9-1清点元器件，并将元器件的主要用途填入表内。

实训表9-1　元器件清单

主要元器件	型号/规格	数量	主要用途
定时器	555	1	
电阻	5.1kΩ	2	
电阻	100kΩ、10kΩ	各1	
电解电容	0.01μF	2	
电解电容	47μF	1	
二极管	2CK13	1	
其他	数字电路实验箱、双踪示波器		
仪表工具	IC起拔器、数字万用表等		

工作原理

555定时器内部电路框图如实训图9-1所示。它含有两个电压比较器，一个基本RS触发器，一个放电开关VT，比较器的参考电压由3只5kΩ的电阻器构成分压，它们分别使高电平比较器A_1同相比较端和低电平比较器A_2的反相输入端的参考电平为$2V_{CC}/3$和$V_{CC}/3$。A_1和A_2的输出端控制RS触发器状态和放电管开关状态。当输入信号输入并超过$2V_{CC}/3$时，触发器复位，555的输出端引脚3输出低电平，同时放电，开关管导通；当输入信号自引脚2输入并低于$V_{CC}/3$时，触发器置位，555的引脚3输出高电平，同时放电，开关管截止。

R_D是复位端，当它为0时，555输出低电平。平时该端开路或接V_{CC}。

C-V是控制电压端（引脚5），平时输出$2V_{CC}/3$作为比较器A_1的参考电平，当引脚5外接

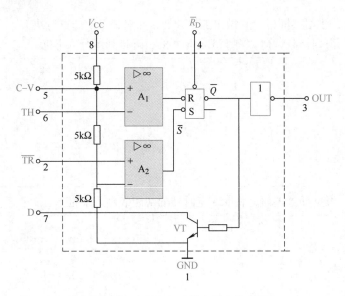

实训图 9-1　555 定时器内部电路框图

一个输入电压，即改变了比较器的参考电平，从而实现对输出的另一种控制，在不接外加电压时，通常接一个 0.01μF 的电容器到地，起滤波作用，以消除外来的干扰，确保参考电平的稳定。

　　VT 为放电管，当 VT 导通时，将给接于引脚 7 的电容器提供低阻放电电路。

任务实施

　　1）用 555 定时器构成单稳态触发器，测定暂稳态时间。

　　按实训图 9-2 连线，实训图 9-2 为由 555 定时器和外接定时元件 R、C 构成的单稳态触发器，VD 为钳位二极管（2CK13）。

　　『引导问题 3』取 $R = 100\text{k}\Omega$，$C = 47\mu\text{F}$，输出接 LED 电平指示器。输入信号 V_i 由单次脉冲源提供，用双踪示波器观测 V_i、V_C、V_o 波形并将其画入下框。

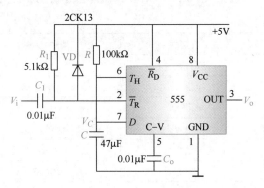

实训图 9-2　用 555 定时器构成的单稳态触发器

　　『引导问题 4』测定暂稳态时间。

　　2）用 555 定时器构成多谐振荡器，测定输出信号的时间参数。

　　按实训图 9-3 连线，实训图 9-3 为由 555 定时器和外接元件 R_1、R_2、C 构成的多谐振荡器，引脚 2 与引脚 6 直接相连。

『引导问题5』按实训图9-3接线后，用双踪示波器观测 V_c 与 V_o 的波形并将其画入下框。

（空白框）

『引导问题6』测定输出信号的时间参数。

3）用555定时器构成施密特触发器，测定回差电压 ΔU。

按实训图9-4连线，只要将555定时器的引脚2和引脚6连在一起作为输入端，即得到施密特触发器。

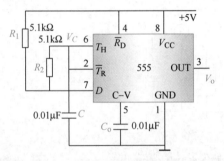

实训图9-3　用555定时器构成的多谐振荡器　　实训图9-4　用555定时器构成的施密特触发器

『引导问题7』按实训图9-4接线后，用双踪示波器观测 V_i 与 V_o 的波形并将其画入下框。

（空白框）

『引导问题8』测定回差电压 ΔU。

情境链接

555定时器由 Hans R. Camenzind 于1971年为西格尼蒂克公司设计。西格尼蒂克公司后来被飞利浦公司所并购。

不同的制造商生产的555芯片有不同的结构，标准的555芯片集成有25个晶体管、2个二极管和15个电阻并通过8个引脚引出（DIP-8封装）。555的派生型号包括556（集成了两个555

的 DIP - 14 芯片）、558 和 559。

NE555 的工作温度范围为 0~70℃，军用级的 SE555 的工作温度范围为 - 55~ + 125℃。555 的封装分为高可靠性的金属封装（用 T 表示）和低成本的环氧树脂封装（用 V 表示），所以 555 的完整标号为 NE555V、NE555T、SE555V 和 SE555T。一般认为 555 芯片名字的来源是其中的 3 个 5kΩ 电阻，但 Hans Camenzind 否认这一说法并声称他是随意取的这 3 个数字。

⚠ 问题思考

『思考问题 1』若将实训图 9-2 中的 R 改为 1kΩ，C 改为 0.1μF 后，暂稳态时间将发生什么变化？

『思考问题 2』由 555 定时器构成的单稳态触发器，其输出脉宽和周期由什么决定？

『思考问题 3』用 555 定时器设计制作的触摸式开关定时控制器如实训图 9-5 所示，计算出定时时间。

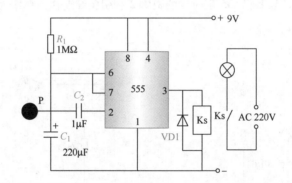

实训图 9-5　用 555 定时器构成的触摸定时开关电路

实训工单 2　555 定时器应用电路仿真实验

ℹ 任务描述

本次实训任务要求学生在 Multisim 仿真软件工作平台上创建 555 多谐振荡电路和 555 单稳态触发器电路并利用 Multisim 虚拟仪器仪表对电路中的波形进行观测分析，测量出周期 T、高电平宽度 T_w、占空比 q 等参数。

🧠 学习目标

1）熟悉 555 定时器的电路结构、工作原理及其特点。

2）掌握 555 定时器的基本应用。

3）熟悉掌握 Multisim 仿真软件的使用方法。

4）培养严谨求实、认真负责的工程素养和科学精神。

🔍 任务调研

555 定时器是目前应用最多的一种时基电路，电路功能灵活，使用范围广，只要在外部配上几个阻容元件，就可以构成单稳态触发器、多谐振荡器和施密特触发器，因而在定时、检测、控制、报警等方面都有广泛的应用。

依据现有的学习材料和网络学习互动平台，通过学生自己从网上、教材、课外辅导书或其他媒体收集任务相关资料，小组共同讨论，做出工作计划，并对任务实施进行决策。

『引导问题1』根据任务调研，将555定时器的引脚排列图画入下框。

『引导问题2』根据任务调研，将555定时器的功能表画入下框。

器材准备

本次实训任务用到的虚拟元器件见实训表9-2，学生分析电路图，将元器件的主要用途填入表内。

实训表9-2　元器件清单

虚拟元器件	型号/规格	数量	主要用途
直流电压源	5V	1	
时钟电压源	5kHz、5V、占空比90%	1	
电阻	1kΩ、2kΩ、5.1kΩ、10kΩ	各1	
电容	10nF、100nF	各2	
电容	330nF	1	
二极管	1N4149	1	
555定时器	LM555CM	2	
其他	接地		
虚拟仪器仪表	示波器		

工作原理

实训图9-6是由555定时器构成的多谐振荡电路，可得

振荡周期：$T = 0.7(R_1 + 2R_2)C$

高电平宽度：$t_W = 0.7(R_1 + R_2)C$

占空比：$q = \dfrac{R_1 + R_2}{R_1 + 2R_2}$

实训图 9-7 为由 555 定时器构成的单稳态触发电路，可以得出引脚 3 输出的高电平宽度为：$t_W = 1.1RC$。

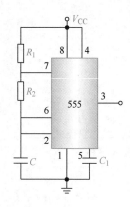
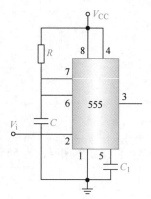

实训图 9-6　由 555 定时器
构成的多谐振荡电路

实训图 9-7　由 555 定时器构成的
单稳态触发电路

任务实施

1. 由 555 定时器构成的多谐振荡电路仿真

（1）选取元器件

1）电压源：单击 ⏚ 图标按钮，放置源（Place Source）→POWER_SOURCES→DC_POWER，选取直流电压源并设置电压为 5V。

2）接地：单击 ⏚ 图标按钮，放置源（Place Source）→POWER_SOURCES→GROUND，选取电路中的接地。

3）电阻：单击 ∿ 图标按钮，放置基本（Place Basic）→RESISTOR，选取电阻值为 2kΩ、10kΩ 的电阻。

4）电容：单击 ∿ 图标按钮，放置基本（Place Basic）→CAPACITOR，选取电容值为 100nF、330nF 的电容。

5）555 定时器：单击 图标按钮，放置混合（Place Mixed）→TIMER，选取 LM555CM。

6）双踪示波器：单击 图标按钮，从虚拟仪器工具栏调取 XSC1。

（2）搭建电路　搭建实训图 9-8 所示的由 555 定时器构成的多谐振荡仿真电路。

（3）仿真　打开仿真开关，激活电路，双击示波器图标，即可观察实训图 9-9 所示的由 555 定时器构成的多谐振荡电路的输出波形。

（4）测量　利用示波器提供的读数指针对波形进行测量，并将结果填入实训表 9-3 中。

实训表 9-3　多谐振荡电路输出波形的测量值

	周期 T	高电平宽度 T_W	占空比 q
理论计算值			
实验测量值			

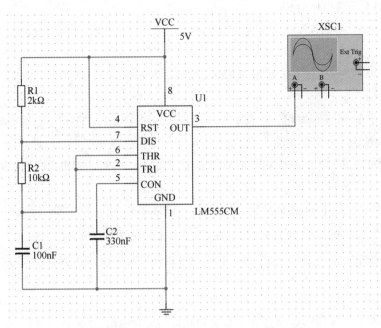

实训图 9-8　由 555 定时器构成的多谐振荡仿真电路

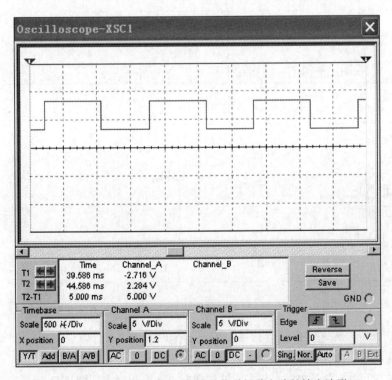

实训图 9-9　由 555 定时器构成的多谐振荡电路的输出波形

2. 由 555 定时器构成单稳态触发器电路仿真

（1）选取元器件

1）电压源：单击 ÷ 图标按钮，放置源（Place Source）→POWER_SOURCES→DC_POWER，

选取直流电压源并设置电压为5V。

2）接地：单击 ÷ 图标按钮，放置源（Place Source）→POWER_SOURCES→GROUND，选取电路中的接地。

3）电阻：单击 ∿ 图标按钮，放置基本（Place Basic）→RESISTOR，选取电阻值为1kΩ、2kΩ的电阻。

4）电容：单击 ∿ 图标按钮，放置基本（Place Basic）→CAPACITOR，选取电容值为10nF的电容2个，电容值为100nF的电容1个。

5）二极管：单击 ⊬ 图标按钮，放置二极管（Place Diode）→DIODE，选取1N4149型二极管。

6）555定时器：单击 图标按钮，放置混合（Place Mixed）→TIMER，选取LM555CM。

7）双踪示波器：单击 图标按钮，从虚拟仪器工具栏调取XSC1。

8）时钟电压源：单击 ÷ 图标按钮，放置源（Place Source）→SIGNAL_VOLTAGE→CLOCK_SOURCES。

（2）搭建电路并仿真

1）按实训图9-10在Multisim工作平台上建立仿真实验电路。

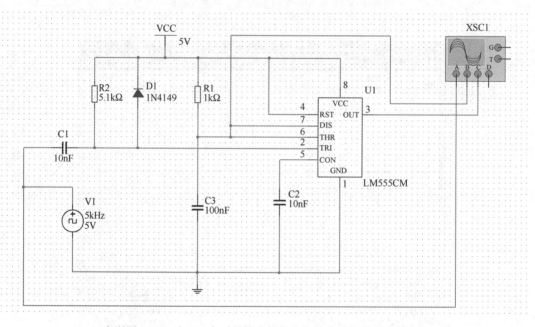

实训图9-10　由555定时器构成的单稳态触发器仿真实验电路

2）双击V_1图标，在弹出的对话框中，将"频率"栏设为5kHz，"占空比"栏设为90%，"电压"栏设为5V，按对话框下方"确定"按钮退出。

3）打开仿真开关，激活电路，双击示波器图标，即可观察实训图9-11所示的由555定时器构成的单稳态触发器的输出波形。最上方的方波为输入脉冲波形，中间为电容C_1的充电波形（即暂态），最下方是输出波形。

4）利用示波器提供的读数指针对波形进行测量，读出单稳态触发器的暂稳态时间t_W，并与其理论值比较，将结果写入下框。

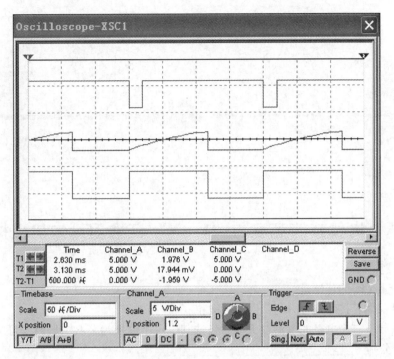

实训图 9-11　由 555 定时器构成的单稳态触发器的输出波形

问题思考

『**思考问题**』实训图 9-12 所示电路是一个防盗报警装置，a、b 两端用一细铜丝接通，将此铜丝置于盗窃者必经之处。当盗窃者闯入室内将铜丝碰掉后，扬声器发出报警声。试说明电路的工作原理。

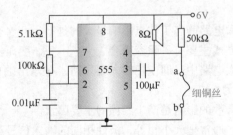

实训图 9-12　防盗报警装置电路

附录

附录A 岗位技能竞赛与"1＋X"证书理论知识模拟试题

一、填空题

1. 二极管最主要的特性是_____。

2. 双极性晶体管按结构可分为_____型和_____型。

3. 晶体管是有三个电极的电流放大器，任选其中一个电极为公共电极时，可组成三种不同的四端网络，分别为_____、_____、_____。

4. 构成放大电路的条件有两个：一是发射结_____，集电结_____；二是放大电路要有完善的_____和_____。

5. 当温度升高时，会引起放大电路的静态工作点向上偏移，造成_____。

6. 半导体的导电性能具有光敏性、热敏性和_____特点。

7. 半导体载流子的运动有扩散运动和_____运动。

8. 硅二极管的正向导通压降约为_____V。

9. 二极管的反向电压在一定范围时，电流基本上是_____的。

10. 稳压二极管工作在_____区。

11. NPN型硅晶体管的发射结电压U为_____V。

12. PNP型锗晶体管的发射结电压U为_____V。

13. 非线性失真包括截止失真和_____失真。

14. 为不产生非线性失真，放大电路的静态工作点Q大致选在交流负载线的_____，输入信号的幅值不能太大。

15. 在外部因素（如温度变化、晶体管老化、电源电压波动等）的影响下，会引起放大电路_____的偏移。

16. 外部因素中，对放大电路静态工作点影响最大的是_____变化。

17. 晶体管级间耦合的方式主要有：阻容耦合、_____、变压器耦合和_____。

18. 在多级直接耦合放大电路中，即使把输入端短路，在输出端也会出现电压波动，使输出电压偏离零值，这种现象称为_____。

19. _____对晶体管参数的影响是产生零漂的主要因素。

20. 在差动放大电路中，通常把大小相等、极性相同的输入信号称为_____。

21. 通常采用_____比来描述差动放大电路放大差模信号和抑制共模信号的能力。

22. 集成运算放大电路通常由输入级、中间级、_____和_____四部分组成。

23. 理想运放的两个重要特性为：_____和两个输入端子间的电压为零。

24. 带负反馈的放大电路的输入电阻取决于反馈网络与基本放大电路输入端的_____，与取样对象无关。

25. 自激振荡的起振时应满足_____。

26. 交流电源变换成直流电源的电路一般由_____、_____、_____和_____四部分组成。

27. 晶体管作为开关使用，是指它的工作状态处于_____状态和_____状态。

28. 逻辑代数中的基本运算关系是_____。

29. 十进制数 513 对应的二进制数_____，对应的十六进制数是_____。

30. CMOS 门电路的闲置输入端不能_____，对于与门应当接到_____电平，对于或门应当接到_____电平。

31. JK 触发器的特性方程为_____。

32. 电子电路中的信号分为两类，分别是_____和_____。

33. 触发器是具有_____功能的逻辑电路。

34. 施密特触发器有_____稳定的状态。

二、单项选择题

1. 当 PN 结外加反向电压时，耗尽层将（　　）。

A. 变窄　　　　　　B. 基本不变　　　　　C. 变宽

2. 稳压二极管是特殊二极管，它一般工作在（　　）状态。

A. 正向导通　　　　B. 反向截止　　　　　C. 反向击穿

3. 影响放大器静态工作点稳定的主要因素是（　　）。

A. 温度的影响　　　　　　　　　B. 管子参数的变化

C. 电阻变值　　　　　　　　　　D. 管子老化

4. 对于射极输出器，下列说法正确的是（　　）。

A. 它是一种共发射极放大电路　　B. 它是一种共集电极放大电路

C. 它是一种共基极放大电路

5. 共集电极放大电路的特点是（　　）。

A. 输入电阻很小，输出电阻很大　B. 输入电阻很大，输出电阻很小

C. 电压放大倍数很高　　　　　　D. 可用作振荡器

6. 带射极电阻 R_e 的共射放大电路，在并联交流旁路电容 C_e 后，其电压放大倍数（　　）。

A. 减小　　　　　　B. 增大　　　　　　C. 不变　　　　　　D. 变为零

7. 微变等效电路法适用于（　　）。

A. 放大电路的静态和动态分析　　B. 放大电路的静态分析

C. 放大电路的动态分析

8. 在分压偏置电路中，若发射极电容 C_e 击穿短路，其放大器工作点将（　　）。

A. 下降　　　　　　B. 不变　　　　　　C. 升高

9. 开关晶体管一般的工作状态是（　　）。

A. 截止　　　　　　B. 放大　　　　　　C. 饱和　　　　　　D. 截止和饱和

10. 二极管两端加上正向电压时，（　　）。

A. 一定导通　　　　　　　　　　B. 超过死区电压才导通

C. 超过 0.3V 才导通　　　　　　D. 超过 0.7V 才导通

11. 欲使放大器净输入信号削弱，应采取的反馈类型是（　　）。

A. 串联反馈　　　B. 并联反馈　　　C. 正反馈　　　D. 负反馈

12. 对功率放大电路最基本的要求是（　　　　）。

A. 输出信号电压大 　　　　　　　　B. 输出信号电流大

C. 输出信号电压和电流均大 　　　　D. 输出信号电压大、电流小

13. 放大电路设置静态工作点的目的是（　　　　）。

A. 提高放大能力 　　　　　　　　　B. 避免非线性失真

C. 获得合适的输入电阻和输出电阻 　D. 使放大器工作稳定

14. 放大电路的静态工作点，是指输入信号（　　　）晶体管的工作点。

A. 为零时 　　　　B. 为正时 　　　　C. 为负时 　　　　D. 很小时

15. 放大电路采用负反馈后，下列说法不正确的是（　　　　）。

A. 放大能力提高了 　　　　　　　　B. 放大能力降低了

C. 通频带展宽了 　　　　　　　　　D. 非线性失真减小了

16. 半导体整流电路中使用的整流二极管应选用（　　　　）。

A. 变容二极管 　　　　　　　　　　B. 稳压二极管

C. 点接触型二极管 　　　　　　　　D. 面接触型二极管

17. 表达式 $0 \oplus A$ 的值为（　　　　）。

A. $\bar{A}$ 　　　　B. A 　　　　C. 1 　　　　D. 0

18. 或非门的逻辑功能为（　　　　）。

A. 输入有 0，输出为 0；输入全 1，输出为 1

B. 输入有 0，输出为 1；输入全 1，输出为 0

C. 输入全 0，输出为 1；输入有 1，输出为 0

D. 输入全 0，输出为 0；输入有 1，输出为 1

19. 下列器件中，属于组合电路的是（　　　　）。

A. 计数器和全加器 　　　　　　　　B. 寄存器和数据比较器

C. 全加器和数据比较器 　　　　　　D. 计数器和数据选择器

20. 下列触发器中具有不定状态的为（　　　　）。

A. 同步 RS 触发器 　　　　　　　　B. 主从 JK 触发器

C. D 触发器 　　　　　　　　　　　D. T 触发器

21. 数字电路中基本逻辑运算关系有（　　　　）。

A. 两种 　　　　B. 三种 　　　　C. 四种 　　　　D. 五种

22. 十进制数 27 转换为十六进制数为（　　　　）。

A. $(17)_{16}$ 　　　　B. $(1B)_{16}$ 　　　　C. $(21)_{16}$ 　　　　D. $(1D)_{16}$

23. 若逻辑表达式 $F = \overline{A + B}$，则下列表达式中与 F 相同的是（　　　　）。

A. $F = \overline{AB}$ 　　　　B. $F = \overline{A}\overline{B}$ 　　　　C. $F = \overline{A} + \overline{B}$ 　　　　D. $F = AB$

24. 十六进制数 $(7D)_{16}$ 对应的十进制数为（　　　　）。

A. 123 　　　　B. 125 　　　　C. 127 　　　　D. 256

25. 有三个输入端的或门电路，要求输出高电平，则其输入端（　　　　）。

A. 全部都应为高电平 　　　　　　　B. 至少一个端为低电平

C. 全部都应为低电平 　　　　　　　D. 至少一个端为高电平

三、判断题（判断下列说法是否正确，用"×"和"√"表示判断结果填入空内）

1. 双极型半导体器件只有电子（或空穴）一种载流子参与导电。　　　　　（　　　）

2. N 型半导体，是在本征半导体中掺入微量的五价元素。　　　　　　　　（　　　）

3. PN 结加正偏时，PN 结电阻很小，正向电流很大，PN 结处于导通状态。（　　　）

4. 点接触型半导体二极管常用于高频和小电流的电路中。 （　　）

5. 二极管的反向电流越大，其单向导电性能越好。 （　　）

6. 稳压二极管一旦被反向击穿后，将不能再使用。 （　　）

7. 硅晶体管的死区电压约为 0.5V，锗晶体管的死区电压不超过 0.2V。 （　　）

8. 在工业上，最常用的是高频放大电路。 （　　）

9. 通常希望放大电路的输入电阻能高一些。 （　　）

10. 通常希望放大电路的输出电阻低一些。 （　　）

11. 晶体管分压式偏置电路是应用最广泛的一种偏置电路。 （　　）

12. 晶体管阻容耦合方式在功率放大电路中应用最多。 （　　）

13. 晶体管直接耦合方式多用于直流放大电路和线性集成电路中。 （　　）

14. 共模抑制比越大，表明差动放大电路放大差模信号和抑制共模信号的能力越强。（　　）

15. 在放大电路中几乎都用正反馈。 （　　）

16. 正反馈常用在振荡电路中。 （　　）

17. RC 正弦波振荡电路和 LC 正弦波振荡电路都属于他励振荡电路。 （　　）

18. 自激振荡的稳定幅振荡后应满足 $AF > 1$。 （　　）

19. 为了保证输出电压不受电网电压、负载和温度的变化而产生波动，可接入稳压电路。在小功率供电系统中，多采用调整管工作在开关状态的开关稳压电路。 （　　）

20. 逻辑变量的取值，1 比 0 大。 （　　）

21. 8 路数据分配器的地址输入（选择控制）端有 8 个。 （　　）

22. 因为逻辑表达式 $A + B + AB = A + B$ 成立，所以 $AB = 0$ 成立。 （　　）

23. 在时间和幅度上都断续变化的信号是数字信号，语音信号不是数字信号。 （　　）

24. 时序电路不含有记忆功能的器件。 （　　）

25. 计数器除了能对输入脉冲进行计数，还能作为分频器用。 （　　）

26. 优先编码器只对同时输入的信号中的优先级别最高的一个信号编码。 （　　）

27. TTL 门电路和 CMOS 门电路都属于组合逻辑电路。 （　　）

28. RS 触发器不但具有置 0 置 1 的功能，还具有保持原状的功能。 （　　）

29. D 触发器具有保持和反转的功能。 （　　）

30. T 触发器具有置 0 置 1 的功能。 （　　）

31. 寄存器是一种暂时存放二进制数码或信息的重要逻辑部件。 （　　）

32. 触发器是具有记忆功能的逻辑电路。 （　　）

33. 组合逻辑电路任何时刻的输出不仅与当时的输入信号有关，还和电路原来的状态有关。 （　　）

附录 B　常用电气图形符号

名　称	图形符号	文字符号	名　称	图形符号	文字符号
电阻器		R	电流表	Ⓐ	
电位器		RP	电压表	Ⓥ	
热敏电阻器		R_T	功率表	Ⓦ	
极性电容器		C	电阻表	Ⓞ	
无极性电容器		C	电池		E
可调电容器		C	扬声器		BL
线圈		L	开关		S
受话器		B	天线		W
传声器		B	接机壳或底板		E
二极管		VD	中间继电器线圈		KA
稳压二极管		VS			
光电二极管		VDL	常开触头		
发光二极管		VL			相应继电器符号
晶体管（NPN 型）		VT	常闭触头		
晶体管（PNP 型）		VT			
熔断器		FU	三相笼型异步电动机		M
接地		GND	变压器		T
灯		HL, EL			

（续）

名　称	图形符号	文字符号	名　称	图形符号	文字符号
常开按钮		SB	常闭按钮		SB
限位开关常开触头		SQ	限位开关常闭触头		SQ
直流发电机	Ⓖ	G	热继电器	热元件 触头	FR
直流电动机	Ⓜ	M			
交流发电机	Ⓖ	G			
交流电动机	Ⓜ	M			
三相交流电动机	Ⓜ 3~	M	交流接触器	线圈 主触头 辅助触头	KM
插座和插头		XS			
三极单投刀开关符号		QS			
复合按钮		SB			
通电延时型 时间继电器	线圈 通电延时触头	KT	断电延时型 时间继电器	线圈 断电延时触头	KT

参考文献

[1] 程继航，宋暖. 电工电子技术基础 [M]. 2 版. 北京：电子工业出版社，2022.

[2] 史仪凯，袁小庆. 电工电子技术 [M]. 3 版. 北京：科学出版社，2021.

[3] 战荫泽，张立东. 电工电子技术实验 [M]. 西安：西安电子科技大学出版社，2022.

[4] 徐秀平，等. 电工与电子技术基础 [M]. 北京：机械工业出版社，2015.

[5] 赵京，熊莹. 电工电子技术实训教程 [M]. 北京：电子工业出版社，2015.

[6] 林雪健，陈建国，吴传武，等. 电工电子技术实验教程 [M]. 北京：机械工业出版社，2014.

[7] 王艳红，陈乐平，黄琳，等. 电工电子学 [M]. 2 版. 西安：西安电子科技大学出版社，2020.

[8] 李晶皎，王文辉，等. 电路与电子学 [M]. 5 版. 北京：电子工业出版社，2018.

[9] 秦曾煌. 电工学 [M]. 5 版. 北京：高等教育出版社，1999.

[10] 申凤琴. 电工电子技术及应用 [M]. 3 版. 北京：机械工业出版社，2017.